城市与区域规划研究

本期执行主编 武廷海

商务印书馆
创于1897
The Commercial Press

图书在版编目（CIP）数据

城市与区域规划研究. 第 12 卷. 第 1 期：总第 33 期/武廷海主编.
—北京：商务印书馆，2020
ISBN 978-7-100-18717-6

Ⅰ.①城⋯ Ⅱ.①武⋯ Ⅲ.①城市规划—研究—丛刊②区域规划—研究—丛刊 Ⅳ.①TU984-55②TU982-55

中国版本图书馆 CIP 数据核字（2020）第 115983 号

权利保留，侵权必究。

城市与区域规划研究

本期执行主编 武廷海

商 务 印 书 馆 出 版
（北京王府井大街 36 号邮政编码 100710）
商 务 印 书 馆 发 行
北京艺辉伊航图文有限公司印刷
ISBN 978-7-100-18717-6

2020 年 9 月第 1 版　　开本 787×1092　1/16
2020 年 9 月北京第 1 次印刷　印张 14

定价：58.00 元

主编导读
Editor's Introduction

The Chinese nation has a long history, the Chinese civilization is of long standing, and the Chinese culture is extensive and profound. Historical and cultural resources carry splendid Chinese culture with them, and historical and cultural space is the land space that carries historical and cultural resources. This issue, focusing on urban culture, pays close attention to the protection and utilization of historical and cultural resources and space, a key subject in urban and regional study.

State Planning and Management Department has built Department of Natural Resources and also Planning Department of Land Space, responsible for the establishment of national land space planning system and its implementation. How to promote regional integration and concentrated conservation of historical and cultural resources with the planning system? The paper entitled "A Study on Evaluation of the Significance of China's Historical and Cultural Space and Its Protection" by ZHANG Neng, WU Tinghai, WANG Xuerong, et al. elucidates the concept of historical and cultural resources in territorial and spatial planning, examines the system of cultural heritage resources in China, proposes a method to evaluate the overall value of historical and cultural resources in China, establishes an information system of historical and cultural resources in China, conducts an evaluation of the significance of those resources, and expounds the distribution features of China's major historical and cultural space. The study is conducive to

中华民族历史悠久，中华文明源远流长，中华文化博大精深，历史文化资源是中华优秀文化的载体，历史文化空间是承载历史文化资源的国土空间。本期聚焦城市文化，关注历史文化资源和历史文化空间的保护利用这个城市与区域规划研究中的重要话题。

国家规划管理机构改革，组建了自然资源部并设置国土空间规划局，负责建立国土空间规划体系并监督实施。究竟如何以空间为载体，在国土空间规划体系下推动区域历史文化资源整合与集中连片保护利用？张能、武廷海、王学荣等"中国历史文化空间重要性评价与保护研究"阐释了国土空间规划中的历史文化资源内涵，梳理历史文化资源体系，提出通过搭建全国历史文化资源空间信息平台，开展中国历史文化空间重要性评价，识别我国重要历史文化空间的分布特征，研究成果有助于支撑全国和区域性国土空间规划编制，以及创新区域历史文化保护利用机制。

national and regional spatial planning as well as the innovation of regional cultural heritage preservation. As the saying goes, successful experience from others is worth of attention; the US government attaches great importance to the preservation and enjoyment of its historic environments of national level, although the country doesn't have a long history, since historic parks are important resources and places to protect and display national history. SUN Shimeng examines the formation and characteristics of historic parks in the US national park system and reveals why and how the United States achieve the goal of preserving and enjoyment its historic environments, providing helpful clues for our country to preserve and display historical and cultural heritage under our national land planning system.

Settlements are important historical and cultural resources, and the exploration and display of cultural value of China's early settlements is the basis of and key to the protection and utilization of historical and cultural resources. Yuchisi Moat Site in the late Dawenkou Culture, Mengcheng County, Anhui Province, is a well-preserved Neolithic settlement site, often defined by the academic community as a small-scale central settlement or village. In the paper entitled "The Nature of Yuchisi Moat Site and the Control of Settlement System in the Late Dawenkou Culture" by WANG Lumin, FAN Peipei, and YANG Yiming, it, from the perspective of planning, interprets the site's internal remains, organization mode, and its relationship with the late Dawenkou cultural site system and concludes that it is not a common central settlement or village but a forbidden sacrifice center that corresponds with a specific geographical-cultural structure and has a maximum influence extent of about 70 000 square kilometers. Moreover, judging from its pattern and scale, Yuchisi Moat Site was controlled by a higher level of power and was a unit in a larger settlement system, suggesting an advanced level of social space

他山之石，可以攻玉，美国历史谈不上悠久，但是对于国家级历史遗产的保护与共享十分重视，历史类公园就是保护与展示国家历史的重要资源和场所，孙诗萌研究美国国家公园体系中历史类公园的建构与特征，揭示美国实现国家历史环境的保护与共享的意图和手段，可以为我国国土空间规划体系下历史文化遗产保护与展示工作提供有益启示。

聚落是一种重要的历史文化资源，中国早期聚落遗存文化价值的发掘与展示是实现历史文化资源保护和利用的基础与关键。安徽省蒙城县尉迟寺大汶口文化晚期设壕遗址是已知保存较为完整的新石器时代遗址，学界一般将其定性为小范围的中心聚落或村落。王鲁民、范沛沛、杨一鸣"尉迟寺设壕遗址的性质及大汶口文化晚期聚落系统的控制"从规划角度解读遗址的遗存内容、组织方式及其与大汶口文化晚期遗址系统的关系，认为它不是一般的中心聚落或村落，而是一个与具体的地理—文化架构配合的，最大辐射范围可以达到7万平方千米的禁地型祭祀中心。从设壕遗址的型制及规模看，该祭祀中心可能受更高级别的权力控制，是更大的聚落系统中的一个单元，表达了距今4 800年前后社会控制范围与规划发展已经达到了较高水平。中国传统聚落是仍然鲜活的文化遗产，在城

control and planning around 4 800 years ago. Traditional Chinese settlements are lively cultural heritage. Many traditional villages, colorful and of wide varieties, have become important carriers of culture inheritance and reshaping. Meanwhile, however, they are confronted such challenges as hollowing, constructive disruption, and fund shortage. In the paper entitled "The Protection Dilemma and Outlet of Traditional Settlements under the Change of Social Relations" by SHI Yaling and HUANG Yong, it analyzes the change of social relations in traditional settlements and explores the protection mode of traditional settlements under the change of social relations. Space is a product of society, and residential areas, as a special type of settlement, carry implications of social change and planning. The people's commune movement in rural areas during the period from 1958 to 1978 was an attempt of the largest scale in China's history to transform the rural community according to an ideal blueprint. Architects and planners devoted themselves to the practice of planning and put forward residential planning schemes. In the paper entitled "A Brief Review of the Residential Planning of Chinese People's Commune" by XIANG Bowen and ZHAO Miaoxi, it discusses how residential planning "boosted rural productivity and promoted its transition to communism" and "handled the gap between reality and blueprint".

The Chinese civilization has entered into a new phase of ecological civilization, the construction of which is a major project to meet people's needs for a happy life. The measurement of construction level of ecological civilization is instructive and meaningful to regional and urban planning. In the paper entitled "Research on the Regional Ecological Civilization Construction Level and Its Driving Factors in China" by HONG Shunfa, it uses ecological footprints of human activities on ecological environment as input indexes and comprehensive development level of human society indicated by night lighting data which represent activity

乡关系重构的今天，种类繁多、生动多彩的传统村落已成为文化传承与重塑的重要载体，但是传统村落保护面临着空心化、建设性破坏、资金不足等挑战，石亚灵、黄勇"社会关系变迁下传统聚落的保护困境与出路"，解析传统聚落的社会关系变迁并探索社会关系变迁下的传统聚落保护模式。空间是社会的产物，居民点这种特殊的聚落类型承载着社会变迁与规划思考，1958~1978年的农村人民公社化运动就是中国历史上最大规模按理想的蓝图改造农村社会的一次尝试，建筑师与规划师纷纷投身规划实践并提出人民公社居民点规划方案，向博文、赵渺希"1958~1962年中国人民公社居民点规划简评"讨论了人民公社居民点规划如何"推动农村实现生产力发展和向共产主义过渡"以及"应对现实与规划蓝图间鸿沟"。

中华文明已经进入生态文明的新阶段，生态文明建设是满足人民美好生活需要的重大工程，生态文明建设水平的测度对区域与城市规划具有重要的指导意义。洪顺发"中国区域生态文明建设水平及驱动因素研究"以反映人类活动对生态环境影响的生态足迹作为投入指标，以表征人类社会活动综合水平的夜间灯光数据作为产出指标，构建生态文明建设水平指数，评价1995~2015年中国

level of human society as output indexes, so as to establish an ecological civilization construction level index to evaluate the ecological civilization construction level in 30 provinces (cities, autonomous region) of China and also analyze its driving factors.

With increasing demand for a higher quality of life, healthy city has become a hot issue of current study of urban and regional planning. The worldwide outbreak of novel coronavirus pneumonia further triggers planners' reflection on healthy city and even spatial management of wider range. In the paper entitled "Literature Review of the Impact of Land Use on Public Health" by LI Jingwei and TIAN Li, it reviews the literature of land use's impact on public health since 2000, puts forward approaches and policy proposals to optimize and improve public health through land use at different spatial dimensions, and, based on the realities of our urban and rural development, points out a direction for future study. In the paper entitled "The Impact of Built Environment on Physical Activities in Small Cities–A Case Study of Ganyu, Jiangsu" by HU Yang, HE Zhongyu, and ZHAI Guofang, it, based on the data from 429 questionnaires, GIS land use status, and POI of Amap, explores the impact of built environment on residents' both commuting and recreational physical activities. In the paper entitled "Characteristics and Local Mechanism of Migrants' Health in Transitional China" by CHENG Hanbei and LI Zhigang, it, with the help of data from China's 2014 Migrant Population Dynamic Monitoring Survey and surveys of typical cites, explores differences in physical and mental health of China's migrant population and characteristics of its course of change during the transitional period, interprets its factors and mechanisms, and advocates nearby urbanization characterized by short-distance migration so as to improve physical and mental health of migrants. In the paper entitled "Innovative Exploration and Suggestions on the Examination & Evaluation Mechanism for Beijing Urban

30 省份生态文明建设水平并分析其驱动因素。

随着人们对生活质量要求的不断提高，健康城市成为当前城市与区域规划研究的热门话题，遍及全球的新冠肺炎疫情进一步触发了规划工作者对健康城市乃至更为广泛的空间治理问题的思考。李经纬、田莉"土地利用对公共健康影响的研究进展综述"系统梳理 2000 年以来国际上关于土地利用对公共健康影响的文献，提出在不同空间尺度上通过土地利用优化改善公共健康的路径与政策建议，结合我国城乡发展的实际情况提出未来研究的方向；胡洋、何仲禹、翟国方"小城市建成环境对居民体力活动的影响研究——以江苏赣榆为例"基于 429 份居民调查问卷、GIS 土地利用现状和高德地图 POI 等数据，实证探讨建成环境对居民的交通性体力活动和休闲性体力活动的影响；程晗蓓、李志刚"转型期中国城市外来人口的身心健康特征与地方差异性机制探析"采用 2014 年中国流动人口动态监测调查数据与典型城市调研，探讨转型期中国城市外来人口的身心健康水平差异和变化轨迹特征，解析其影响因素与机制，倡导短距离迁移下的就近城镇化，提高外来人口身心健康水平；伍毅敏、杨明、彭珂等"北京城市体检评估机制的若干创新探索与总结思

Development" by WU Yimin, YANG Ming, PENG Ke, et al., it demonstrates how the new overall planning of Beijing has, through timely diagnosis and dynamic feedback, enhanced flexible control of the implementation process and promoted its orderly implementation. It is the first city to carry it out.

Spatial management and optimization of spatial structure are key components of spatial planning system. How to construct and maintain spatial development order while promoting growth of metropolitan space is a dilemma in the process of metropolitan spatial development. In the paper entitled "Ordering the Spatial Development of China's Metropolitan Area: A Case Study of Nanjing" by CHEN Hao, WANG Weiquan, and ZHANG Jingxiang, it elucidates the coordinating structure and process of urban spatial development efficiency and order in Nanjing and indicates that to achieve a higher maintenance level of spatial order, order itself must become a goal of local governance rather than a tool, achieved through institutionalization of government management and participation of social forces. In the paper entitled "Practice and Reflection of Territorial and Spatial Planning in Beijing for Comprehensive Governance of the Capital" by XU Qinzheng, YANG Jun, and SHI Xiaodong, it summarizes and explains Beijing's spatial planning system and points out that in face of transformation of capital planning management and with spatial power shifting from direct governance to local governance, spatial planning in Beijing is expected to play a strategic leading role in initiation of planning and overall controlling role in its implementation, and to tackle problems met in the process of its implementation by combining city-level governance initiatives and ministerial-level management.

Chief editor of this journal GU Chaolin writes a preface for the third edition of *Planning Theory* by Phillip Allmendinger (Chinese Edition). Calling it a "new *Zuo Zhuan* (one of the most important

考"介绍了北京新版总体规划通过及时诊断和动态反馈加强规划实施过程弹性管控，促进总规有序实施，在全国城市体检实践中具有先行性。

空间治理和空间结构优化是空间规划体系的主要内容，如何高效推动都市区空间成长的同时，建构和维护空间发展秩序？这是大都市区空间发展过程中存在的一对治理矛盾。陈浩、汪伟全、张京祥"都市区空间秩序建构的治理逻辑：基于南京的实证研究"实证分析了南京空间秩序建构的治理结构和过程，表明要实现更高水平的空间秩序建构，就必须让秩序本身成为地方治理的目标而非工具，通过政府治理制度化建设和社会力量参与的方式来实现。徐勤政、杨浚、石晓冬"面向首都综合治理的北京市国土空间规划实践与思考"梳理和阐释了近年来北京规划实践中的国土空间规划体系，提出了面向综合治理的首都规划管理转型，在近期空间权力由条转块的趋势下，北京的国土空间规划更要充分发挥规划前端的战略引领作用和实施末端的统筹把控作用，结合市级层面的重要治理行动和部级层面的重点管理工作破解实施中的难题。

本刊主编顾朝林为菲利普·奥曼丁格《规划理论》第三版（中文版）作序，认为该书是规划领域的"新《左传》"，是当前中国规划体系变革时

sources for understanding the history of the Spring and Autumn period)" in the field of planning, he argues that it is a "Bible" for China to understand western planning theories during the changing period of our planning system and it provides valuable reference for China to establish planning theories and construct urban planning institution appropriate to our national realities.

The next issue will focus on the theme of "urban computing". Please continue to pay attention to this journal.

期认识西方规划理论的"真经",对于建立适合中国国情的规划理论和城市规划制度建设具有重要参考价值。好书难得,对于这本"好书中的好书",还是赶紧先睹为快吧。

本刊下期主题为"城市计算",敬请继续关注。

城市与区域规划研究

目次 [第12卷 第1期（总第33期）2020]

主编导读

城市文化

1	中国历史文化空间重要性评价与保护研究	张 能　武廷海　王学荣　等
18	美国国家公园体系中历史类公园的建构与特征分析	孙诗萌
41	尉迟寺设壕遗址的性质及大汶口文化晚期聚落系统的控制	王鲁民　范沛沛　杨一鸣
62	中国区域生态文明建设水平及驱动因素研究	洪顺发
77	社会关系变迁下传统聚落的保护困境与出路	石亚灵　黄 勇
93	1958~1962年中国人民公社居民点规划简评	向博文　赵渺希

健康城市

107	面向首都综合治理的北京市国土空间规划实践与思考	徐勤政　杨 浚　石晓冬
120	都市区空间秩序建构的治理逻辑：基于南京的实证研究	陈 浩　汪伟全　张京祥
136	土地利用对公共健康影响的研究进展综述	李经纬　田 莉
155	小城市建成环境对居民体力活动的影响研究——以江苏赣榆为例	胡 洋　何仲禹　翟国方
172	转型期中国城市外来人口的身心健康特征与地方差异性机制探析	程晗蓓　李志刚
193	北京城市体检评估机制的若干创新探索与总结思考	伍毅敏　杨 明　彭 珂　等

书　评

206	奥曼丁格《规划理论》第三版（中文版）序言	顾朝林

Journal of Urban and Regional Planning

CONTENTS [Vol.12, No.1, Series No.33, 2020]

Editor's Introduction

Urban Culture

1   A Study on Evaluation of the Significance of China's Historical and Cultural Space and Its Protection
       ZHANG Neng, WU Tinghai, WANG Xuerong, et al.

18   An Analysis of the Formation and Characteristics of Historic Parks in the US National Park System
       SUN Shimeng

41   The Nature of Yuchisi Moat Site and the Control of Settlement System in the Late Dawenkou Culture
       WANG Lumin, FAN Peipei, YANG Yiming

62   Research on the Regional Ecological Civilization Construction Level and Its Driving Factors in China
       HONG Shunfa

77   The Protection Dilemma and Outlet of Traditional Settlements under the Change of Social Relations
       SHI Yaling, HUANG Yong

93   A Brief Review of the Residential Planning of Chinese People's Commune   XIANG Bowen, ZHAO Miaoxi

Healthy City

107   Practice and Reflection of Territorial and Spatial Planning in Beijing for Comprehensive Governance of the Capital   XU Qinzheng, YANG Jun, SHI Xiaodong

120   Ordering the Spatial Development of China's Metropolitan Area: A Case Study of Nanjing
       CHEN Hao, WANG Weiquan, ZHANG Jingxiang

136   Literature Review of the Impact of Land Use on Public Health   LI Jingwei, TIAN Li

155   The Impact of Built Environment on Physical Activities in Small Cities—A Case Study of Ganyu, Jiangsu
       HU Yang, HE Zhongyu, ZHAI Guofang

172   Characteristics and Local Mechanism of Migrants' Health in Transitional China
       CHENG Hanbei, LI Zhigang

193   Innovative Exploration and Suggestions on the Examination & Evaluation Mechanism for Beijing Urban Development   WU Yimin, YANG Ming, PENG Ke, et al.

Book Reviews

206   Preface to the Third Edition of *Planning Theory* by Allmendinger (Chinese Edition)   GU Chaolin

中国历史文化空间重要性评价与保护研究

张 能 武廷海 王学荣 王 彬

A Study on Evaluation of the Significance of China's Historical and Cultural Space and Its Protection

ZHANG Neng[1,2], WU Tinghai[1], WANG Xuerong[3], WANG Bin[4]

(1. School of Architecture, Tsinghua University, Beijing 100084, China; 2. Beijing Tsinghua Tongheng Urban Planning & Design Institute, Beijing 100085, China; 3. Beijing Guanyuan Consulting Co. LTD, Beijing 100029, China; 4. National Cultural Heritage Administration, Beijing 100020, China)

Abstract Historical and cultural space is the land space that carries historical and cultural resources. Promoting regional integration and concentrated conservation of historical and cultural resources is an important part of national territorial and spatial panning. This study explains the concept of historical and cultural resources in territorial and spatial panning, examines the system of cultural heritage resources in China and proposes a method to evaluate the overall value of historical and cultural resources in China. Then this study establishes an information system of historical and cultural resources in China, conducts an evaluation of the significance of those resources, and expounds the distribution features of China's major historical and cultural space. The study is conducive to national and regional spatial planning as well as the innovation of regional cultural heritage preservation.

Keywords historical and cultural space; historical and cultural resources; territorial and spatial panning; cultural relics protection; cultural heritage

作者简介
张能，清华大学建筑学院、北京清华同衡规划设计研究院有限公司；
武廷海（通讯作者），清华大学建筑学院；
王学荣，北京观远咨询有限公司；
王彬，国家文物局。

摘 要 历史文化空间是承载历史文化资源的国土空间。以历史文化空间为载体，促进区域历史文化资源整合与集中连片保护利用，是国土空间规划的重要内容。文章研究阐释国土空间规划中的历史文化资源内涵，梳理历史文化资源体系，提出对我国历史文化资源进行整体价值评估的思路；进而搭建全国历史文化资源空间信息平台，开展中国历史文化空间重要性评价，阐明我国重要历史文化空间的分布特征。研究成果有助于支撑全国和区域性国土空间规划编制以及创新区域历史文化保护利用机制。

关键词 历史文化空间；历史文化资源；国土空间规划；文物保护；文化遗产

1 引言

历史文化资源是中华优秀文化的载体，属于重要的国土资源。历史文化空间是承载历史文化资源的国土空间，是国土空间规划的重要对象。2018年10月，中共中央办公厅、国务院办公厅印发的《关于加强文物保护利用改革的若干意见》指出，"国土空间规划编制和实施应充分考虑不可移动文物保护管理需要"。2019年5月，中共中央、国务院发布的《关于建立国土空间规划体系并监督实施的若干意见》则创新性地将文物保护与生态环境保护相并列，明确了国土空间中文化保护的主要任务（要求延续历史文脉）和实现路径（要求实行特殊保护制度）。在国土空间规划中以空间为载体推动区域性文化资源整合和集中连片保护利用，这是国家对于文物工作与空间规划工作的共同要求，也是重要的研究和实践创新领域（武廷海、卢庆强等，2019；霍晓卫，2019；张捷，2019）。编纂历史文化资源名录、建立历史文化保护体系、划定历史文化保护红线、加强历史文化传承，则是国土空间规划编制的内在要求（自然资源部，2020）。

空间评价是国土空间规划和空间治理的科学基础（武廷海、周文生等，2019）。目前，资源环境承载能力和国土空间开发适宜性评价（简称"双评价"）已经成为编制国土空间规划、完善空间治理的前提性工作，对于生态保护、农业生产、城镇建设功能布局具有重要指导性作用。相应地，全国和区域层面的历史文化资源保护利用尚难以满足国土空间规划的实践需要；有关历史文化资源空间分布的信息化建设和研究相对滞后（奚雪松等，2013），亟须开展基于全国"一张图"的历史文化资源整体规划和保护利用。

本文面向在国土空间规划体系中系统落实文物保护的要求，阐明规划中的历史文化资源内涵，建立全国历史文化资源体系；提出对各类历史文化资源进行整体价值评估的路径；通过编纂资源完整名录、资源空间落位，搭建全国历史文化资源空间信息平台；依托平台，基于历史文化资源的空间分布与资源价值，开展覆盖我国国土空间的1千米精度的历史文化空间重要性评价（图1）。

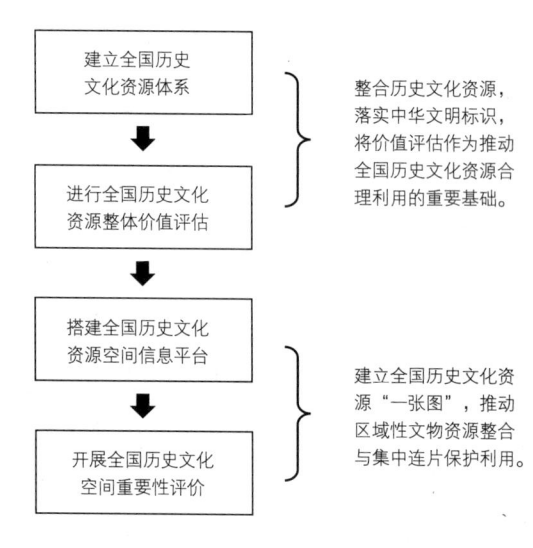

图1 研究内容

2 国土空间规划中的历史文化资源

2.1 历史文化资源概念

"历史文化资源"是建立国土空间规划体系过程中浮现的一个新概念。2017年，习近平总书记在北京通州考察时做出重要指示，要求深入挖掘历史文化资源。2020年1月，自然资源部印发的《省级国土空间规划编制指南（试行）》，贯彻落实习近平总书记重要指示精神，将"深入挖掘历史文化资源"作为重要任务，明确要求建立历史文化保护体系、编纂名录（自然资源部，2020）。历史文化资源这一概念，严格来讲，尚不是一个清晰的学术概念，而是面向规划实践需要的一种概念性表述，它在内涵上带有鲜明的国土空间特征，在外延上与文物①、文物古迹②、文化遗产③等历史文化保护领域的常用概念多有交叉（图2）。

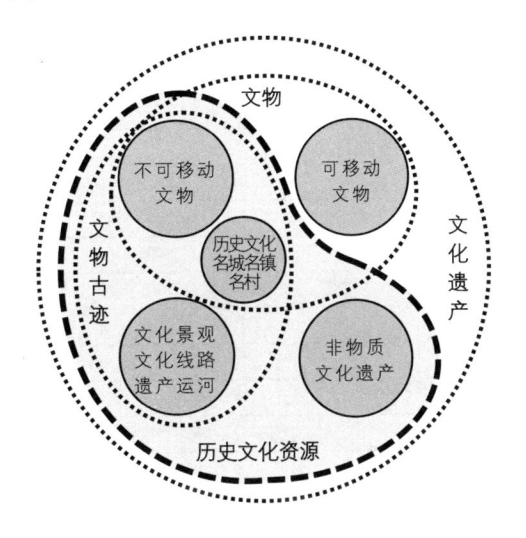

图 2 国内有关概念之间的关系

实际上，国土空间规划语境下的历史文化资源，特指占据一定面积的国土空间的各类具有历史文化价值的物质遗存以及与非物质遗存相关联的场所。历史文化资源本身具有空间属性和历史文化属性，对历史文化资源实施保护利用，就会对国土空间的使用产生一定的排他性要求。

2.2 历史文化资源内容

历史文化资源内容丰富，类型多样。《省级国土空间规划编制指南（试行）》罗列的历史文化资源包括国家文化公园④、世界遗产⑤、各级文物保护单位⑥、历史文化名城名镇名村⑦、传统村落⑧、历史建筑⑨、非物质文化遗产⑩、未核定公布为文物保护单位的不可移动文物⑪、地下文物埋藏区⑪、水下文物保护区⑫。此外，其他保护名录所列的重要资源，如大遗址⑬、国家考古遗址公园⑭、烈士纪念设施⑮、国家级抗战纪念设施与遗址⑯、重要农业文化遗产⑰、国家工业遗产⑱、中央企业工业文化遗产⑲、国家级风景名胜区⑳、历史文化街区㉑等，也是需要统一规划并实施保护的历史文化资源。一些尚未纳入政府公布的保护性名录的重要资源类型，如世界灌溉工程遗产㉒、中国20世纪建筑遗产㉓等，以及一些历史上形成的城乡人居环境、交通线路、文化廊道、山川界域等空间性资源，可以作为潜在的重要历史文化资源。各类景区、旅游度假区、特色城镇村等，往往与历史文化发生关联，可以作为历史文化资源的补充。截至 2019 年末，我国历史文化资源的主要内容及数量详见表1。

表1　中国历史文化资源

历史文化资源类型			数量（处）
		国家文化公园	4
世界遗产及预备名录		世界遗产（包括文化、自然、混合遗产）	55
		世界遗产预备名录	57
		大遗址	152
		国家考古遗址公园	36
不可移动文物	文物保护单位	全国重点文物保护单位	9 586
		省级文物保护单位	1.43 万
		市县级文物保护单位	6.05 万
	未核定公布为文物保护单位的不可移动文物		68.23 万
历史文化名城名镇名村	历史文化名城	国家历史文化名城	134
		省级历史文化名城	182
	中国历史文化名镇		312
	中国历史文化名村		487
历史文化街区	中国历史文化街区		30
	历史文化街区		875
	历史建筑		2.47 万
	中国传统村落		6 819
	国家级烈士纪念设施		270
	国家级抗战纪念设施、遗址		180
重要农业文化遗产	全球重要农业文化遗产		15
	中国重要农业文化遗产		98
	国家工业遗产		102
	中央企业工业文化遗产		67
	国家级风景名胜区		246
	世界灌溉工程遗产		19
	中国20世纪建筑遗产		396
非物质文化遗产	国家级非物质文化遗产代表性项目		3 154
	国家级文化生态保护区		7

注：表中不可移动文物的数量来自第三次全国文物普查，为不可移动资源单体的数量，而非保护单位的数量（一处保护单位中可能含有多处资源单体），数据截至 2011 年，未能根据近年进展进行更新；历史文化街区、历史建筑数量来自《人民日报》报道，http://paper.people.com.cn/rmrb/html/2019-06/11/nw.D110000renmrb_20190611_1-12.htm；其他资源数据由本文作者汇总各类资源名录所得。地下文物埋藏区、水下文物保护区等受到认定公布实践进展、数据基础等多方面的限制，尚不具备在全国层面进行整体落实的条件。

作为国家空间发展的指南和可持续发展的空间蓝图，全国国土空间规划需要综合上述各类资源，编纂我国历史文化资源的完整名录，进而纳入统一的规划安排，推进历史文化保护领域的"多规合一"。

3 面向规划的历史文化资源整体价值评估

不同于普通的国土资源，历史文化资源具有历史价值、艺术价值、科学价值、社会价值和文化价值，历史文化资源的规划和保护利用，应将价值评估置于首要的位置（国际古迹遗址理事会中国国家委员会，2015）。作为资源的载体，历史文化空间的重要性也取决于其承载的资源价值，因此，对各类资源进行整体价值评估是开展历史文化空间评价的基础和前提。

3.1 评估目的

在全国和区域层面对海量历史文化资源进行整体价值评估，主要目的在于从中华文明和区域文明的高度提炼最具代表性的项目，以及对不同类型资源的价值进行比较，为进一步开展空间评价以及有重点地进行规划保护创造条件。

整体价值评估采取客观评估与主观评估相结合的方法。客观评估是指综合考虑资源的代表性意义、保护级别和法定地位三个维度，建立标准化、系统化的评估体系，从而明确不同类型文物之间相互比较的规则，减少评估的主观随意性。主观评估是通过有关部门和专家的意见咨询，综合各界对于不同类型文物价值的认知，从而进一步优化历史文化资源整体价值评估结果。

需要指出，我国的历史文化资源内容丰富、形式多样，对于如何认识、评价和比较各种不同类型资源的价值，并没有统一的认识。本文提出将保护级别和法定地位作为比较与评估资源价值的主要依据，是为了能够相对客观和准确地体现各类资源在我国历史文化保护体系中的实际地位，减少特定观点和部门因素对于资源价值评估的干扰。对于部分资源，可能存在保护意识不到位、法规政策不健全、保护名录不充分等情况，造成资源的实际价值与其法定地位、保护等级不相匹配。这些问题需要在我国长期的历史文化保护实践中逐步加以改进，仅就目前开展的全国性评估和规划工作而言，应严格遵循国家法规和政策，做到依法保护、依法规划。

3.2 评估历史文化资源的代表性意义

评价历史文化资源的代表性意义是从体现中华文明和区域文明特质的角度出发，在各类历史文化资源中选择最具代表性的项目，进而赋予这些代表性项目高于其他历史文化资源的价值得分。在全国层面评价历史文化资源的代表性意义，也就是建立中华文明标识体系。

所谓中华文明标识体系，是指价值突出、内涵丰厚，实证中华文明延绵不断、多元一体、兼收并蓄的发展脉络，集中体现中华民族精神追求，全面展现中华文明突出普遍价值的承载体系。建立中华文明标识体系，是中共中央办公厅、国务院办公厅《关于加强文物保护利用改革的若干意见》提出的 16 项主要任务中的首要任务。2019 年，由清华大学建筑学院主持的"国土空间规划体系下文化保护空间规划研究"已经对中华文明标识进行了初步梳理并建立了中华文明核心标识备选名录，该项成果已初步通过专家论证（武廷海、王学荣等，2019）。本文吸纳上述研究成果，在代表性意义评价中，按照历史文化资源是否被纳入中华文明核心标识备选名录，将所有资源划分为标识、非标识两类。

3.3 评估历史文化资源的保护级别

我国历史文化保护工作的一个重要特点，是依托各级政府事权落实保护责任，将历史文化资源分为不同的保护级别。保护级别体现了政府和社会对于保护各类资源的重视程度，是评价历史文化资源重要性的主要依据之一。根据审核公布部门的行政级别（表 2），可以将保护级别划分为国家级、准国家级、省级、市县级和未定级资源五类。

表 2 我国各类历史文化资源的保护依据及审核公布部门

历史文化资源类型			相关法律法规和文件	审核公布部门
中华文明标识			《关于文物保护利用改革的若干意见》	—
国家文化公园			《长城、大运河、长征国家文化公园建设方案》	—
世界遗产及预备名录			《世界遗产公约》/《世界文化遗产保护管理办法》	联合国教科文组织/国家文物局
大遗址			《大遗址保护"十三五"专项规划》	国家文物局
国家考古遗址公园			《国家考古遗址公园管理办法（试行）》	国家文物局
不可移动文物	文物保护单位	全国重点文物保护单位	《中华人民共和国文物保护法》	国务院
		省级文物保护单位		省、自治区、直辖市人民政府
		市、县级文物保护单位		市、自治州和县级人民政府
	未核定公布为文物保护单位的不可移动文物			县级人民政府文物主管部门

续表

历史文化资源类型		相关法律法规和文件	审核公布部门
历史文化名城名镇名村	国家历史文化名城	《中华人民共和国文物保护法》《中华人民共和国城乡规划法》《历史文化名城名镇名村保护条例》	国务院
	省级历史文化名城		省、自治区、直辖市人民政府
	中国历史文化名镇		住房和城乡建设部会同国家文物局
	中国历史文化名村		
	省级历史文化名镇、名村		省、自治区、直辖市人民政府
历史文化街区	中国历史文化街区	《中华人民共和国文物保护法》《历史文化名城名镇名村保护条例》	住房和城乡建设部会同国家文物局
	省级历史文化街区		省、自治区、直辖市人民政府
历史建筑		《历史文化名城名镇名村保护条例》	城市、县人民政府
中国传统村落		《关于加强传统村落保护发展工作的指导意见》《关于切实加强中国传统村落保护的指导意见》	住房和城乡建设部、文化和旅游部、国家文物局、财政部、自然资源部、农业农村部
非物质文化遗产	国家级非物质文化遗产代表性项目	《中华人民共和国非物质文化遗产法》《国家级非物质文化遗产保护与管理暂行办法》	国务院
	国家级文化生态保护区	《国家级文化生态保护区管理办法》	文化和旅游部
国家级风景名胜区		《风景名胜区条例》	国务院
中国重要农业文化遗产		《重要农业文化遗产管理办法》	农业农村部
国家工业遗产		《国家工业遗产管理暂行办法》	工业和信息化部
中央企业工业文化遗产		—	国务院国有资产监督管理委员会
国家级烈士纪念设施		《中华人民共和国英雄烈士保护法》《烈士褒扬条例》《烈士纪念设施保护管理办法》	国务院
国家级抗战纪念设施、遗址		《国务院关于公布第一批国家级抗战纪念设施、遗址名录的通知》	国务院
全球重要农业文化遗产		—	联合国粮农组织（FAO）
世界灌溉工程遗产		—	国际灌溉排水委员会（ICID）
中国20世纪建筑遗产		《中国20世纪建筑遗产保护与发展建议书》	中国文物学会

（1）国家级历史文化资源，是指由国务院核定公布的资源，如全国重点文物保护单位、国家历史文化名城、国家级风景名胜区、国家级烈士纪念设施、国家级抗战纪念设施、遗址、国家级非物质文化遗产代表性项目；世界遗产由中国政府正式向联合国教科文组织提交，也属于国家级资源；国家文化公园的认定程序目前尚没有明确依据，但《长城、大运河、长征国家文化公园建设方案》由中央全面深化改革委员会会议审议通过，属于特殊情况，一并列入国家级。

（2）准国家级历史文化资源，是指由国家相关部门核定公布的资源，如世界文化遗产及预备名录、大遗址、国家考古遗址公园、中国历史文化名镇名村、中国历史文化街区、中国传统村落、重要农业文化遗产、国家工业遗产、中央企业工业文化遗产、国家级文化生态保护区等。

（3）省级历史文化资源，是指由省、自治区、直辖市人民政府核定公布的资源，如省级文物保护单位、省级历史文化名城、省级历史文化名镇名村、历史文化街区、省级烈士纪念设施等。

（4）市县级历史文化资源，是指由城市、县人民政府确定公布的资源，如市县级文物保护单位、历史建筑、市级和县级烈士纪念设施等。

（5）未定级历史文化资源，为未确定保护级别以及未列入政府保护名录的各类资源，包括未核定公布为文物保护单位的不可移动文物、中国20世纪建筑遗产名录、世界灌溉工程遗产等。

3.4 评估历史文化资源的法定地位

依法保护是文物保护工作的基本原则。各类资源在法律法规体系中受到保护的程度，能够在一定意义上体现资源的价值和重要性。根据《中华人民共和国立法法（2015修正）》，我国的法律法规体系包括法律、行政法规、地方性法规、自治条例和单行条例、部门规章等效力不同的类型；除法律法规外，一些政府部门发布的规范性文件（政策）也发挥着指导文化资源保护的作用。根据依法保护原则，区分各类资源保护依据（表2）的性质和效力，将历史文化资源的法定地位分为五类。

（1）一类法定资源，是指在《中华人民共和国文物保护法》《中华人民共和国城乡规划法》《中华人民共和国英雄烈士保护法》《中华人民共和国非物质文化遗产法》等法律中明确要求依法保护的历史文化资源，主要包括不可移动文物，历史文化名城和历史文化街区、村镇，烈士纪念设施等。

（2）二类法定资源，是指国务院制定的行政法规（主要为各类"条例"）中明确要求依法保护的历史文化资源，主要包括历史建筑、风景名胜区等。

（3）三类法定资源，是指国务院有关部门通过公布部门规章（主要为各种"管理办法"）加以保护的历史文化资源，包括世界遗产及预备名录、大遗址、中国重要农业文化遗产、国家工业遗产、国家级文化生态保护区等。

（4）四类法定资源，是指有关部门提出对一些类型的资源进行保护，但尚未制定法律和规章的情况。这类资源的保护依据是政府出台的规范性文件（如规划、规划纲要、指导意见、通知等），其法律效力弱于法规和规章。属于四类法定资源的有国家文化公园，中国传统村落，国家级抗战纪念设施、遗址、中央企业工业文化遗产等。

（5）非法定资源（潜在资源），是指仅由国际组织、社会组织或相关研究提出，尚未纳入国家法律法规或政府文件，但值得统筹考虑的历史文化资源，例如世界灌溉工程遗产、中国 20 世纪建筑遗产等。

3.5 综合评估历史文化资源的价值位序与得分

综合代表性价值、保护级别、法定地位三个维度，对各类历史文化资源价值进行综合评估。综合评估的过程是对各类历史文化资源价值的高低进行排序，根据排序确定各类资源的价值得分。这里所称价值得分，是综合体现历史文化资源价值的评分，该评分可进一步用于历史文化空间重要性评价。

首先，依次根据代表性价值、保护级别、法定地位，以重要性由高到低的顺序，对各类历史文化资源进行排序。具体的排序规则包括：①突出资源的代表性价值，在排序中将中华文明标识置于首位；②对非标识类资源，根据其保护级别由高到低排序（国家级＞准国家级＞省级＞市县级＞未定级）；③对属于同一保护级别的资源，进一步根据其法定地位高低进行排序（一类法定资源＞二类法定资源＞三类法定资源＞四类法定资源＞非法定资源）。根据上述排序规则，可将各类资源的价值位序分为 1～13 位，其中，代表性价值、保护级别、法定地位三者均等同的资源价值位序相同（表3）。

表3　我国各类历史文化资源的价值位序与价值得分

历史文化资源类型	代表性意义	保护级别	法定地位	价值位序	价值得分
中华文明标识	标识	—	—	1	100
全国重点文物保护单位	非标识	国家级	一类	2	10
国家历史文化名城	非标识	国家级	一类	2	10
国家级烈士纪念设施	非标识	国家级	一类	2	10
国家级非物质文化遗产代表性项目	非标识	国家级	一类	2	10
国家级风景名胜区	非标识	国家级	二类	3	5
世界文化遗产及预备名录	非标识	国家级	三类	4	5
国家文化公园	非标识	国家级	四类	5	4
国家级抗战纪念设施、遗址	非标识	国家级	四类	5	4
中国历史文化名镇	非标识	准国家级	一类	6	3
中国历史文化名村	非标识	准国家级	一类	6	3
中国历史文化街区	非标识	准国家级	一类	6	3

续表

历史文化资源类型	代表性意义	保护级别	法定地位	价值位序	价值得分
大遗址	非标识	准国家级	三类	7	2.5
国家考古遗址公园	非标识	准国家级	三类		
重要农业文化遗产	非标识	准国家级	三类		
国家工业遗产	非标识	准国家级	三类		
国家级文化生态保护区	非标识	准国家级	三类		
中国传统村落	非标识	准国家级	四类	8	2
中央企业工业文化遗产	非标识	准国家级	四类		
省级文物保护单位	非标识	省级	一类	9	1.5
省级历史文化名城	非标识	省级	一类		
省级历史文化名镇、名村	非标识	省级	一类		
历史文化街区	非标识	省级	一类		
市、县级文物保护单位	非标识	市县级	一类	10	1
历史建筑	非标识	市县级	二类	11	0.5
未核定公布为文物保护单位的不可移动文物	非标识	未定级	一类	12	0.2
中国20世纪建筑遗产	非标识	未定级	五类	13	0.1
世界灌溉工程遗产	非标识	未定级	五类		

其次，以价值位序为依据，赋予各类资源价值得分。从价值位序到价值得分的转换，是综合资源特征和专家主观认知的过程。确定价值得分的主要原则包括：①价值得分的高低要遵循价值位序的先后顺序，位序领先资源的价值得分≥位序靠后资源的价值得分；②价值得分要体现中华文明标识的独特性、代表性、主导性，使标识类资源的价值得分＞＞非标识类资源的价值得分；③在遵循前两条规则的前提下，各类资源的最终价值得分综合专家意见确定（表3）[24]。

4 历史文化空间重要性评价

与传统规划保护工作中界定的各类保护范围、建设控制地带不同，本文所称历史文化空间是指历史文化资源密集、历史文化价值突出、特色鲜明的区域性空间，在全国、省、区域、城市等层面推进文物资源整体保护利用的重点集中连片空间。开展历史文化空间重要性评价，就是从资源价值与资源分布入手，分析国土空间承载历史文化资源的功能，评价和识别对于保护历史文化具有重要作用的历史文化空间。

4.1 数据准备

研究按照编纂名录、查询坐标、整理入库的步骤进行处理，建立我国历史文化资源空间分布信息平台。

编纂名录，即整理表1中包括的各类历史文化资源名录以及中华文明标识名录，编纂适用于全国国土空间规划的完整名录。其中，全国不可移动文物（包括各级文物保护单位以及未核定公布为文物保护单位的不可移动文物）的名录来自国家文物局提供的第三次全国文物普查结果，其他法定资源的名录整理自国家公布的相关文件；中国20世纪建筑遗产名录、世界灌溉工程遗产等非法定资源，以相关组织公布的名录为准。875处历史文化街区和2.47万处历史建筑名录尚未统一公布，无法纳入完整名录。

查询坐标，即根据完整名录查询所有资源的空间位置坐标。其中，76.7万处不可移动文物的坐标来自第三次全国文物普查结果，其他类型资源的坐标，通过在数字地图中查询资源名称、确定资源位置的方式取得。在各类资源中，非物质文化遗产以及为加强非物质文化遗产区域性整体保护而设立的国家级文化生态保护区，主要是以市级、县级行政区作为保护和利用空间范围，这与其他历史文化资源的空间落实和保护方式存在较大的差别，因此，空间落位和评价暂不涉及非物质文化遗产部分。

整理入库，即经过数据纠错、查重、整理等步骤，将所有资源信息统一录入数据库，建立包含资源名录、位置坐标和价值得分等综合信息的全国历史文化资源空间信息平台。为与"双评价"等国土空间规划的相关技术工作相衔接，空间信息平台采用2000国家大地坐标系（CGS2000），高斯-克吕格投影。该平台的建立，为国土空间规划中实现"一张图"的历史文化资源整体保护利用创造了基础条件。

4.2 评价方法

基于全国历史文化资源空间分布信息平台，开展历史文化空间重要性评价，评价以精度为1千米分辨率的栅格作为基本空间单元。

研究采用核密度估计的方法计算国土空间的历史文化保护价值得分。简而言之，就是将历史文化资源（点）的价值（表3）分配到其临近的国土空间（面），从而将资源价值得分转化为各个栅格单元的价值得分。具体计算公式为：

$$V_j = \frac{1}{h^2} \sum_{i=1}^{n} \left[\frac{3}{\pi} \times V_i \times \left(1 - \left(\frac{D_{ij}}{h}\right)^2\right)^2 \right]$$

式中：V_j是栅格单元j的价值得分估值；V_i是历史文化资源i的价值得分；D_{ij}为栅格单元j的中心点与历史文化资源i的空间直线距离；h为搜索半径（也就是假定资源对空间产生影响的最远距离，具体而言，任何资源分配给空间栅格的价值得分随距离增加而减少，当超过距离h时，空间栅格分配到的价值得分为0）；n 为与栅格单元 j 的直线距离小于或等于 h 的文物资源数量。

根据上述公式，某个空间栅格单元能够分配到多少价值得分，主要取决于与该栅格临近（距离小于 h）的历史文化资源的数量及其价值。计算过程中，合理确定搜索半径 h 是一个关键的环节，h 过小则资源的影响范围小，难以连成整体，造成历史文化空间过度分散；h 过大则资源的影响范围过远，保护空间范围过大、过粗糙。经计算，我国所有历史文化资源之间的最近直线距离，平均值为 714.1 米，中位数为 323.7 米，但东、中、西部地区的资源密度差异极大。经过反复试验，研究最终选取 5 千米作为搜索半径 h，采用这一半径可以较好地使历史文化名城的历史城区及其周边环境形成整体，也不至于过度放大保护范围。

4.3 评价结果

根据价值得分高低，可将全国国土空间按照历史文化保护的重要性划分为极重要、重要、一般重要和其他地区四类地区（表4）。

表4 全国历史文化空间重要性划分结果

重要性类型	历史文化价值得分	面积（万 km²）	占比（%）
极重要	≥1.0	5.3	0.5
重要	0.2~1.0	28.7	3.0
一般	0.05~0.2	89.9	9.4
其他地区	≤0.05	836.1	87.1

从评价结果看来，历史文化保护价值为"极重要"的地区，主要分布于历史城市的历史城区及周边区域，以及华山、长城沿线等重要历史文化资源集中分布的地区。这些极重要的地区连片面积较小、布局较分散，如"满天星斗"般分布在全国和区域国土空间之中，发挥着承载历史文化资源精华的重要作用。对于这些地区，在国土空间规划中，应作为强调保护和利用历史文化功能的特殊地区加以管控。

历史文化保护价值为"重要"的地区，在首都地区、黄河流域、长江流域、珠江流域等重要的地理区域中，呈现集中连片分布态势。这些重要地区是我国各文化区系中的核心地带，在国土空间规划中，应作为推动区域性文物资源整合和集中连片保护利用的重要空间单元。

历史文化保护价值为"一般"的地区，在全国国土空间中，也呈现出在特定区域密集分布的态势。重要地区与一般地区共同标志着中国历史文化"多元一体"的时空发展格局，在国土空间规划中，宜将一般地区作为重要地区的补充进行统筹规划布局。

值得注意的是，从评价结果来看，我国重要的历史文化空间，集中分布在瑷珲—腾冲线以东，与人口密集地区和经济发达地区高度重合。京津冀、长三角、珠三角、中原、关中、成渝等当代主要的城市群地区，也是历史文化保护重要性最为突出的国土空间。如何促进城市群、都市圈地区的历史文化保护与经济社会协调发展，应当作为国土空间规划的一个重要课题。

5 结论与讨论

本文面向全国和区域性国土空间规划与历史文化资源整体保护利用，以阐释历史文化资源内涵、构建历史文化资源体系、归纳相关法规政策为基础，提出对我国28类资源（含中华文明标识）进行整体历史文化价值评估的思路，并综合资源的代表性意义、保护级别、法定地位，将我国的历史文化资源的保护价值细分为13个等级；进而，面向国土空间规划，搭建全国历史文化资源空间信息平台，依托平台开展覆盖全国、1千米空间精度的历史文化空间重要性评价，从历史文化保护重要性的角度，将全国国土空间划分为四类地区，识别了极重要、重要和一般重要的历史文化空间。

建立新的国土空间规划体系是对规划方法与规划对象的双重创新。正确理解和把握"空间"的概念，在一定程度上决定了相应的规划实践形式。目前，生态空间、城镇空间、农业空间已经成为我国国土空间规划的基本概念，也产生了与之配套的规划内容和技术方法。为了适应国土空间规划的新范式，一些相关领域也在主动推进概念创新和体系创新，如生态空间相关的自然保护地体系与国土空间规划进行了同步的改革，构建了以国家公园为主体的新体系。相对而言，我国的历史文化保护工作至今已经形成了多部门共同参与管理的有利局面，也在一定程度上面临着保护措施分散、规划体系不完善的挑战。建立国土空间规划体系，是整合创新我国历史文化保护工作的重要历史契机，有必要面向新时期的规划需求，主动推进概念革新。本文将"历史文化资源""历史文化空间"这对国土空间规划背景下浮现的孪生概念及其关系作为研究的一条主线，强调在新的概念体系下推动资源整合与空间融合，澄清这些概念，对于更好地推进国土空间规划和文物保护工作具有积极意义。

在国土空间规划中加强历史文化保护利用，应汲取历史文化保护工作的实践经验，将历史文化价值研究以及历史文化资源条件的科学评价作为规划基础。历史文化保护类规划，强调从历史、考古研究和价值评估出发，对文物、文化遗产或建筑群等资源加以深入研究和系统保护。相对地，空间类规划的传统优势则在于建立不同要素之间的空间联系和空间秩序，但规划对于文化的关照不强，特别是国土空间尺度的历史文化保护利用一直不是规划的重点内容。国土空间规划中的历史文化保护利用，实际上是区域文化的整体保护利用。对此，本文提出了"价值评估—空间评价"的区域历史文化空间研究和实践范式，其中，优先开展价值评估体现了历史文化保护工作的基本原则，而基于价值评估开展空间评价则体现了国土空间规划的技术特点，在研究过程中也推进了信息化建设，可供相关研究与规划工作参考。

历史文化保护和利用有必要更加适应我国历史文化资源分布的特点。由于我国人居环境的变化具有高度的空间延续性，城市地区往往是极重要的历史文化空间，而城市群地区则是重要的历史文化空间。由于资源密集地区与人口密集地区在空间上高度重合，社会经济发展会给资源保护带来较大的风险；相对地，合理保护和利用资源则有利于历史文化资源普遍惠及人民群众，充分发挥资源的社会服务功能。因此，在国土空间规划和新时期的文物保护利用工作中，宜乎适时地将区域性的历史文化资源风险评估、历史文化价值挖掘和历史文化综合保护利用，作为重要内容。

致谢

本文受北京市社会科学基金青年项目（19YTC037）、首都区域空间规划研究北京市重点实验室开放基金项目"面向国土空间规划的京津冀区域历史文化保护空间格局研究"（CLAB202012）资助。

感谢清华大学"国土空间规划体系下文化保护空间规划研究"课题组其他成员助理教授郭璐以及研究生叶亚乐、李诗卉、郑伊辰等。

注释

① 关于"文物"的概念，根据《中华人民共和国文物保护法》，我国文物包括不可移动文物与可移动文物这两个部分，其中只有不可移动文物属于规划涉及的历史文化资源。另外，目前我国文物的法定范畴中并不包括历史建筑、英雄烈士纪念设施、文化景观、文化线路等重要资源。历史文化名城名镇名村的概念虽生发于《中华人民共和国文物保护法》，但作为"保存文物特别丰富的城市、城镇、街道、村庄"，其在文物概念体系中更像是一个集合体。

② "文物古迹"并非我国官方文件中使用的标准概念，但对于保护历史文化资源具有重要的指导意义。《中国文物古迹保护准则》对"文物古迹"的概念表述为："人类在历史上创造或遗留的具有价值的不可移动的实物遗存，包括古文化遗址、古墓葬、古建筑、石窟寺、石刻、近现代史迹及纪念建筑、历史文化名城、名镇、名村和其中的附属文物；文化景观、文化线路、遗产运河等类型的遗产也属于文物古迹的范畴"（国际古迹遗址理事会中国国家委员会，2015）。可见，相对文物而言，文物古迹的内容进一步扩充了文化景观、文化线路、遗产运河等新的历史文化资源类型，同时，剔除了文物和文化遗产中属于可移动文物的部分。因此，文物古迹这个概念更加贴合空间规划中的保护利用实践工作。与《省级国土空间规划编制指南（试行）》中提出的历史文化资源相比较，文物古迹中缺少了非物质文化遗产保护的部分。

③ "文化遗产"的概念出自联合国教科文组织通过的《保护世界文化和自然遗产公约》以及《实施世界遗产公约操作指南》。国际上所称的"文化遗产"主要包括文物、建筑群、遗址，也包括文化景观、城镇、运河和文化线路等特定类型遗产（联合国教育、科学及文化组织，1972、2015）。文化遗产目前已经成为我国规范性文件中使用的标准概念。2005年12月，国务院印发的《国务院关于加强文化遗产保护的通知》（国务院，2005）是中国第一次以"文化遗产"为主题词的政府文件，所称文化遗产包括物质文化遗产（不可移动文物、可移动文物和历史文化名城名镇名村）和非物质文化遗产（传统文化表现形式及与其相关的文化空间）。2017年，中共中央办公厅、国务院办公厅印发《国家"十三五"时期文化发展改革规划纲要》，提出了"加强文化遗产保护"的明确要求，其具体内容包括："加强世界文化遗产、文物保护单位、大遗址、国家考古遗址公园、重要工业遗址、历史文化名城名镇名村和非物质文化遗产等珍贵遗产资源保护"，也包括"加强馆藏文物保护和修复"等内容（中共中央办公厅、国务院办公厅，2017）。可见，我国官方文件中使用的"文化遗产"是一

个综合性的概念，是对各类文物（包括不可移动文物、可移动文物）、文物古迹和非物质文化遗产的统称。
④ 国家文化公园，最早见于中共中央办公厅、国务院办公厅2017年印发的《国家"十三五"时期文化发展改革规划纲要》，其清晰定义在中共中央办公厅、国务院办公厅2019年印发的《长城、大运河、长征国家文化公园建设方案》中给出。目前见诸文件和公开报道的国家文化公园包括长城、大运河、长征和黄河。其中，长城、大运河是世界文化遗产、全国重点文物保护单位；长征作为文化线路，以不可移动文物为主体；黄河文化遗产概指分布于黄河流域的文物和非物质文化遗产。
⑤ 世界遗产，源自联合国教科文组织1972年通过的《保护世界文化和自然遗产公约》，包括文化遗产、自然遗产、文化与自然混合遗产、文化景观遗产。中国目前共有世界遗产55项，包括世界文化遗产37项、世界文化与自然双重遗产4项、世界自然遗产14项。其中，世界文化遗产与我国话语体系下的文物保护单位多有重叠。
⑥ 各级文物保护单位、未核定公布为文物保护单位的不可移动文物是《中华人民共和国文物保护法》中关于不可移动文物的分级界定。不可移动文物按照级别可分为全国重点文物保护单位、省级文物保护单位、市县级文物保护单位以及未核定公布为文物保护单位的不可移动文物，按照类别可分为古文化遗址、古墓葬、古建筑、石窟寺及石刻、近代现代重要史迹和代表性建筑以及其他六类。第三次全国文物普查共普查登记不可移动文物766 722处。公开信息显示，目前我国共核定公布全国重点文物保护单位5 058处，省级文物保护单位约2万处，市县级文物保护单位近12万处。
⑦ 历史文化名城名镇名村，其法律地位见于《中华人民共和国文物保护法》以及《中华人民共和国城乡规划法》，其具体定义和详细规定见于国务院2008年印发的《历史文化名城名镇名村保护条例》。目前，我国共有国家历史文化名城134处，中国历史文化名镇312处，中国历史文化名村487处。此外，各省还公布了省级历史文化名城182处。
⑧ 传统村落，以《关于加强传统村落保护发展工作的指导意见》《关于切实加强中国传统村落保护的指导意见》为保护依据，是指拥有物质形态和非物质形态文化遗产，具有较高的历史、文化、科学、艺术、社会、经济价值的村落。中国传统村落是由住房和城乡建设部、文化和旅游部、国家文物局、财政部、自然资源部、农业农村部联合公布的，目前全国共有6 819处。
⑨ 历史建筑，由《历史文化名城名镇名村保护条例》定义，指经城市、县人民政府确定公布的具有一定保护价值，能够反映历史风貌和地方特色，未公布为文物保护单位，也未登记为不可移动文物的建筑物、构筑物。据公开报道，我国现有历史建筑2.47万处。
⑩ 非物质文化遗产，由文化和旅游部根据《中华人民共和国非物质文化遗产法》的相关规定进行认定公布与保护管理。根据《中华人民共和国非物质文化遗产法》，非物质文化遗产包括各种传统文化表现形式以及与传统文化表现形式相关的实物和场所。我国目前保有国家级非物质文化遗产3 154处，已公布国家级文化生态保护区7处。
⑪ 地下文物埋藏区多见于北京等省市的文物保护法实施办法等法规性文件，主要指埋藏古文化遗址和古墓葬特别丰富的区域。国内关于建立地下文物埋藏区的实践起始于北京市1993年颁布的《北京市第一批地下文物埋藏区名单及说明》（京政发〔1993〕8号）。国家文件中，国家文物局印发《国家文物事业发展"十三五"规划》，要求"推动地下文物埋藏区的认定与公布"。
⑫ 水下文物保护区出自《中华人民共和国水下文物保护管理条例》，是指遗存于相关水域的具有历史、艺术和科学价值的人类文化遗产，与文物保护单位属同类概念。

⑬ 大遗址根据财政部、国家文物局印发的《大遗址保护专项经费管理办法》认定和管理，主要包括反映中国古代历史各个发展阶段，涉及政治、宗教、军事、科技、工业、农业、建筑、交通、水利等方面历史文化信息，具有规模宏大、价值重大、影响深远特点的大型聚落、城址、宫室、陵寝墓葬等遗址、遗址群及文化景观。《大遗址保护"十三五"专项规划》公布的名录共152处。

⑭ 国家考古遗址公园根据国家文物局制定的《国家考古遗址公园管理办法（试行）》管理，是指以重要考古遗址及其背景环境为主体，具有科研、教育、游憩等功能，在考古遗址保护和展示方面具有全国性示范意义的特定公共空间。目前，全国共公布三批36处国家考古遗址公园，立项67处。

⑮ 烈士纪念设施出自《中华人民共和国英雄烈士保护法》《烈士褒扬条例》《烈士纪念设施保护管理办法》，是指在中华人民共和国境内为纪念烈士专门修建的烈士陵园、纪念堂馆、纪念碑亭、纪念塔祠、纪念塑像、烈士骨灰堂、烈士墓等设施。目前我国已公布了六批国家级烈士纪念设施，共270处。

⑯ 国家级抗战纪念设施、遗址来自《国务院关于公布第一批国家级抗战纪念设施、遗址名录的通知》，是为隆重纪念中国人民抗日战争暨世界反法西斯战争胜利而设立的项目，目前共公布两批180处。

⑰ 重要农业文化遗产的概念出自联合国粮食及农业组织（FAO）提出的"全球重要农业文化遗产系统"（GIAHS），农业农村部公布的《重要农业文化遗产管理办法》提出，重要农业文化遗产，是指我国人民在与所处环境长期协同发展中世代传承并具有丰富的农业生物多样性、完善的传统知识与技术体系、独特的生态与文化景观的农业生产系统，包括由FAO认定的全球重要农业文化遗产和由农业农村部认定的中国重要农业文化遗产。目前，共有全球重要农业文化遗产15项、中国重要农业文化遗产98项（含全球）。

⑱ 国家工业遗产由工业和信息化部依据《国家工业遗产管理暂行办法》进行认定与管理，是指在中国工业长期发展进程中形成的，具有较高历史价值、科技价值、社会价值和艺术价值，经工业和信息化部认定的工业遗存。目前，国家工业遗产共公布102处。

⑲ 中央企业工业文化遗产由国务院国有资产监督管理委员会于2018年开始对外公布名录，目前已公布核工业名录12处、钢铁行业名录20处、石油石化行业名录15处、信息通信行业名录20处，共67处。

⑳ 风景名胜区概念出自《风景名胜区条例》，是指具有观赏、文化或者科学价值，自然景观、人文景观比较集中，环境优美，可供人们游览或者进行科学、文化活动的区域。国家级风景名胜区由国务院认定公布，目前共有246处。

㉑ 历史文化街区是在《历史文化名城名镇名村保护条例》中被定义的，指经省、自治区、直辖市人民政府核定公布的保存文物特别丰富、历史建筑集中成片、能够较完整和真实地体现传统格局与历史风貌，并具有一定规模的区域。根据公开报道，我国目前共有历史文化街区875处。住房和城乡建设部、国家文物局2015年对外公布第一批中国历史文化街区，共30处。

㉒ 世界灌溉工程遗产是国际灌溉排水委员会（ICID）主持评选的文化遗产保护项目，我国目前共有19项入选。

㉓ 中国20世纪建筑遗产名录由中国文物学会20世纪建筑遗产委员会推荐，目前共推荐396项。

㉔ 在根据表3对具体的历史文化资源价值得分赋值时，一些比较重要的资源，可能会出现一处资源多种性质的特殊情况。这时，宜采取得分累加的方式计算资源的最终得分。例如，某处资源既是全国重点文物保护单位，也是大遗址，则该资源的最终得分为：10（全国重点文物保护单位价值得分）+2.5（大遗址价值得分）=12.5。

参考文献

[1] 国际古迹遗址理事会中国国家委员会. 中国文物古迹保护准则（2015年修订）[M]. 北京：文物出版社，2015.

[2] 国务院. 国务院关于加强文化遗产保护的通知[EB/OL]. http://www.gov.cn/gongbao/content/2006/content_185117.htm, 2005.
[3] 霍晓卫. 全域视野下的文化遗产保护与利用[J]. 中国文化遗产, 2019(3): 44-50.
[4] 联合国教育、科学及文化组织. 保护世界文化和自然遗产公约[EB/OL]. https://www.un.org/zh/documents/treaty/files/whc.shtml, 1972.
[5] 联合国教育、科学及文化组织. 实施《世界遗产公约》操作指南[EB/OL]. https://whc.unesco.org/document/140239, 2015.
[6] 武廷海, 卢庆强, 周文生, 等. 论国土空间规划体系之构建[J]. 城市与区域规划研究, 2019, 11(1): 1-12.
[7] 武廷海, 王学荣, 张能, 等. 国土空间规划体系下文化保护空间规划研究报告[R]. 北京: 清华大学建筑学院, 2019.
[8] 武廷海, 周文生, 卢庆强, 等. 国土空间规划体系下的"双评价"研究[J]. 城市与区域规划研究, 2019, 11(2): 5-15.
[9] 奚雪松, 许立言, 陈义勇. 中国文物保护单位的空间分布特征[J]. 人文地理, 2013, 28(1): 75-79.
[10] 张捷. 构建文化遗产空间保护利用新格局[N]. 中国自然资源报, 2019-08-14(005).
[11] 中共中央办公厅、国务院办公厅. 国家"十三五"时期文化发展改革规划纲要[EB/OL]. http://www.gov.cn/zhengce/2017-05/07/content_5191604.htm, 2017-05-07.
[12] 自然资源部. 省级国土空间规划编制指南（试行）[EB/OL]. http://gi.mnr.gov.cn/202001/t20200120_2498397.html, 2020-01-17.

[欢迎引用]

张能, 武廷海, 王学荣, 等. 中国历史文化空间重要性评价与保护研究[J]. 城市与区域规划研究, 2020, 12(1): 1-17.

ZHANG N, WU T H, WANG X R, et al. A study on evaluation of the significance of China's historical and cultural space and its protection[J]. Journal of Urban and Regional Planning, 2020, 12(1): 1-17.

美国国家公园体系中历史类公园的建构与特征分析

孙诗萌

An Analysis of the Formation and Characteristics of Historic Parks in the US National Park System

SUN Shimeng

(School of Architecture, Tsinghua University, Beijing 100084, China)

Abstract The US government attaches great importance to the preservation and enjoyment of its historic environments of national significance, although the country doesn't have a long history. Those national historic heritages have been gradually included into the management of the US national park system since the beginning of the 20th century and, in the form of historic parks, become major resources and places for preservation and exhibition of national history. At present, there are 283 park units categorized in 14 official types within the national park system, accounting for two-thirds of the total unit number. Based on the statistical analysis of the 283 park units, this paper first examines the formation process and classification of each type and then summarizes the characteristics of historic parks as a whole in terms of mission, content, formation, distribution, and form, so as to reveal why the national park system of the United States has built "historic parks" to realize the preservation and enjoyment of the national historic environments and how.

Keywords historic environment; heritage preservation; national park; historic park; cultural identity

摘 要 美国的国家历史不算悠久，但对具有国家级重要性的历史环境的保护与共享十分重视。这些国家级历史遗产自20世纪初陆续被纳入美国国家公园体系统一管理，以历史类公园的形式成为保护与展示国家历史的重要资源和场所。当前这些历史类公园共包括14种类型、283个公园单位，占整个美国国家公园体系单位总数的2/3。本文即以这283个历史类公园为研究对象，先分述14种类型的形成历程与分类特征，再总结这一历史类公园体系在定位、内容、形成、分布、形态方面的总体特征，以揭示美国国家公园体系通过建立历史类公园实现国家历史环境保护与共享的意图及手段。

关键词 历史环境；遗产保护；国家公园；历史类公园；文化认同

1 引言：国家历史与历史类公园

美国的国家历史不算悠久，但对于具有国家级重要性的历史环境（historic environment of national significance）的保护与共享（enjoyment）十分重视。自19世纪下半叶开始，不同类型的历史遗产逐渐被纳入不同的保护名录[①]。1916年内政部设立国家公园管理局（National Park Service，NPS）后，这些具有国家级重要性的历史遗产被陆续纳入美国国家公园体系统一管理，成为不同类型的国家公园单位（national park units）。作为国家公园体系中的一部分，这些历史类公园不仅保护着具有国家级重要价值的历史遗存及历史环境，也以提升公众的"共享、教育和启发"为己任（NPS，2017a）。

作者简介

孙诗萌，清华大学建筑学院。

美国国家公园体系在建构之初就对历史资源的保护予以重视。历经百年发展，这些历史类公园的类型不断丰富，数量不断增加，已成为该体系保护并向公众展示国家历史的重要资源和场所。当前美国国家公园体系中的419个公园单位被划分为20个官方类型。从它们所依托的历史或自然资源来看，其中有14个类型包含着283个历史类公园，占该体系单位总数的67.5%（表1）。它们通过27 000多个历史建筑、3 500多个历史雕塑和纪念碑、约200万个考古遗址以及超过123万个博物馆"保护并展现着形成美国历史与国家认同的历史性场所"（NPS，2017a）。

表1 美国国家公园体系中的20种官方类型及历史/自然分类[3]

20种官方类型				历史/自然分类		
类型名称	数量（个）	占比（%）	分类	数量（个）	占比（%）
国家纪念物（National Monument）	84	20.0	历史类型（直接类型）	273	65.2
国家历史遗迹（National Historic Site）	76	18.1			
国家历史公园（National Historical Park）	57	13.6			
国家纪念地（National Memorial）	30	7.2			
国家战场（National Battlefield）	11	2.6			
国家军事公园（National Military Park）	9	2.1			
国家战场公园（National Battlefield Park）	4	1.0			
国家战场遗迹（National Battlefield Site）	1	0.2			
国际历史遗迹（International Historic Site）	1	0.2			
国家保护区（National Preserve）	19	4.5	混合类型（间接类型）	39 (10)	9.3 (2.4)
其他指定区（Other Designations）	11	2.6			
国家公园道（National Parkway）	4	1.0			
国家风景步道（National Scenic Trail）	3	0.7			
国家保留地（National Reserve）	2	0.5			
国家公园（National Park）	61	14.6	自然类型	107	25.5
国家休闲区（National Recreation Area）	18	4.3			
国家海滨（National Seashore）	10	2.4			
国家野生与风景河流（National Wild and Scenic River）	10	2.4			
国家河流（National River）	5	1.2			
国家湖滨（National Lakeshore）	3	0.7			
总计	419	100.0	总计	419	100

资料来源：笔者根据NPS公开数据统计并绘制。

那么，这些历史类公园为何划分出诸多不同类型？各类型的形成、发展、特征如何？这些历史类公园在整体上又有何特征，是如何建构的？它们与美国的法定遗产认定及保护体系有何关联？对我国相关工作又有何启示？我国学者已对这些历史类公园有所研究，如刘海龙等（2019）考察了20世纪70年代美国国家公园体系规划中对历史类公园的评估及筛选机制，王京传（2018）对其中的"国家历史公园"类型进行了研究，丁新军（2018）、刘伯英（2019）等对历史类公园中的典型个案和主题有所介绍；但尚缺乏对这一历史类公园体系之总体特征与建构过程的整体性研究。为回应前述问题，本文采用国家公园管理局的公开数据[2]，对上述283个历史类公园进行统计分析与分类研究。文章首先分别论述14种类型的发展过程与分类特征；进而总结这些历史类公园在定位、内容、形成、分布、形态五方面的总体特征，并探讨其体系建构与发展中的特殊考量；最后略论对我国历史文化遗产保护与展示工作的启示。

2 历史类公园的主要类型

如前文所述，当前美国国家公园体系的20个官方类型中有14个包含着历史类公园。其中9个类型是为保护与展示各种国家级历史资源而设置，共包含273个公园单位（占比65.2%），本文称为直接类型；还有5个类型所包含的10个历史类公园（占比2.4%）也丰富着历史类公园的主题和形式，本文称为间接类型。这14个类型形成于不同的历史时期，在设置背景、内容侧重、发展轨迹、空间分布、土地权属等方面各有特色（表2、图1）。

表2 历史类公园9种直接类型的基本数据统计

类型名称	数量（个）	起始时间（年）	平均面积（hm²）	最大面积（hm²）	最小面积（hm²）	联邦占有率（%）	分布州（美属地区）
国家历史公园（NHP）	57	1933	1 462.42	13 743.20	2.08	71.88	32(2)
国家历史遗迹（NHS）	76	1938	169.33	5 496.98	0.03	64.18	30(2)
国际历史遗迹（IHS）	1	1984	2.63	—	—	100.00	1
国家纪念物（NM）	84	1906	12 276.22	262 679.89	0.14	94.79	30(1)
国家纪念地（NMEM）	30	1848	142.99	1 954.72	0.01	91.92	15
国家军事公园（NMP）	9	1890	1 913.23	3 673.56	101.77	91.15	10
国家战场遗迹（NBS）	1	1890	0.40	—	—	100.00	1
国家战场公园（NBP）	4	1935	1 620.03	3 238.91	17.07	63.79	3
国家战场（NB）	11	1961	546.22	1 307.28	0.40	89.23	10

注："联邦占有率"指该类公园用地中联邦所有土地的比重。
资料来源：笔者根据NPS公开数据统计并绘制。

图 1 历史类公园空间分布（美国本土）

2.1 国家历史公园（NHP）

国家历史公园是国家公园管理局成立后国家公园体系新增设的第一个历史类公园类型。此前，该体系的主体是以自然景观为主的国家公园和权属分散的国家纪念物类型。1933年国家历史公园类型的增加，显示出当时国家公园体系对历史类资源的日益重视和向东部地区扩张的决心。

1933年，位于新泽西州的Morristown NHP被指定为第一个国家历史公园。它包括了Morristown周围四个分散的历史地段，保存并展现了美国独立战争时期华盛顿将军的总部及相关战争遗迹。同时期指定的还有Colonial NHP（1936）[④]、Saratoga NHP（1938）和Jean Lafitte NHP（1939），展示着欧洲殖民、独立战争、原住民文化等美国历史的重要元素。此后30年间此类型有少量新增，仍聚焦美国革命史、战争史等主流议题。该类型于20世纪70~90年代出现增长高潮，主题也向工业史、科技史、移民史、社会运动史等更多领域扩展。如Klondike Gold Rush NHP（1976）和Natchez NHP（1988）分别展示着19世纪淘金热和棉纺织业的历史；Women's Rights NHP（1980）和New Orleans Jazz NHP（1996）则展现着女权运动和现代音乐的发展史。2000年以后，此类型又新增18个单位，涉及科技进步、平权运动、战争反思等新议题。今天，此类型共有57个单位，虽然在数量上仅排名第四，但却是历史类公园中最重要的类型之一（图2）。

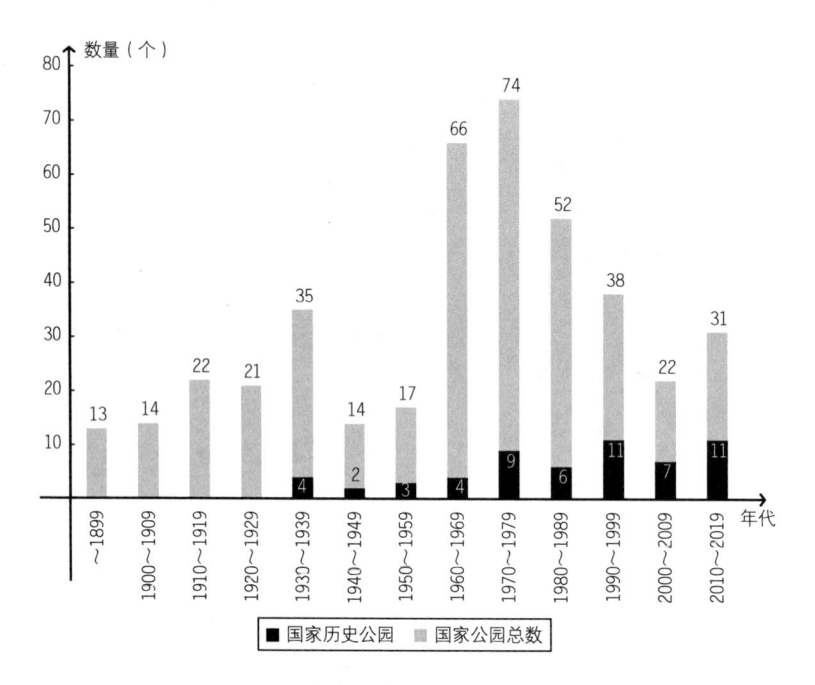

图 2　国家历史公园指定年代分布

相比于其他类型，国家历史公园往往在一个公园内包含着多元复合的历史主题。例如位于弗吉尼亚州的 Colonial NHP（1936），保存着从英国殖民到美国独立再到南北战争等多个历史时期的相关遗存；又如位于马里兰、弗吉尼亚、西弗吉尼亚三州之交的 Harpers Ferry NHP（1963），同时保存着与美国第一条铁路、废奴运动、内战结束相关的历史遗迹。更多元的主题往往意味着更大的空间规模。此类公园的平均占地面积超过 14.6 平方千米，在 9 种直接类型中排名第四。近 50% 的公园面积超过 5 平方千米；70% 的公园面积超过 50 公顷。从土地权属来看，此类型的联邦占有率为 71.9%。

此类公园在全国的分布较为广泛，涉及 32 个州、美属关岛和维京群岛。不过从空间分布来看，东北沿海地区显然是该类型最集中的区域，这与欧洲殖民、美国独立、工业革命等美国历史上的重大事件均从这一地区发端有关。其中，马萨诸塞州和波士顿分别是拥有此类公园最多的州和城市地区（图 3）。

2.2　国家历史遗迹（NHS）和国际历史遗迹（IHS）

国家历史遗迹是 20 世纪 30 年代国家公园体系新增的又一历史类公园类型。国家公园管理局对于增加历史类资产的高度热情，一定程度上促成了 1935 年国会通过《历史遗迹法》（*Historic Sites Act of 1935*）。该法授予内政部长调查并指定联邦土地上"具有国家级重要性的历史遗迹、建筑及物体"的权力和责任，并授权国家公园管理局统一管理这些国家历史遗迹[5]（NPS, 2018; Stubbs and Makaš, 2011）。

图 3　Boston NHP

与前一类型不同，国家历史遗迹通常是保护并展示单一历史主题的历史地段。1938 年，国会指定了第一个国家历史遗迹，即位于马萨诸塞州的 Salem Maritime NHS。它保存着 18 世纪的海港仓库和高桅帆船（复建），展现了美国近代航海事业的发展。此后 20 年间，此类型的新增单位以殖民建筑、军事城堡、工业遗迹为主。20 世纪 60~90 年代增长较快，积累了该类型总量中 81.6%的单位；新增单位主要聚焦于历史名人故迹、工业革命成就、原住民文化、非裔美国人平权等主题。其中近一半的新增单位与历史人物相关：包括 20 位总统及第一夫人、12 位政治家及社会活动家[a]以及 5 位艺术家和设计师。美国著名景观建筑师奥姆斯特德（Olmsted）作为建筑规划领域的唯一代表入选，其位于马萨诸塞州的事务所于 1979 年被指定为 Frederick Law Olmsted NHS。新世纪以来该类型增长不多。目前美国国家公园体系中共有 76 个国家历史遗迹，是整个体系中数量第二多的类型（图 4）。

或许因为展示单一历史主题，此类型公园的空间规模普遍较小，其平均占地面积不足 170 公顷，仅为国家历史公园类型平均面积的 1/9。其中约 68.0%的公园面积在 100 公顷以下，37.2%的公园面积不足 10 公顷。

此类型公园的空间分布亦较为广泛，涉及 30 个州及特区、美属维京群岛和波多黎各。东北沿海地区同样是此类型的密集区：波士顿、华盛顿、纽约、费城四个城市地区聚集了 17 个国家历史遗迹，占总数的 22.4%。从土地权属来看，此类型的联邦占有率为 64.2%。

与国家历史遗迹相呼应的还有一个特殊类型国际历史遗迹。该类型目前仅有 1 个单位，即 1984 年指定的 Saint Croix Island IHS。这座公园位于缅因州美加边境 Saint Croix 河中的岛上，保存着法国人在北美地区建设的早期聚落。该公园最早于 1949 年被指定为国家纪念物，因其同时关联美国和加拿大的国家历史而于1984年被重新指定为国际历史遗迹（图5）。

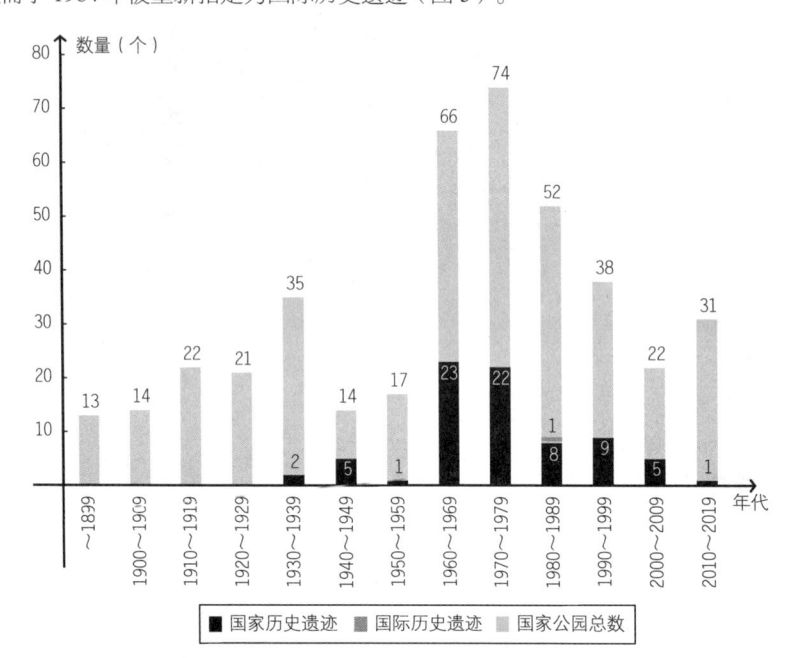

图4　国家历史遗迹和国际历史遗迹指定年代分布

图5　Saint Croix Island IHS

资料来源：https://www.nps.gov/sacr。

2.3 国家纪念物（NM）

如前所述，1916 年国家公园管理局成立以前，内政部已经管理着一些历史类公园并在管理局成立后直接纳入国家公园体系。它们多是由 1906 年《古物法》（*Antiquities Act of 1906*）开始指定的国家纪念物。该法授权总统以指定国家纪念物的权力，以保护联邦所有或管理土地上的"历史地标、历史及史前构筑物和其他具有历史或科学价值的物体"（NPS，2018）。这使总统能越过繁复的立法程序而直接保护那些具有国家级重要性的历史遗迹。该法生效后大部分美国总统都曾行使此权力，因此，该类型在目前国家公园体系中数量最多，共有 84 个公园单位[⑦]。

此类型中的第一个公园单位是怀俄明州的 Devils Tower NM（1906），这座火山喷发形成的巨大石柱被印第安人奉为圣地。同时期指定的其他四个国家纪念物也都是西南部原住民聚落遗迹[⑧]。此后 30 余年间，此类型保持着每十年新增 11～13 个的高速增长，其中一半以上是原住民文化遗存。20 世纪 40 年代以后增长逐渐放缓；但 2010 年后又出现小高潮，新增 14 个单位。国家纪念物的指定严格遵循 1906 年《古物法》中的标准，目前该类型中 67.9%的公园单位（57 个）因保存有不同历史时期的人类文化遗产而被指定，包括 32 个原住民聚落考古遗址和 25 个见证美国国家发展的标志性历史遗迹。此外，9.5%的公园（8 个）因保护有美国境内的史前生物遗迹而被指定，还有 22.6%的公园（19 个）因保存着更久远的地球演进遗迹（如火山、溶洞、原始生境等）而被指定。这些内容将国家保护的"历史"从几百万年的人类历史扩展到几十亿年的地球历史，展现出美国国家历史保护概念的宏阔。

虽然此类型的公园单位通常依托单一历史资源，但其规模却是诸历史类型中最大的，源于其多保存较大范围的考古遗址或自然历史遗址。此类型的平均占地面积超过 122 平方千米。其中 72.6%的公园占地面积超过 1 平方千米，38.1%的公园占地面积超过 10 平方千米。就土地权属而言，此类型的联邦占有率高达 94.8%。

此类型公园单位分布于 31 个州及特区和美属维京群岛。但与其他历史类公园"东密西疏"的分布特点不同，此类型中 72.6%的公园单位位于中西部州，反映出对特定历史主题的偏好。其中，保有丰富原住民文化遗存的亚利桑那州和新墨西哥州是拥有国家纪念物最多的两个州（图 6、图 7）。

2.4 国家纪念地（NMEM）

1933 年的"重组令"（Reorganization）使国家公园管理局获得了许多原由其他政府部门指定并管理的历史资产，其中就包括原先由首都公共建筑和公园办公室(Office of Public Buildings & Public Parks of the National Capital）以及战争部管理的国家纪念地类型单位。但与其他历史类公园不同，这些国家纪念地是由后人建造的、以纪念特定历史事件或人物为目的的地段或场所，它们并不一定位于其所纪念主题的历史遗址上（HFC，2005）。

美国第一个由国会通过具有国家纪念性的地段，是位于华盛顿特区的华盛顿纪念碑（Washington Monument），它也是国家纪念地类型中的第一个单位。今天矗立的这座方尖碑于 1848 年动工，直到

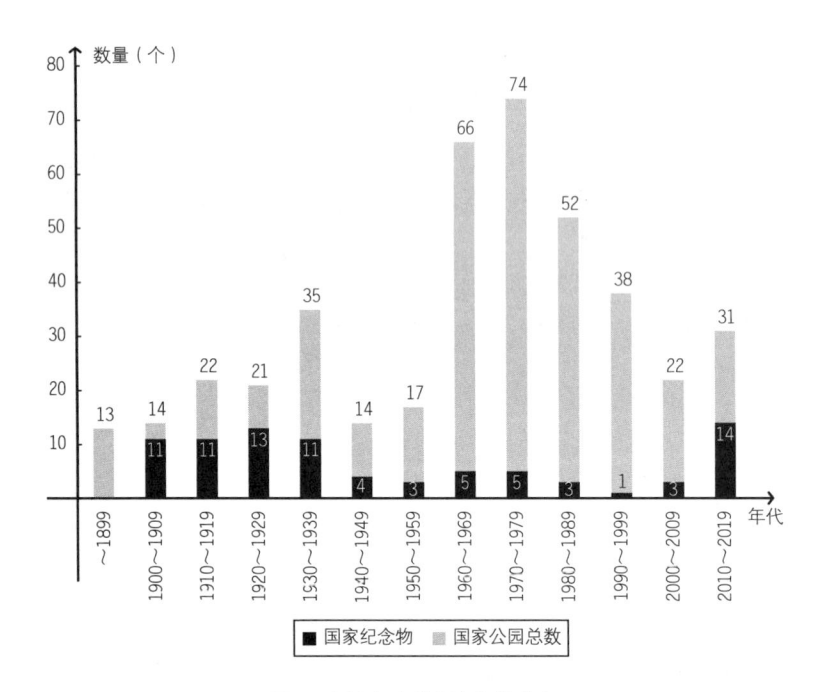

图6 国家纪念物指定年代分布

图7 Tonto NM

资料来源：https://www.nps.gov/tont。

1876年美国建国百年之际才由政府接管，最终于1885年完工。1911年，国会批准了全国第二个国家纪念地——林肯纪念堂（Lincoln Memorial）。此后该类型以每十年新增1~3个的速度缓慢增长，20世纪50~60年代曾出现小高峰。目前该类型共有30个单位。

在这30个国家纪念地中，有14个（46.7%）是为纪念国家级重要人物而设立，包括9位总统和5位民族英雄[①]；有9个（30.0%）是为纪念美国历史上的标志性历史事件而设立，包括美洲探险、殖民地建立、国家独立、科技进步、边界纷争解决等；此外，还有7个（23.3%）是为纪念在自然及人为灾难中丧生的美国人民而设立，如Johnstown Flood NMEM（1964）纪念因1889年South Fork大坝溃决而丧生的2 209位遇难者以及红十字会的第一次救灾工作；Vietnam Veterans MEM（1980）和Korean War Veterans MEM（1986）分别纪念在越战和韩战中牺牲的200余万美国士兵（图8、图9）。

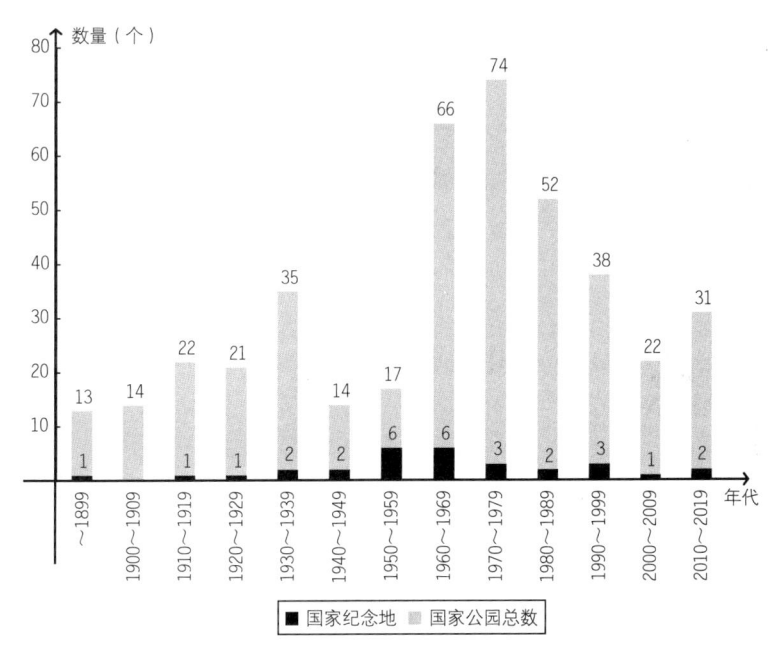

图8 国家纪念地指定年代分布

此类型公园的空间规模总体偏小，平均面积约143公顷。其中，83.3%的公园面积小于100公顷，60.03%的公园面积小于20公顷。但也有面积较大者，如2002年指定的Flight 93 NMEM，占地面积9.38平方千米，以纪念"9·11"恐怖袭击中被劫持的93号航班遇难者。就土地权属而言，此类型的联邦占有率高达91.9%。

此类型的30个公园单位分布于15个州和特区，但其中40%的公园集中于首都华盛顿，反映出国家纪念性行为的空间特殊性。其他公园的分布则表现出两种趋向：一部分仍集中于东北部沿海历史城市；另一部分则分布于其他边境地区，与移民登陆、领土扩张等主题有关。

图 9　Johnstown Flood NMEM

资料来源：https://www.nps.gov/jofl/index.htm。

2.5　国家军事公园（NMP）、国家战场遗迹（NBS）、国家战场公园（NBP）和国家战场（NB）

因 1933 年"重组令"而转入国家公园体系的还有原属战争部管理的两种军事战争类公园，即同于 1890 年开始指定的国家军事公园和国家战场遗迹类型。国家军事公园的指定，反映出当时对军事历史的保护与纪念从单纯竖立战争纪念碑转向了对战场遗址的整体保护（HFC，2005）。1890 年指定的第一个单位是位于佐治亚州的 Chickamauga and Chattanooga NMP，以纪念 1863 年 9 月联盟军在此取得南北战争的重要胜利。此后 10 年间又相继指定 3 个内战战场遗址[10]，20 世纪头 30 年新增 3 个，50 年代新增 2 个，故目前该类型共有 9 个单位。同期出现的国家战场遗迹则规模较小，一般只包括战争纪念碑或其他标志物辐射的有限地区。该类型的第一个公园是位于马里兰州的 Antietam，但它于 1978 年被重新指定为国家战场。19 世纪末 20 世纪初有 5 个国家战场遗迹被指定，但其中 4 个后来都转入其他类型[11]，只有 Brices Cross Roads NBS（1929）仍属此类型，也是目前该类型中唯一的一个。

国家公园管理局接管来自战争部的遗产后，也马上开始增设自己的战争相关公园类型。1935 年，原属国家战场遗迹类型的 Kennesaw Mountain（1917）被重新指定为国家战场公园，开启了这一新类型。此后分别于 1936 年、1940 年和 2009 年新增 3 个单位，都是有关内战及美印战争主题的公园。20 世纪 60 年代，国家公园管理局又新增了国家战场类型。但该类型单位全部来源于对其他类型公园的重新指定[12]，1961~1985年共指定11个。

综上，当前国家公园体系中同时存在四种与军事战争历史相关的公园类型，共包括25个单位。虽然种类颇多，但这些公园所展现的战争历史十分聚焦，其中68%的公园保存着南北战争的遗址或遗迹；20%的公园展现着独立战争的历史；还有12%的公园记录着美印战争的历史。在这三个美国军事战争史的核心主题之外，其他战争相关的历史类公园则被纳入其他类型。

从空间分布来看，这25个军事战争类公园分布于15个州。其中24个公园集中于中东部州，尤其是作为南北战争主要战场的中部地带。这些军事战争公园的平均面积为11.88平方千米；土地权属方面，联邦占有率为84.8%（图10、图11）。

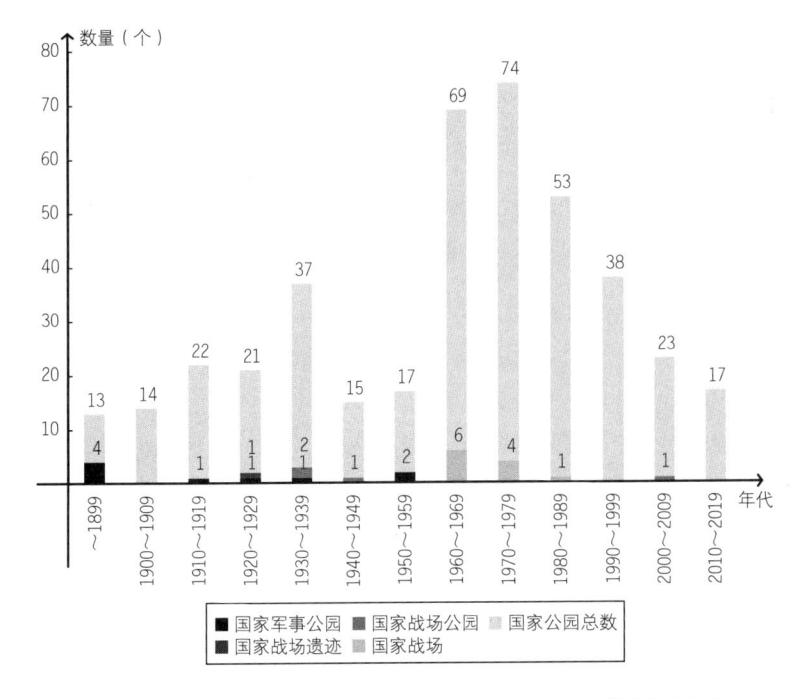

图10　四种军事战争类公园（NMP、NBS、NBP、NB）指定年代分布

2.6　五种间接类型（NPWY、NST、NPRE、NRES、OD）

历史类公园涉及的五种间接类型，包括国家公园道（NPWY）、国家见景步道（NST）、国家保护区（NPRE）、国家保留地（NRES）和其他指定区（OD），共包含10个公园单位。它们从形态、属性及功能上对历史类公园的整体提供了补充。

图 11　Chickamauga and Chattanooga NMP

资料来源：https://www.nps.gov/chch。

国家公园道是 1930 年开始出现的一种公园类型，以保护具有国家级意义的廊道。目前此类型共有 4 个单位，其中 2 个属于历史类公园。1930 年指定的 George Washington MPWY 是该类型的第一个单位，为纪念美国第一任总统乔治·华盛顿而设立。这条公园道始自华盛顿居住的弗农山庄，经过他创建的国家首都，结束于他曾修建运河的 Potomac 瀑布。第二个是 1972 年指定的 John D. Rockefeller Jr. MPWY，为纪念洛克菲勒对建立国家公园的重要贡献而设立。

国家风景步道类型出现于 1968 年，源于同年出台的《国家步道体系法》(*National Trails System Act of 1968*)[13]。这是一种以风景线路串联的线性公园，目前共有 3 个单位。其中 1 个是以历史线路为主干的历史类公园，即 1983 年指定的 Potomac Heritage NST。这个公园沿 Potomac 河水路展开，包括了 Potomac Heritage，Northern Neck Heritage，Southern Maryland Potomac Heritage 三个遗产段落，串联起从华盛顿特区到 Potomac 河口的众多历史遗迹。

国家保护区和国家保留地类型分别出现于 1974 年和 1988 年。它们与国家公园一样都旨在保护特定地区内的特定资源，但区别在于前两者仍允许渔猎、采矿等活动的发生[14]。这两种类型中也都存在以历史资源为主体的公园，如 Ebey's Landing National Reserve（1978）以较完整的乡村历史街区展示着 19 世纪以来 Puget Sound 一带的发现与定居历史，又如 Timucuan Ecological and Historic Preserve（1988）保存有古印第安人、欧洲殖民者及 19 世纪南部种植园的历史遗存。

其他指定区全部位于华盛顿特区及周边地区。该类型目前有 11 个单位，其中 5 个与国家历史密切相关，包括 White House，National Mall and Memorial Parks，Constitution Gardens，Fort Washington Park 和 Rock Creek Park 等具有重要历史价值的建筑与景观。

3 历史类公园的总体特征

前文对历史类公园各主要类型的设置、内容、发展、分布、规模及权属进行了分别论述,虽然不同类型各有其特殊的背景和轨迹,但从整体来看,这 283 个历史类公园在定位、内容、形成、分布、形态上也存在总体特征,反映出历史类公园体系建构中的整体考量。

3.1 定位:立足保护,更重共享

既然国家公园体系中的历史类公园保护着大量具有国家级重要性的历史建筑、遗址、地区及线路,那么,它们与美国的法定历史文化遗产认定与保护体系是何关系?

美国的法定历史文化遗产认定及保护体系是伴随几项重要立法的出台而逐步建立起来的。国家公园管理局不仅在相关立法及体系建构过程中发挥着积极作用,也正是通过这些法律而获得并不断确认其在国家法定历史文化遗产的识别、认定、保护及管理事务中的核心角色(Stubbs and Makaš,2011;HFC,2005)。1906 年《古物法》产生了名为国家纪念物的法定遗产名录系列。该系列成为国家公园管理局管理的最早一批历史资产,也是目前国家公园体系中数量最多的类型。1935 年《历史遗迹法》的出台产生了名为国家历史遗迹的又一法定遗产名录系列,使更多形态和主题的历史遗迹被纳入国家保护范围,也纳入国家公园体系。该系列由内政部长提名,国会审定公布,国家公园管理局管理,是当前国家公园体系中数量次多的类型。20 世纪 60 年代管理局基于持续的历史资产调查而提出"国家历史地标"(National Historic Landmark)名录系列。该系列的法律基础仍是 1935 年《历史遗迹法》,但并不直接纳入国家公园体系,而是由管理局协助管理的一个独立项目。1966 年美国迄今最综合的历史保护法律《国家历史保护法》(National Historic Preservation Act of 1966)出台,建立起一个统一的官方遗产名录"国家历史场所名录"(National Register of Historic Places)(Banks and Scott,2016)。该法要求各州与地方历史保护机构协助调查及提名[⑮],但最终登录仍由国家公园管理局审定;国家公园体系中的各历史类公园及前述国家历史地标被直接纳入这一统一名录体系(NPS,2018)。目前,该体系中包括分属联邦、区域、州、地方四个层次的 90 000 多个单位,而国家公园管理局直接管理的历史类公园仍是其中价值最高的部分。综上,国家公园管理局自成立以来就是美国法定历史文化遗产认定及保护事业的主要推动者,也始终是国家级历史资产的主要管理机构。

不过,国家公园管理局的使命不仅是认定与保护,更在于向公众更好地展现与阐释美国的国家历史,并使人们拥有在历史环境中的更好体验。根据国家公园体系的法定标准,新增公园除了要具备国家级重要性的自然或历史价值,还必须"为公众的使用与共享或科学研究提供最佳机会"(NPS,2006)。在国家公园管理局发布的各种官方文件中,总是强调公众对历史资源的"共享"。为了更充分地实现历史资产的公共价值,国家公园管理局积极开展公众教育、公众参与等活动。在 2017 年发布的《国家公园管理局体系规划》(National Park Service System Plan)中,更明确了未来百年的发展目标之一是"将公园带给人民"(NPS,2017a)。可以说,这一历史类公园体系的最大特色正在于对"保护"与

"共享"两个目标的兼顾。

3.2 内容：涵盖宽广，紧随时代

为了展现更完整的国家历史，国家公园体系中的历史类公园在主题筛选与类型设置上都力求覆盖更广泛的内容。从时间维度来看，从航海家发现美洲大陆前的原住民生活，到16～18世纪的欧洲殖民建设，再到18世纪以来美国独立、西部开发、南北战争、工业革命以至新世纪以来的社会经济变化，美国境内人类发展史中的重大事件都能在这一体系中找到对应的历史资源。不仅如此，几百万年前的古生物演进史，甚至几十亿年前的地球构造史证据也被包纳进来，展现出这一体系对国家历史的更宽广理解。从主题维度来看，这一体系包含了美国政治经济社会文化各个领域中的标志性内容，例如美国立宪、民主发展等政治史进程，独立战争、南北战争等战争史进程，大陆科考、西部开发等移民开发史进程，飞机试飞、电器发明、原子弹研发等科技史进程，纺织业、航海业、铁路业等工业史进程，爵士乐、印象派、景观建筑等艺术史进程，废奴运动、妇女解放、民权运动等社会发展史进程，甚至自然灾害、战争屠杀、"9·11"恐袭等灾难史进程等（NPS，2016a、2017b），都在这些历史类公园中得到直观展现。

随着时代的发展，历史类公园的新增主题也反映出人们对历史认知的变化。21世纪以来新增的45个历史类公园就表现出两种新的动向：一是对更多社群历史的关注与认同，如拉丁裔美国人、女权运动、LGBT平权等相关历史资产被更多纳入这一国家级历史空间体系；二是对以往负面历史的重新反思，如"二战"期间对日裔美国人的拘禁史、19世纪对印第安人的屠杀史等也成为历史类公园的新增主题[18]。它们的加入，使这一体系不仅展现国家历史中的辉煌成就，也铭记那些灰暗的创伤。

3.3 形成：率先发展，比重更高

从建构历程来看，美国国家公园体系虽然是从自然类公园发端，但历史类公园在最初30年也获得了极大的发展机遇，并率先建立起丰富的类型和较完善的体系。

虽然国家公园管理局成立初期该体系中是以自然景观为主的西部国家公园，但管理局很快意识到，必须迅速增加历史类公园的比重并将整个体系向东部扩展，以获得国会的支持并使公园体系服务于更多人（HFC，2005）。历史资源的保护与共享是实现文化认同、精神凝聚的最佳手段之一，而20世纪30年代大萧条时期正是美国历史上一个极度需要团结与信念的时期。于是，国家公园体系先是借1933年"重组令"将当时已经存在的一些历史类公园纳入旗下，包括1906年开始指定的国家纪念物和20世纪30年代初相继从其他部门转入的国家纪念地、国家军事公园、国家战场遗迹等类型。紧接着又着力增加自己的历史类公园类型，于1933～1938年先后增加国家历史公园、国家战场公园、国家历史遗迹三种类型。至20世纪50年代末，历史类公园中已出现七种直接类型和两种间接类型，并累积了百余个公园，占当时公园总数的73.5%。历史类公园的类型架构已初步建立。

20世纪60年代以后,国家公园体系中的自然类公园类型才有明显增加。20世纪60～80年代先后新增国家休闲区、国家河流、国家湖滨等四种自然类公园类型。同期也新增了国家战场、国际历史遗迹两种历史类型,并且历史类公园数量出现大幅增长。至20世纪80年代中期,国家公园体系中的20种官方类型全部形成,自然与历史并重的国家公园体系日渐完善。

总体来看,该体系中最先充实细化的还是历史类公园,其在体系中的数量比重一直高于自然类公园,反映出该体系对建构和管理国家级历史空间体系的深谋远虑。历史类公园总体上曾有过两次增长高峰,第一次发生在20世纪20～30年代,这是国家公园管理局创立初期有意迅速增加历史类公园的阶段;第二次发生在20世纪60～70年代,这与管理局成立50周年之际(1966)的体系调整以及美国独立二百周年之际(1976)的纪念性需求[②]等密切相关(图12～14)。

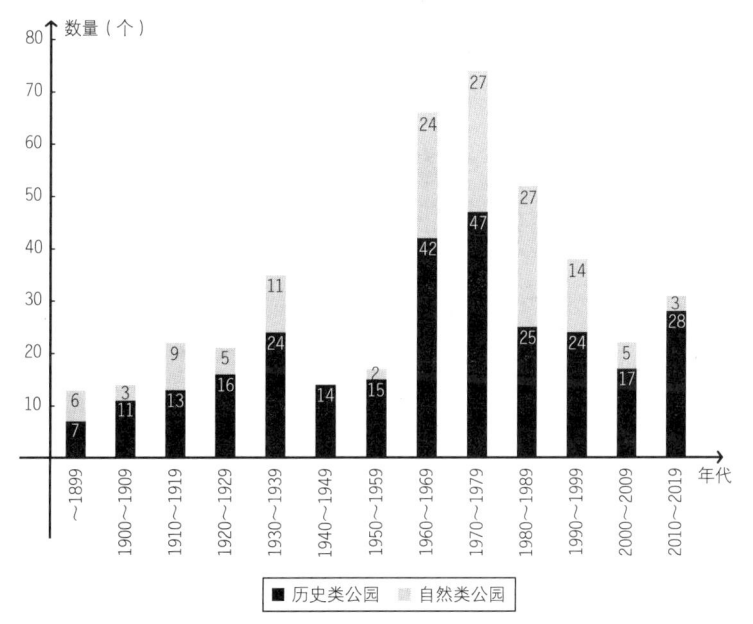

图12 历史类公园指定年代分布

3.4 分布:地域均衡,城市聚集

历史类公园的空间分布呈现两个明显特征。一是其在全国各州的空间分布较自然类公园更为广泛和均匀。283个历史类公园分布于50个州和3个美属地区;而自然类公园仅分布于45个州和2个美属地区。从东西部比重来看,56.9%的历史类公园分布于东部州及特区,43.1%分布于西部州及其他地区,反映出东、西部较均衡的状态。相比之下,仅34.6%的自然类公园位于东部州及特区,65.4%位于西部州及其他地区。历史类公园在全国尺度上更为均匀的空间分布,反映出这一体系在建构过程中一个突出的政治考量,即对不同地域、族群文化的兼顾与平衡(图15)。

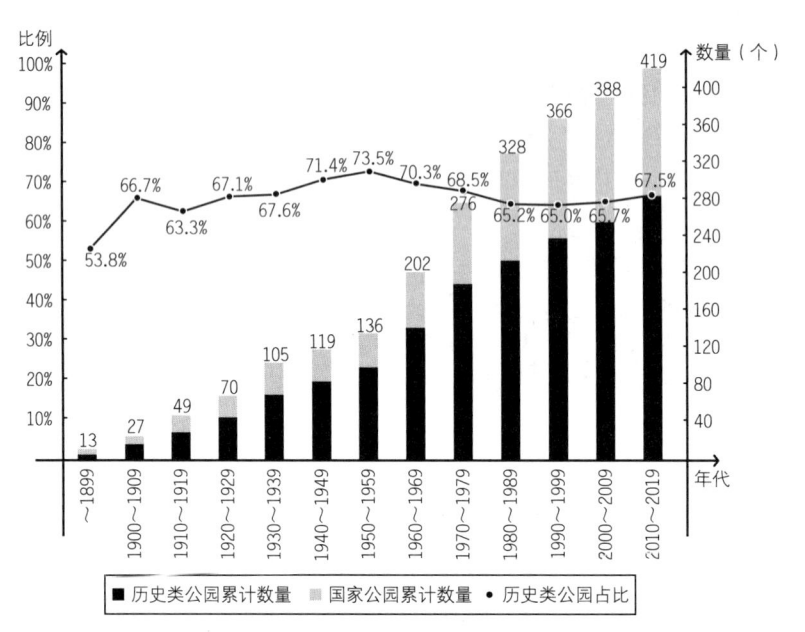

图 13 历史类公园历年增长及体系占比

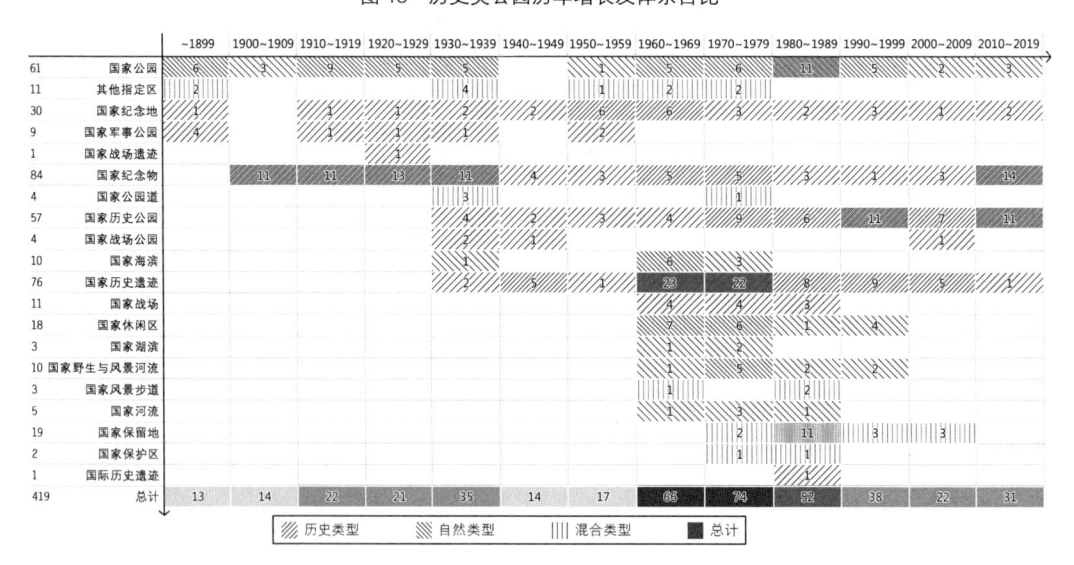

图 14 国家公园体系分类型指定年代分布

二是历史类公园更集中于城市地区。在美国人口最多的 20 个城市地区，其国家公园中 73.7% 为历史类公园[18]。东北沿海的波士顿—纽约—费城—巴尔的摩—华盛顿都市区聚集了 77 个历史类公园，占该地区国家公园总数的 78.6%；占全美历史类公园总数的 27%。近年来，为了应对日益增加的城市人口和不断变化的社群需求，国家公园体系自2016年开始启动Urban Agenda计划，以使城市地区的国家公园更好地为城市社群服务，尤其是"在城市社群与其历史遗产和公园之间建立起更好的联系"（NPS，2016b）。这一举措的背后，仍然是国家公园体系对"保护"与"共享"初衷的坚持。

图15　历史类公园与自然类公园空间分布比对（美国本土）

3.5　形态：点线面网，形态多样

从空间形态来看，受制于历史资源的物质形态和空间分布，历史类公园往往呈现出点状、线状、面状、网状等多样形态。这种在空间形态层面的尝试与探索，也是国家公园体系为更充分地保护并展现独特而多样的国家历史资源而做出的努力。

点状的公园形态最为常见，在各历史类公园类型中广泛存在。它们大多由历史建筑、街区或考古遗址向外辐射一定保护范围而形成。如Thomas Edison NHP（2009）依托爱迪生生前的实验室及工厂建立起约8.1公顷的公园，Statue of Liberty NM（1924）以女神铜像所在的自由岛形成约24.3公顷的公园。线状的公园形态通常依托道路、河流、边境线等历史线路而形成。除国家公园道、国家风景步道等特殊类型外，其他历史类公园中也有线性形态，如Chesapeake and Ohio Canal NHP（1971）是沿着296.9千米长的历史运河而展开的带状公园，Grand Portage NM（1958）则以一条通往西北的历史运输线路为主干，保护并展示着印第安人、探险家、传教士和皮毛贸易商人的遗迹。面状的公园形态通常是占地规模庞大但用地集中的考古遗址或战场遗址类公园，如 Chaco Culture NHP（1980，133.5 平方千米）覆盖并保护着 13 个古印第安人聚落遗址，Pea Ridge NMP（1956，17.4 平方千米）保存着南北战争中一次主要战役的遗址。网状的公园形态出现于那些历史地段分散于城市或自然之中，但以交通线路、服务设施及主题聚合而联系的公园整体。例如 Nez Perce NHP（1965）包括了分散于四个州的 38 个历史遗址，但通过历史线路联系形成一个展示土著部落文化的公园网络；位于洛威尔中心区的 Lowell NHP（1978）则以一个运河网络串联起工业革命时代分散的纺织工业遗迹。不拘泥于历史资源本体形态的束缚，而积极探索更充分展现历史遗产并利于公众共享的空间方式，是历史类公园的又一突出特点。

4 结论与思考

综上，美国国家公园体系通过规划建设历史类公园的方式，保护并使公众共享着大量具有国家级重要性的历史资源和历史环境。这些历史类公园中所保护的历史资源是美国法定历史文化遗产保护体系中价值最高的层次，这些历史类公园则是美国向公众展现其国家历史、形成国家认同的重要物质环境。

这些历史类公园包括次第形成的 14 种类型，拥有 283 个公园单位，占整个国家公园体系单位总数的 2/3。基于对这 283 个历史类公园的数据收集和统计分析，本文总结了这一历史类公园体系的五个总体特征，透视出其建构过程中的特殊考量。从定位来看，历史类公园设立的基础是保护具有国家级重要性的历史资源，但它们的目标不止于此，更在于使公众充分"共享"这些历史环境，从而在此过程中渗透美国国家历史的讲述并建立国家文化认同。从内容来看，历史类公园在主题筛选和类型设置上都力求展现更丰富的国家历史。从所涉及历史范畴的不断扩展，到对更多族群历史遗产的关注，再到对过往历史观念的反思，历史类公园一直根据对"国家历史"的新理解而不断补充、调整其内容。从发展历程来看，虽然美国国家公园体系由自然类公园发端，但在其建构初期已格外重视对历史类公园的整体塑造，并随时代发展而不断扩大其规模和类型。这一方面反映出美国政治运作、社会治理对历史空间的需求；另一方面也体现出历史环境价值由人、服务于人的本质。从空间分布来看，历史类公园在全美各州的分布较自然类公园更为均衡，以兼顾对不同地域、社群文化的保护与展示。同时，历史类公园更集中于城市地区，并且近年来致力于更好地服务变化中的城市社群需求。从空间形态来看，历史类公园依托其历史资源的物质形态和空间分布特征而形成了点、线、面、网等多样的空间形态，是为更充分地保护和展现更多样的国家历史资源而做出的努力。

我国当前已建立起较为完善的历史文化遗产保护框架，也出现了多种国家公园类型；但在历史环境（尤其具有国家级重要性的历史环境）的展示与共享方面，仍有进一步探索的必要和空间。虽然中、美两国国情不同，但美国国家公园体系中历史类公园的发展历程与体系特征仍可对我国历史环境的保护与共享有所启发：其一，对历史资源进行保护是前提和基础，而以这些历史资源为载体和环境，更好地讲述国家历史并加强民族文化认同才是长远目标；其二，对历史环境的保护、阐释、教育及共享不应分割，未来宜积极探索由综合性专门机构主导国家级历史资产的保护、阐释、教育、共享工作的管理机制；其三，历史在发展，人们对历史的认知和遗产价值的观念也在不断变化，对国家历史的保护、阐述与展示也需不断满足变化的时代需求。

致谢

本文系作者在美国麻省理工学院城市研究与规划系访学期间完成。感谢 Bish Sanyal、Louise Elving、Tunney Lee 等教授为本研究提供资料和建议。感谢国家自然科学基金（51978360、51608292）、亚洲文化协会（ACC）对本研究的资助。

注释

① 如 1890 年开始指定国家战场遗迹，1906 年开始指定国家纪念物，1876 年开始指定国家纪念地等，曾由不同机构发起、指定和管理。关于美国历史遗产保护体系的发展历程，详见：张松（2001）、王世仁（2001）、张如彬（2011）、李和平（2013）、HFC（2005）、Stipe et al.（1988）、Stubbs and Makaš（2011）、Cullingworth and Caves（2014）等。
② 统计数据包括各公园单位的类型、位置、指定时间及变化、面积、土地权属、核心资源与价值等。2017 年以前指定的公园单位，数据主要来自 NPS（2016a、2017b）。2017 年以后指定的公园单位，数据主要来自国家公园管理局官网（www.nps.gov）及各公园官网。
③ 目前美国国家公园管理局对其体系中各类型名称尚无官方中文翻译。柳尚华（1999）、杨锐（2001）等对各类型名称有不同翻译。本文中自然类公园类型名称主要采用柳、杨两位先生的译法，对历史类公园所涉及的类型名称略作调整。
④ 文中标注于公园名称后括号内的数字表示该公园被指定的时间。
⑤ 国家公园管理局通常直接管理位于联邦土地上的国家历史遗迹。少数国家历史遗迹不由联邦政府所有，因此不归国家公园管理局直接管理，但被列入管理局的 Affiliated Area 名录中（NPS，2017a：123）。
⑥ 其中包括 6 位黑人领袖。
⑦ 历任美国总统共指定过百余个国家纪念物，除部分转入或并入国家公园体系中的其他历史类公园类型外，大部分仍属于国家纪念物类型。
⑧ 包括位于亚利桑那州的 Montezuma Castle NM（1906）、Tonto NM（1907）和位于新墨西哥州的 El Morro NM（1906）、Gila Cliff Dwelling NM（1907）。
⑨ 包括纪念内战将军的 The Robert E. Memorial（弗吉尼亚，1955）、纪念开国元勋《宪法》起草者的 Hamilton Grange National Memorial（纽约，1962）、纪念宗教改革家的 Roger Williams National Memorial（罗德岛，1965）、纪念美国独立战争英雄的 Thaddeus Kosciuszko National Monument（宾夕法尼亚，1972）以及纪念民权运动领袖的 Martin Luther King Jr. Memorial（华盛顿特区，1996）。
⑩ 包括 Shiloh NMP（1894）、Gettysburg NMP（1895）和 Vicksburg NMP（1899）。
⑪ 包括 Kennesaw Mountain NBS（1917）、Tupelo NBS（1929）、Brices Cross Roads NBS（1929）、Cowpens

NBS（1929）和 Fort Necessity NBS（1931）。其中 3 个后来调整为国家战场（2 个于 1961 年，1 个于 1978 年）；还有 1 个于 1935 年调整为国家战场公园。

⑫ 其中 5 个原为 1926～1934 年指定的国家军事公园，4 个原为 1890～1931 年指定的国家战场遗迹，1 个原为 1960 年指定的国家战场公园，另 1 个原为 1910 年指定的国家纪念物。

⑬ 1968 年《国家步道体系法》还产生了国家历史步道（National Historic Trail）的专门名录，但它不属于国家公园体系，故不在本文论述。

⑭ 国家保护区与国家保留地之间的主要区别在于土地权属和管理层级，前者主要位于联邦所有土地，管理主体是国家公园管理局；后者土地中的联邦所有权比例较低，由管理局与州/地方当局共同管理。

⑮ 该法要求在联邦政府成立总统历史保护咨询委员会（President's Advisory Council on Historic Preservation）和联邦保护办公室（Federal Preservation Office），在各州政府分别成立历史保护办公室（Historic Preservation Office），这些机构负责制定保护名单。

⑯ 如 Tule Lake National Monument（加利福尼亚州，2019）、Minidoka National Historic Site（华盛顿州，2008）、Manzanar National Historic Site（弗吉尼亚州，1992）旨在反思"二战"期间对日裔美国人的拘禁史，Sand Creek Massacre National Historic Site（科罗拉多州，2000）、Washita Battlefield Washita Battlefield National Historic Site（俄克拉荷马州，1996）旨在反思 19 世纪美军对土著村庄的屠杀。

⑰ 为迎接美国独立二百周年纪念，20 世纪 70 年代中期国家公园体系中新增了一批历史类公园，位于波士顿的 Boston National Historical Park（1974 年授权）就是其中的代表。

⑱ 根据 NPS（2017a：108-109）数据统计。

参考文献

[1] Antiquities Act of 1906. NPS. Federal historic preservation laws: the official compilation of U.S. cultural heritage statutes[M]. 5th ed. Washington, DC: U.S. Department of Interior, 2018: 7-8.

[2] BANKS K M, SCOTT A M. The national historic preservation act: past, present, and future[M]. New York: Routledge, 2016.

[3] CULLINGWORTH B , CAVES R W. Planning in the USA: policies, issues, and processes[M].4th ed. London & New York: Routledge. 2014.

[4] Devils Tower NM[EB/OL]. [2019-10-22]. https://www.nps.gov/deto.

[5] Flight 93 NMEM[EB/OL]. [2019-10-22]. https://www.nps.gov/flni.

[6] FRANK K, PETERSEN P, et al. Historic preservation in the USA [M]. Berlin; New York: Springer, 2002.

[7] Frederick Law Olmsted NHS[EB/OL]. [2019-10-22]. https://www.nps.gov/frla.

[8] FRENCHMAN D. Connecting the past to the present: a planning strategy for urban national historical parks[D]. Massachusetts Institute of Technology, 1976.

[9] George Washington MPWY[EB/OL]. [2019-10-22]. https://www.nps.gov/gwmp.

[10] HFC. The national parks: shaping the system[M]. Washington, DC: Department of Interior, 2005.

[11] Historic Sites Act of 1935. NPS. Federal historic preservation laws: the official compilation of U.S. cultural heritage statutes[M]. 5th ed. Washington, DC: U.S. Department of Interior, 2018: 15-22.

[12] Johnstown Flood NMEM[EB/OL]. [2019-10-22]. https://www.nps.gov/jofl.

[13] Morristown NHP [EB/OL]. [2019-10-22]. https://www.nps.gov/morr.
[14] National historic preservation act of 1966. NPS. Federal historic preservation laws: the official compilation of U.S. cultural heritage statutes[M]. 5th ed. Washington, DC: U.S. Department of Interior, 2018: 41-123.
[15] National park service organic act of 1916. NPS. Federal historic preservation laws: the official compilation of U.S. cultural heritage statutes [M]. 5th ed. Washington, DC: U.S. Department of Interior, 2018: 9-15.
[16] NPS. Federal historic preservation laws: the official compilation of U.S. cultural heritage statutes[M]. 5th ed. Washington, DC: U.S. Department of Interior, 2018.
[17] NPS. Management policies 2006: the guide to managing the national park system[M]. Washington, DC: U.S. Government Printing Office, 2006.
[18] NPS. National historic landmarks[EB/OL]. [2019-10-22]. https://www.nps.gov/subjects/nationalhistoriclandmarks/index.htm.
[19] NPS. National park service system plan: one hundred years[M]. Washington, DC: U.S. Department of Interior, 2017a.
[20] NPS. National park service index addendum (2016-2017) [M]. Washington, DC: U.S. Department of Interior, 2017b.
[21] NPS. National park system plan. Part one history[M]. Washington, DC: U.S. Government Printing Office, 1972.
[22] NPS.National park system units/parks[EB/OL]. [2019-10-22]. https://www.nps.gov/aboutus/national-park-system.htm.
[23] NPS. National register of historic places [EB/OL]. [2019-10-22]. https://www.nps.gov/subjects/nationalregister/index.htm.
[24] NPS. The national park service & historic preservation[EB/OL]. [2019-10-22]. https://www.nps.gov/subjects/historicpreservation/index.htm.
[25] NPS. The national parks: index 1916-2016[M]. Washington, DC: U.S. Government Publishing Office, 2016a.
[26] NPS. Urban agenda: call to action initiative[M]. Washington, DC: U.S. Department of Interior, 2016b.
[27] Saint Croix island IHS [EB/OL]. [2019-10-22]. https://www.nps.gov/sacr.
[28] STIPE R E, LEE A J, et al. The american mosaic: preserving a nation's heritage[M]. Washington, DC: U.S. Committee, International Council on Monuments and Sites, 1988.
[29] STUBBS J H, MAKAŠ E G. Architectural conservation in europe and the americas: national experiences and practice[M]. Hoboken: John Wiley & Sons, 2011: 436-437.
[30] Tonto N M [EB/OL]. [2019-10-22]. https://www.nps.gov/tont.
[31] 丁新军. "地方性"与城市工业遗产旅游再利用——以美国马萨诸塞州洛厄尔国家历史公园为例[J]. 现代城市研究. 2018(7):68-76.
[32] 李和平. 美国历史遗产保护的法律保障机制[J]. 西部人居环境学刊, 2013, 4:13-18.
[33] 刘伯英. 美国国家公园保护体系中的工业遗产保护[J]. 工业建筑, 2019(7): 1-8.
[34] 刘海龙, 杨冬冬, 孙媛. 美国国家公园体系规划与评估: 以历史类型为例[J]. 中国园林, 2019, 35(5): 34-39.
[35] 柳尚华. 美国的国家公园系统及其管理[J]. 中国园林, 1999(1): 48-49.
[36] 吕舟. 论遗产的价值取向与遗产保护[J]. 城市与区域规划研究, 2017, 9(1): 214-226.

[37] 单霁翔. 我国文化遗产保护的发展历程[J]. 城市与区域规划研究, 2008, 1(3): 24-33.
[38] 王京传. 美国国家历史公园建设及对中国的启示[J]. 北京社会科学, 2018(1): 119-128.
[39] 王景慧, 阮仪三, 王林. 历史文化名城保护理论与规划[M]. 上海: 同济大学出版社, 1999.
[40] 王世仁. 为保存历史而保护文物: 美国的文物保护理念[J]. 世界建筑, 2001(1): 72-74.
[41] 杨锐. 国家公园与自然保护地研究[M]. 北京: 中国建筑工业出版社, 2016.
[42] 杨锐. 美国国家公园体系的发展历程及其经验教训[J]. 中国园林, 2001, 1: 62-64.
[43] 张如彬. 美国的历史文化遗产保护及其与其他发达国家的发展比较[J]. 中国名城, 2011(8): 51-58.
[44] 张松. 历史城市保护学导论: 文化遗产和历史环境保护的一种整体性方法[M]. 上海: 上海科学技术出版社, 2001: 157-185.
[45] 张松. 中外城市遗产保护的制度比较与经验借鉴[J]. 城市与区域规划研究, 2009, 2(2): 114-127.

[欢迎引用]
孙诗萌. 美国国家公园体系中历史类公园的建构与特征分析[J]. 城市与区域规划研究, 2020, 12(1): 18-40.
SUN S M. An analysis of the formation and characteristics of historic parks in the US national park system[J]. Journal of Urban and Regional Planning, 2020, 12(1): 18-40.

尉迟寺设壕遗址的性质及大汶口文化晚期聚落系统的控制

王鲁民　范沛沛　杨一鸣

The Nature of Yuchisi Moat Site and the Control of Settlement System in the Late Dawenkou Culture

WANG Lumin, FAN Peipei, YANG Yiming
(School of Architecture & Urban Planning, Shenzhen University, Shenzhen 518060, China)

Abstract Yuchisi Moat Site in the late Dawenkou Culture is a well-preserved Neolithic settlement site, often defined by the academic community as a small-scale central settlement or village. However, judging from its internal remains and its organization, its relationship with the late Dawenkou Cultural site system, Yuchisi Moat Site is not a common central settlement or village but a forbidden sacrifice center that corresponds with a specific geographical-cultural structure and has a maximum influence extent of about 70 000 square kilometers. Moreover, judging from its pattern and scale, Yuchisi Moat Site was controlled by a higher level of power and was a unit in a larger settlement system. Placing the Yuchisi Site unit into the site system of the late Dawenkou Culture, this paper examines locations and scales of forbidden sacrifice centers, their distance from larger sites in their respective units, their moat (or wall) flat forms, and the relationship between distribution of forbidden sacrifice centers and distribution of cultural types. It concludes that, around 4 800 years ago, the site of late Dawenkou Culture adopts the organizational method of space units supported by forbidden sacrifice centers. In the late Dawenkou Culture, a hierarchical complex settlement system, centering on the Yaowangcheng Site and covering the late Dawenkou cultural sites of about 250 000 square kilometers, already existed; it was based on power

作者简介
王鲁民（通讯作者）、范沛沛、杨一鸣，深圳大学建筑与城市规划学院。

摘　要　尉迟寺大汶口文化晚期设壕遗址是已知保存较为完整的新石器时代遗址，学界一般将其定性为小范围的中心聚落或村落。可是尉迟寺设壕遗址的遗存内容、组织方式及其与大汶口文化晚期遗址系统的关系，表明其不是一般的中心聚落或村落，而是一个与具体的地理—文化架构配合的，最大辐射范围可以达到 7 万平方千米的禁地型祭祀中心。不仅如此，从设壕遗址的型制及规模看，该祭祀中心应当受更高级别的权力控制，是更大的聚落系统中的一个单元。将这一单元置入同时期相关地区遗址系统，通过对禁地型祭祀中心的坐落、禁地型祭祀中心自身规模及其与较大遗址间的距离、禁地型祭祀中心的壕（垣）平面形态、禁地型祭祀中心的分布与文化类型分布间关系的考察可以看出，距今 4 800 年前后，在大汶口文化晚期遗址涉及地区实行以祭祀中心为依托进行空间单元组织的做法。在大汶口文化晚期，以尧王城遗址为核心、涉及大汶口文化晚期遗址覆盖范围整体、面积达到 25 万平方千米，以权力赋予为基础、各空间单元高度协同、层级复杂的聚落体系已经存在。而这种聚落体系的存在，无论从哪个方面看，都应该是空间控制乃至规划发展到较高水平的表达。

关键词　尉迟寺设壕遗址；大汶口文化晚期；禁地型祭祀中心；聚落系统；控制

1 特别的遗址

距今 4 800 年左右的尉迟寺遗址（中国社会科学院考古研究所、安徽省蒙城县文化局，2001、2007）地处淮北

empowerment and was a settlement system with high coordination among its units and with complex hierarchies. The existence of this settlement system, from whatever perspective, indicates an advanced level of space control and planning.

Keywords Yuchisi Moat Site; late Dawenkou Culture; forbidden sacrifice center; settlement system; control

的安徽省蒙城县，是我国已知保存较完整的新石器时代遗址之一。遗址为高出地面2~3米的堌堆状堆积，雨季时邻近的北淝河涨水，河水仅能到达堌堆附近的坡底。遗址现存面积约10万平方米，东西长约370米，南北宽约250米。遗址中心部分有一环壕圈绕，环壕平面为椭圆形，东西约220米，南北230~240米。环壕内面积（含环壕）约5万平方米，环壕宽25~30米，深约4.5米。壕沟内侧陡峭而外侧徐缓，其西南有一缺口，内侧宽约40米，外侧宽约50米[①]。遗存以大汶口文化晚期为主，环壕存在时环壕内主要包括20栋房屋、9处红烧土广场、2处祭祀坑、7处兽坑、若干灰坑和墓葬（林壹，2016）以及大量的生产、生活用具。在环壕外的东南和西北约60米处，分别存有面积约为1万平方米和2万平方米的考古遗存（裴安平，2014）。20栋房屋中，除两栋为单间外，其余均为排房（图1）。

尉迟寺遗址的发现被评为"1994年度全国十大考古新发现"之一。自其发现以来，许多学者对遗址的性质进行了讨论。多数学者认为它是一定地区的中心聚落，其辐射范围可能达到数十里（中国社会科学院考古研究所、安徽省蒙城县文化局，2001）；也有人对其中心地位提出了质疑，认为尉迟寺环壕内部面积与周边其他聚落在面积上的差别并不显著，并无明确证据显示较周边聚落具有更高的社会经济发展水平和政治水平（魏峻，2004）。

尉迟寺遗址同时拥有环壕和排房，这在同时期的遗址中十分少见。现知大汶口文化晚期遗址170余处[②]，目前只有尉迟寺、焦家、尧王城、丹土、西康留、垓下、南城孜、刘堌堆、赵庄九处遗址，基本可以确认在这一时期存有环壕或城垣[③]；而与尉迟寺同期或更早的大汶口文化遗址中，目前发现排房遗存的则仅有尉迟寺、焦家、垓下和金寨四处[④]。设置环壕或城垣可以进行空间细分甚至提升地段的防御能力，这对那个时代的聚落建构甚至生存当十分积极的意义。在多数大汶口文化晚期遗址上的环壕或城垣的工程量并非常规难以企及的情况下[⑤]，设壕（城）遗址[⑥]的稀

图 1 尉迟寺遗址总平面

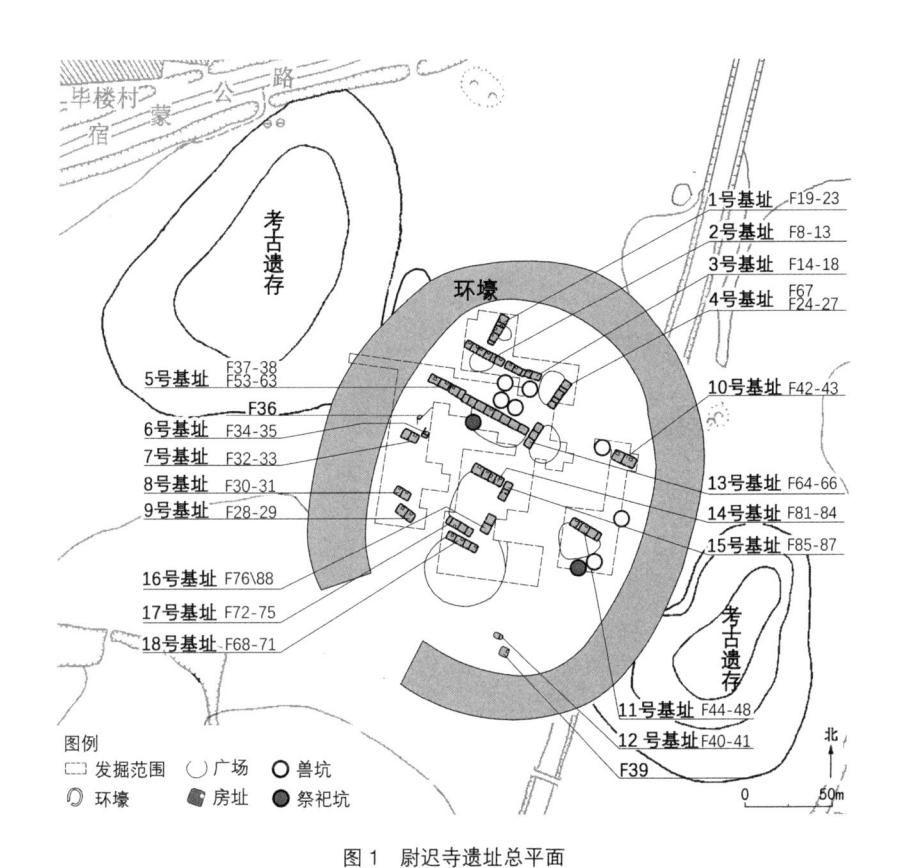

资料来源：根据林壹（2016）、中国社会科学院考古研究所和安徽省蒙城县文化局（2001、2007）的附图改绘。

见，说明它的使用受到了某种限制。排房是通过单间房屋共用山墙相连而成的多间房屋，相较于单间房屋，排房可在未显著增加建设难度的情况下减少单位室内面积的平均人力投入和材料用量，同时也减少了与外界的热交换面积，冬季减少热量溢出，夏季减少受热面延缓室内温度提升，且有利于房屋之间热能的共享。一般说来，排房建造和使用上的优势本应使其被迅速推广，但排房不仅在大汶口文化晚期少有使用，并且随后的推广也异常缓慢，这同样表明了排房的使用受到了某种限制。在我们看来，其他遗址上难得见到的环壕和排房在尉迟寺遗址上的同时出现，已经表明了这个遗址非同一般。

2 尉迟寺设壕遗址的构成与性质

尉迟寺遗址环壕内的房址明显分为东、西两路，东路相对单纯，西路则为一个包括多个空间层次的复杂组合。这与偃师商城宫城二期 3 段（曹慧奇，2018）内部建筑分为东、中、西三路，东路相对单纯，西路亦为一个包括多个空间层次的复杂组合十分相似⑦（图2）。一般认为偃师商城的拥有者商族曾在鲁西南、豫东地区活动（王震中，2010a），考古学界亦将这一地区作为探索商文明起源的重要场所，而鲁西南和豫东也是大汶口文化人群长期活动的空间，这里有与大汶口文化尉迟寺类型密切相

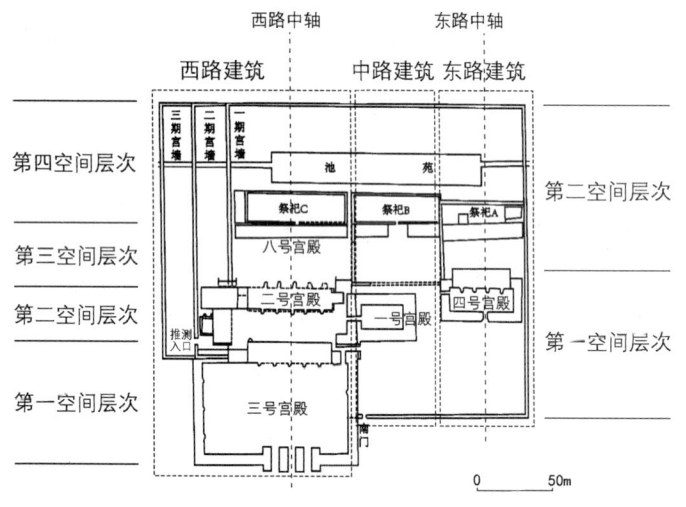

a. 偃师商城宫城二期3段

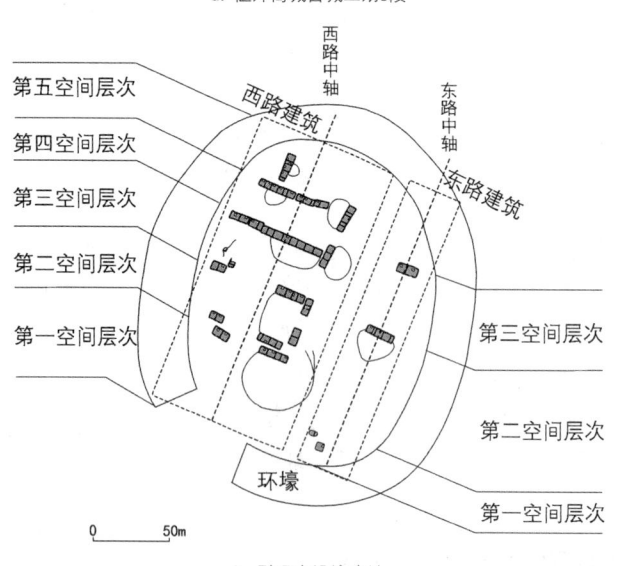

b. 尉迟寺设壕遗址

图2　偃师商城宫城及尉迟寺设壕遗址空间层次分划

资料来源：a、b分别根据曹慧奇（2018）、中国社会科学院考古研究所和安徽省蒙城县文化局（2007）的附图改绘。

关的大汶口文化段寨类型（或称颍水类型）（魏继印，2017）的分布，设想商族先民与大汶口文化遗存有一定接触，从大汶口晚期文化中汲取了某些营养是合理的。同时，注意到中国古代的宫室建筑系统首先是一种礼仪设置，功能相同的建筑间型制沿袭的水平较高。从现有的材料看，由距今4 800年的大汶口文化晚期到距今3 500年的偃师商城的建造，其间虽然相差1 300余年，但木构技术并未发生突破性的变革。在此情况下，功能相同的设置在格局上同构是完全可以设想的。基于文化传递的可能和建筑型制沿袭的特性，或者可以将尉迟寺设壕遗址与偃师商城宫城进行深入的比照。

已有研究表明，偃师商城宫城二期3段的西路由南而北，三号宫殿为"朝"，二号宫殿为"明堂"[⑧]，八号宫殿为"寝"，八号宫殿后祭祀场的主体部分为"王社"；东路的四号宫殿为"宗庙"；中路的一号宫殿为服务东、西两个方向的"中厨"（图3）（王学荣、谷飞，2006；王学荣，2006；王震中，2010b；王鲁民，2017）。

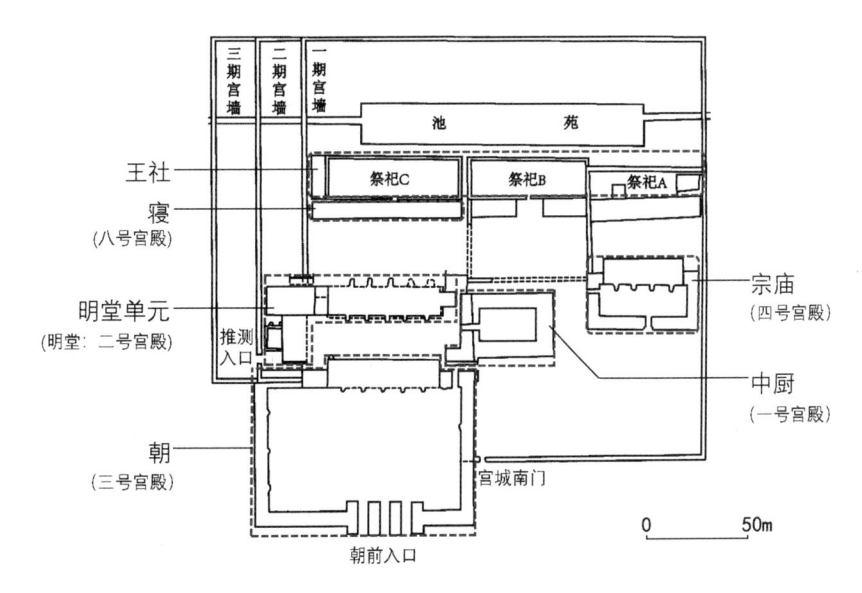

图3　偃师商城宫城二期3段的建筑功能

资料来源：根据曹慧齐（2018）的附图改绘。

这里需要特别补充的是，《史记》"黄帝时明堂图"说明堂要"从西南入"，《淮南子》则说"明堂之制，有盖而无四方，风雨不能袭，寒暑不能侵，迁延而入之"。"迁延"为迂回意。将两种说法相结合，是说在一定时期人们进行明堂礼仪要由西南方迂回式地进入。在偃师商城宫城二期3段二号宫殿前方的二期宫墙上有一专设入口，由此接近二号宫殿，需要穿过二号宫殿西南方的D10、D11号宫殿[⑨]，这正勾勒出一条由西南迁延入之的线路。该路线的存在不仅表明二号宫殿就是明堂，并且指示二号宫殿、西入口和其右前方的建筑应为一组，它们共同组成"明堂单元"。

大体上看，尉迟寺设壕遗址的东路建筑与偃师商城宫城二期 3 段的东路建筑相应，尉迟寺设壕遗址上的西路建筑则与偃师商城宫城二期 3 段的中路及西路建筑相应。考虑位置的对应及功能的需求，或者可以认为：尉迟寺设壕遗址上的 10、11 号基址对应的是偃师商城宫城二期 3 段的四号宫殿，即"宗庙"；2、3、4 号基址以北区域对应偃师商城宫城二期 3 段八号宫殿以北祭祀场的主体部分，为"王社"；2、3 号基址对应偃师商城宫城二期 3 段八号宫殿，为"寝"，4 号基址可以视为其附属建筑；5 号基址对应偃师商城宫城二期 3 段二号宫殿，为"明堂"，6、7、13 号基址及 F36 房址为明堂的附属建筑；8、9、14、15、16、17 及 18 号基址则应对应偃师商城宫城二期 3 段的一号宫殿和三号宫殿，即"中厨"和"朝"。

认为尉迟寺遗址上的 5 号基址是"明堂"，不仅因为其在位置上与偃师商城宫城二期 3 段被确定为明堂的二号宫殿对应，并且因为根据考古发掘报告，5 号基址西侧端头单元的 F37 "门被破坏"，F38 "未见门的痕迹"（图 4）。统观整个遗址，除了残址之外，即使那些保存情况更差的房址，都见有门的痕迹。所以，F37、F38 并非因为保存不佳以致看不到门设的踪影，而是其原本就没有门的设置。由 5 号基址上其他房间均南向开门推测，似可认为 F37、F38 可以由南向进入，可以由南向进入而无门设的踪迹说明 F37、F38 至少部分南墙是缺失的。在这一地区，南面是阳光入射的主向，F37、F38 南墙的缺失可以使其屋顶下方的部分地面无障碍地接受阳光照射。从型制上看，"明堂"正是南面保持开敞使得阳光可以无阻碍地照射于上有屋顶覆盖的地面之上的建筑[⑧]，所以，F37 和 F38 门设的缺失使 5 号基址在型制上与明堂对应起来。

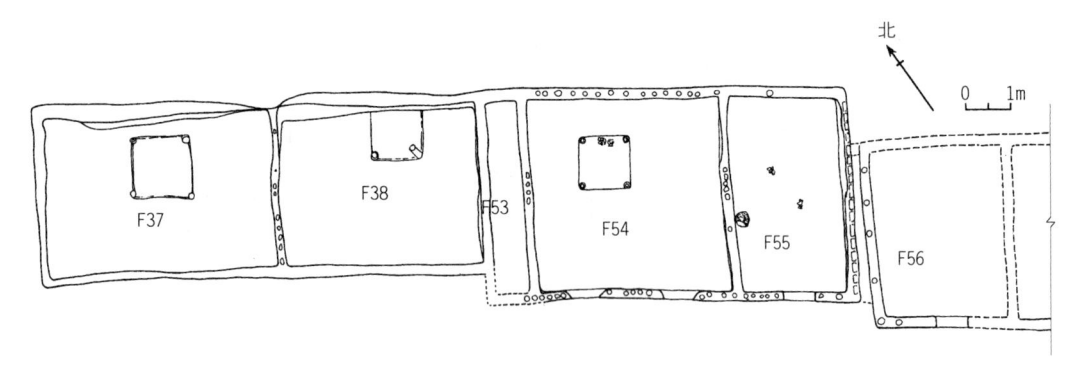

图 4　尉迟寺遗址 5 号基址局部平面

资料来源：根据中国社会科学院考古研究所和安徽省蒙城县文化局（2007）的附图改绘。

不仅如此，在 F38 的墙上发现有红彩涂饰，F37 的灶台尺寸较大，且于室内发现尊 4 件及杯具 17 件，尊的数量为全遗址之最，杯具的数量与 1 号基址的 F20 并列第一。此外，在 5 号基址南侧还发现了祭祀遗存。这些迹象使得这个建筑与礼仪、宴飨相关的"明堂"进一步地联系在一起。

与偃师商城宫城二号宫殿相类，在尉迟寺遗址 5 号基址的西南方，有 6、7 号基址及房址 F36 存在。人们在 5 号基址的房址 F37 内及其右前方 7 号基址的房址 F33 内均发现有陶铃，如果当时陶铃是巫师所用法器（吴钊，1999）的话，同时出土陶铃又距离相近的 5 号基址和 7 号基址就可以视作一个密切关联的祭祀活动连续体。把这个连续体与位于环壕西南方的出入口结合，7 号基址便成了接近 5 号基址的前导。也就是说，接近 5 号基址的中部及其前面的广场，需要穿越 6 号、7 号基址与 F36 所成之夹道，而这一动线正与古代文献所说"由西南迁延入之"的接近明堂的方式相应。由此，6、7、13 号基址及 F36 房址等与 5 号基址共同构成了完整的"明堂单元"，5 号基址就是这个单元的主体部分——"明堂"本身。

5 号基址的东南边为 14、15、16、17 号基址，这些房屋围绕一个红烧土广场，形成一个向西开放、东有出口的"コ"形建筑组合。这个组合考虑了同时为东、西两侧的建筑服务，与定为"中厨"的偃师商城宫城一号宫殿类似。认为这个组合是服务于宴飨和牺牲加工的"中厨"对应是合理的。在此发现有众多石锛、石凿和石铲，或是用于处理祭品的工具。

18 号基址在 17 号基址以南，与 17 号基址相背而立，表明其并不为"厨"的一部分。该基址南部为聚落内规模最大、距环壕入口最近、开放性最强的红烧土广场。在广场中部靠近基址的地方发现一直径约 4 米的火烧堆痕迹，在广场东部又发现一"鸟形神器"，这表明 18 号基址及其前面的广场具有礼仪功能且关注人的集聚，从位置和功能两方面着眼，其应该相当于偃师商城宫城的"朝"。18 号基址西侧不远处为门向同样朝南的前后紧邻的 8、9 号基址，9 号基址的 F29 北墙有红彩装饰，居住面十分平滑，凸显出对室内空间礼仪的关注。8、9 号基址与 18 号基址在整个遗址中所处的位置和空间层次相似，或者可以将它们视作一个整体。如果说 18 号基址及其前面的广场是为了满足多数人在室外集会议事的需求而设，那么位于迂回地接近明堂的路线上的 8、9 号基址，应是为了满足少数人在室内活动的需求而设。

2、3 号基址位于 5 号基址北部，这一位置距环壕的西南入口较远，安静隐蔽，其房间的尺寸适中，易于形成安适的居住体验，将这些建筑作为"寝"是合适的。3 号基址东侧的 4 号基址门向朝西，房址西侧有红烧土广场，或者可视为"寝"的辅助设置。在尉迟寺遗址中，尚未发现井的存在，加之其距河流尚有一定距离，环壕内存水又不稳定，这就使得生活用水保障水平较低。井这一重要生活设施的缺失，似乎表明这里的"寝"应非用于常规居住，而是重大活动举行期间所需的临时栖所。

尉迟寺遗址西路建筑的最北端为南北向的 1 号基址，门向朝东，房址东侧有红烧土广场，这意味着它主要的联系方向为东方，在 1 号基址东侧和 4 号基址北侧区域应有相关活动发生。1 号基址中共计发现 32 件杯具并在房址 F23 内发现了陶铃，表明其与祭祀及宴飨关系密切，考虑到此处地势较低，且位于整个环壕片区的北端，结合祭祀地祇传统的要求[⑪]，推测这里为礼祭地祇之处应该是合理的。

不仅偃师商城宫城二期 3 段的东路建筑为宗庙，并且二里头遗址宫城三期的东路也为宗庙（王鲁民，2017），可见在一定的祭祀组合中，将宗庙放在东路是有一定历史渊源的规则。尉迟寺设壕遗址东路的 10、11 号基址均处于环壕内高地之上，显示了其地位不凡，这里又存在一系列祭祀坑和兽坑，推测为"厨"的建筑组合又向此开口，认为这里与高规格的祭祀活动相关并不唐突。在建筑的内部处理上，10号基址中的F43的北壁经打磨十分光滑，且经过高温烧烤，墙体十分坚硬。特殊的位置，特别处理的房间，以及祭祀遗存的存在，促使我们把10、11号基址定为"宗庙"。

值得一提的是，10号基址相对独立于环壕内的东北角，偏离聚落中心，所处位置相当隐蔽，这样的条件使其与祭祀女性祖先的宗庙——"閟宫"联系起来。《诗·鲁颂·閟宫》说："閟宫有侐，实实枚枚。赫赫姜嫄，其德不回。"《传》曰："侐，清净也。"《康熙字典》释"閟"："又凡隐而不发皆作閟"，又《正韵》"深也，幽也"⑫。以上都表明"閟宫"地处深远幽静之处。在尉迟寺遗址的墓葬随葬品中，纺轮是只出现在女性墓中代表着女性特征的遗存（马艳，2005），而在10号基址的F42中发现了有女性象征意味的纺轮，在这里缺少其他生产工具类遗物出土的背景下，纺轮的出现应该可以作为10号基址为"閟宫"推论的支持。与之相对，在11号基址的所有房址中，发现了两件代表男性工具的石锛而未发现纺轮，既然10号基址专祀女性祖先，那么，同为宗庙的11号基址的祭祀对象自然是男性祖先。

在东路建筑最南端的是最为靠近环壕入口的12号基址及F39，它们内部除了发现较多器盖和壶外，未发现特殊的遗存，从位置看，其当为宗庙区前具有防卫和存贮功能的设施。

考虑到大汶口文化与商文化之间可能的渊源关系，以及早期建筑型制沿袭的稳定性，或者可以认为，尉迟寺设壕遗址的主体部分和偃师商城宫城设置与布局的基本照应，应该表明尉迟寺设壕遗址的主体部分是一个高规格禁地型祭祀中心（图5）。

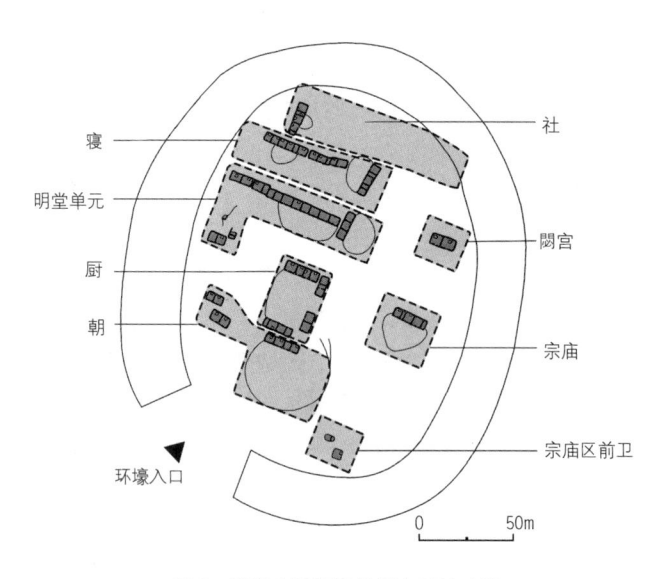

图5　尉迟寺设壕遗址壕内建筑功能

资料来源：根据中国社会科学院考古研究所和安徽省蒙城县文化局（2007）的附图改绘。

中国早期聚落核心要素的组织经过了一个明堂地位逐渐下降，宗庙、朝会地位逐渐上升的过程（王鲁民，2017）。从尉迟寺遗址的环壕在西南开口以及明堂与壕内制高点对应且其右前方诸建筑散置留出由入口至明堂的视线通道看，较之偃师商城宫城，这里的明堂地位较高。从建筑的组织着眼，尉迟寺设壕遗址上的朝会部分尚未形成一个严整的设置整体，景观地位较低，从功能安排上看，这里有偃师商城宫城所没有的专祀女性祖先的部分。这些现象的存在可以理解成这个禁地型祭祀中心为偃师商城宫城的前导表达（图6），而这也在一定程度上可以作为二者间具有文化连续性的证据。

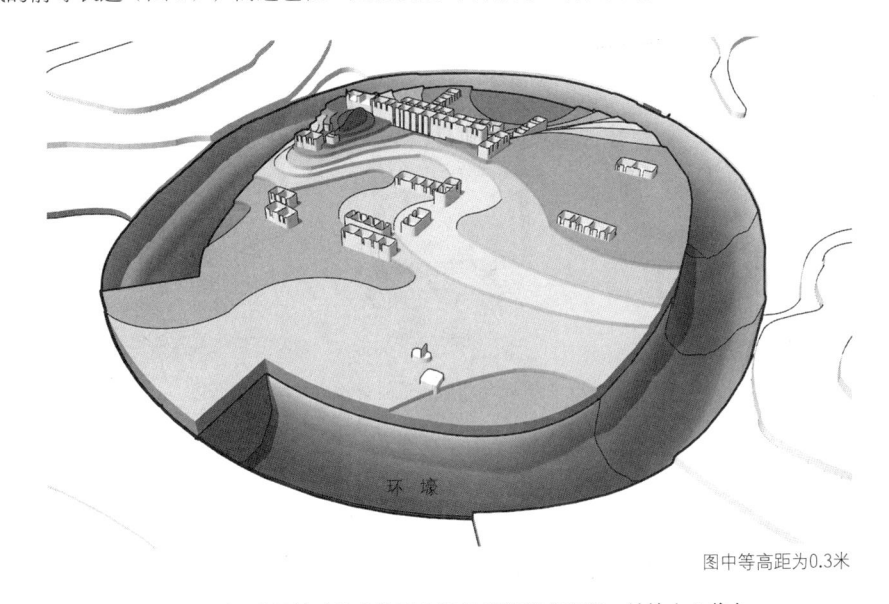

图中等高距为0.3米

图6　尉迟寺设壕遗址古地形分层复原模型（高程 z 轴放大 5 倍）
资料来源：根据中国社会科学院考古研究所和安徽省蒙城县文化局（2001、2007）的相关信息绘制。

结合尉迟寺遗址设壕部分为高规格祭祀中心的判断，可以推测尉迟寺遗址环壕以外的东南和西北两处考古遗存，或是与祭祀活动相关的贵族居地，或是保卫该禁地人员的驻地。也就是说，这个相当隆重的设置的服务对象绝对不仅是在环壕以外这两处考古遗存上活动的人群。

3　尉迟寺设壕遗址辐射范围及地位

虽然大汶口文化晚期的考古资料有限且各地情况并不平衡，但由现有材料已经可以看到某种遗址间关联的系统性，所以，一定水平的针对大汶口文化晚期遗址系统的结构性探讨是可以展开的。按照已有资料，大约与尉迟寺遗址的环壕同时存在的大汶口文化设壕（城）遗址应该有刘堌堆、焦家、尧王城、西康留和赵庄五处。从空间上看，这六处遗址大致均匀地散布在大汶口文化圈内。注意到这些遗址中环壕（城垣）平面清楚的，都可以看到环壕（城垣）的平面在西南隅和东北角有形态上的变化（图7），如果环壕（城垣）是高等级祭祀存在的证据的话，那么，这种变化意味着祭祀规格上的差异[13]。如果说这些设壕（城）遗址与尉迟寺遗址一样是一定地区的祭祀中心，那么，祭祀规格上具有的差异、设壕（城）遗址在特定地区均匀分布的方式，有利于设想这里存在一个有着某种内部秩序的、由设壕（城）遗址为核心要素的空间区划。

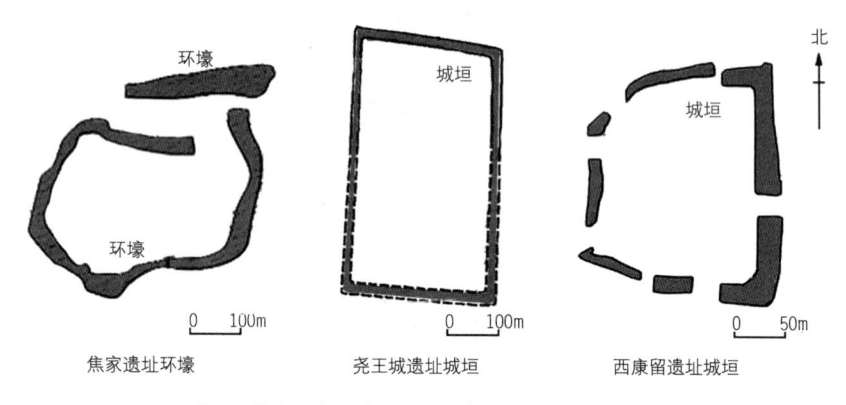

图7　焦家、尧王城、西康留遗址环壕（城垣）平面

资料来源：根据山东大学考古学与博物馆学系和济南市章丘区城子崖遗址博物馆（2018）、许宏（2017）的附图改绘。

依照含环壕（城垣）遗址的有无、大汶口文化晚期各地方类型的分布（王清刚，2018）、地理条件及空间关系，我们或可将尉迟寺遗址环壕存在时的大汶口文化晚期遗址[14]分为五个空间单元（图8）。尧王城、西康留、焦家和赵庄遗址附近没有其他设壕（城）遗址，各自统领着一个单元。尉迟寺遗址比较特殊，该遗址以西有刘堌堆设壕遗址，二者相距仅约8千米，或者可以认为，刘堌堆与尉迟寺是服务于不同目标的祭祀场所，二者构成一个组合，共同统领相应的空间单元。在这个组合中，刘堌堆面积1.6万平方米，远小于尉迟寺，尉迟寺遗址应为主导者。

在这几个空间单元中，焦家单元西达黄河，东达山东半岛西界，南抵泰沂山系中分线，北至大海，面积约3.5万平方千米，与大汶口文化晚期尚庄类型对应。西康留单元西以黄河为界，东以沂水和沭水为界，南抵古泗水，北达泰沂山系中分线，面积约6.7万平方千米，与大汶口文化晚期的枣滕地区类型、西夏侯类型对应[15]。赵庄单元北抵山东半岛南界，东南以淮水为界，东北达大海，西至沂水、沭水和泗水附近，面积约2.7万平方千米，与大汶口文化晚期的赵庄类型对应。尧王城单元覆盖了整个山东半岛，东、北抵大海，西至沂水、沭水一线，南至山东半岛南界，面积约5.3万平方千米，单元内包含了大汶口文化晚期的陵阳河类型、三里河类型和杨家圈类型。以尉迟寺和刘堌堆组合为核心要素的空间单元，南抵淮水，东邻赵庄单元，东北方向以古泗水为界，西达大汶口文化晚期西界，单元面积最大，约为7万平方千米。在这个区域中，主要分布的是大汶口文化晚期的尉迟寺类型，尉迟

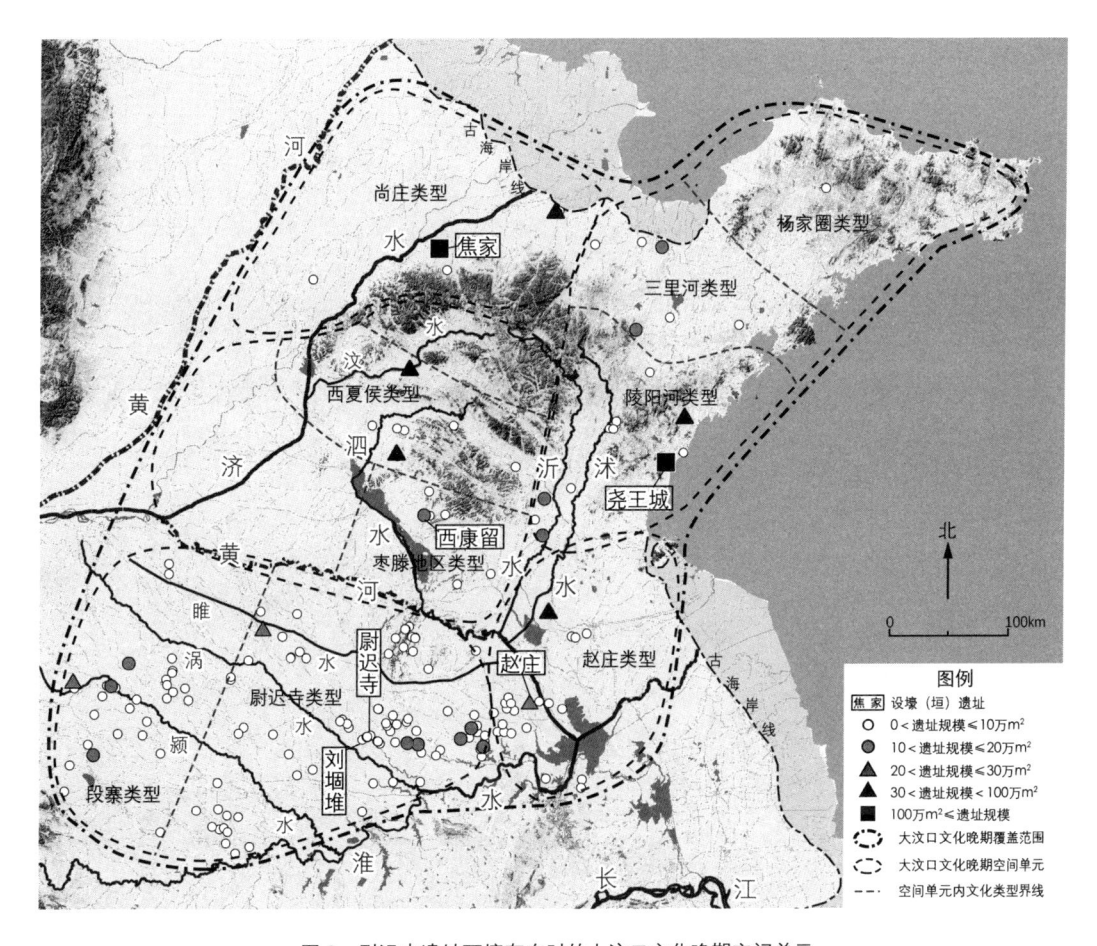

图 8　尉迟寺遗址环壕存在时的大汶口文化晚期空间单元

寺类型西北方的河南境内，分布在颍水流域的是大汶口文化晚期的段寨类型，再往西即为相对强势的异文化区，在某种意义上，段寨类型可以视为大汶口文化晚期指向中原地区的前锋，因而这一单元的地位十分特别。

如果将尉迟寺—刘堌堆空间单元中已发现的遗址在图上标识，可以看到单元东部为遗址存在的重心所在。这里不仅遗址数量多、遗址密集程度高，并且尉迟寺—刘堌堆单元内遗址面积 10 万平方米（含）以上的遗址中的 2/3 都出现在这一区域。这样，尉迟寺和刘堌堆遗址出现在这一区域就既与强势的异文化空间相对疏离，又与人口重心相关，既考虑尉迟寺和刘堌堆组合的安全，又保证它们具有较强的公共性。不仅如此，在尉迟寺类型的分布区内，如果顺着这一地区的主要河流走向进行区划，可以看到 10 万平方米或以上的遗址均处在尉迟寺遗址的后面，尉迟寺遗址前方没有 10 万平方米或以上的遗址存在，这样的遗址分布表明尉迟寺遗址是聚落安排的某种界限（图 9）。目前在段寨类型的遗址聚集区未发现设壕（城）遗址，所以，如果尉迟寺设壕遗址是对应尉迟寺类型的设置，刘堌堆设壕遗址就很有可能是针对段寨类型的设置，因为尉迟寺遗址所在远离外部强势文化并且遗址密集，把在某种程度上孤悬于不同文化之间的段寨类型的祭祀中心靠近尉迟寺遗址安排，不仅安全并且也有利于尉迟寺类型对孤悬的段寨类型的控制。总体来看，尉迟寺及刘堌堆设壕遗址在坐落上显示出的公共性考虑、区域划分的标识性表示、文化类型的对应和管控上的逻辑合理，应该表明了尉迟寺和刘堌堆组合是上述7万平方千米范围的核心性设置[16]。

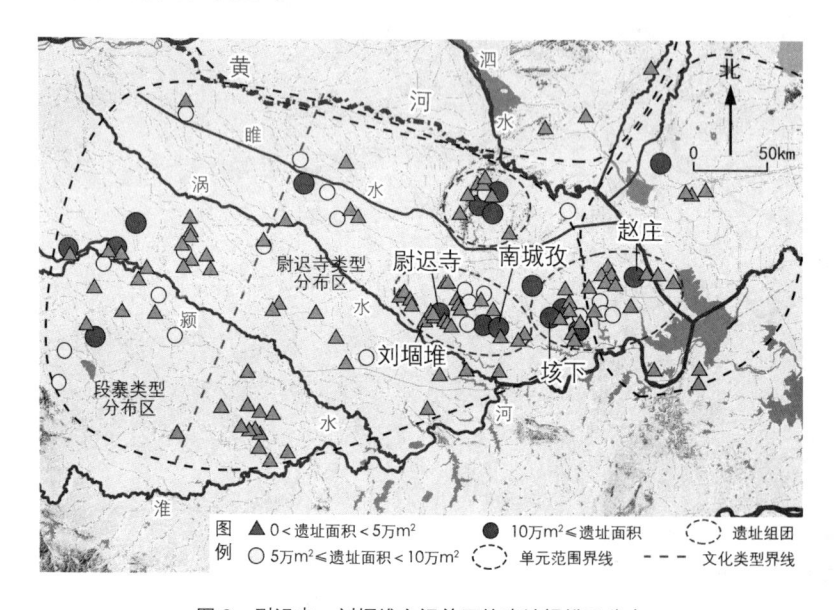

图9 尉迟寺—刘堌堆空间单元的遗址规模及分布

考古资料表明，尉迟寺设壕遗址使用了一段时间以后，尉迟寺遗址所在的地区似乎经历了重大的社会变动。其原因或者与周边的地理—文化条件改变相关。相关资料显示，在相应的时间段，黄河由原来自郑州以下而东北入海，改为由郑州以下转向淮北平原入古泗水东南入海（王青，1993），同时，良渚文化修建了良渚古城的城垣，屈家岭文化设壕（城）遗址数量明显增多（许宏，2017）。无论是什么原因，在这一时期，以尉迟寺和刘堌堆遗址为核心空间单元的聚落系统发生了重大的更动。

这一聚落系统更动的核心事件，是在尉迟寺遗址以东的垓下和南城孜两个遗址上出现了环壕（城垣）[17]（图9）。在垓下和南城孜设壕（城）遗址出现后，尉迟寺遗址虽然持续存在，但却逐渐放弃了环壕，遗址上明堂建筑（F38）墙上的红彩涂饰也被新的墙皮覆盖。这表明尉迟寺遗址失去了原有的地位。这里需要特别注意，研究表明尉迟寺遗址上房址的放弃是有计划的，并举行有相应仪式（中国社会科学院考古研究所、安徽省蒙城县文化局，2007），在没有其他设壕（城）遗址出现的情况下，新的设壕（城）遗址的兴起与旧的设壕（城）遗址上环壕（城垣）的放弃同步，可以理解为这里发生了祭祀中心的和平转移。

在新的祭祀中心组合中，同时拥有环壕和城垣的垓下遗址应该是主导者，而仅有环壕的南城孜遗址则处于次要位置，这样，新的组合仍然维持了尉迟寺与刘堌堆组合那样的"一主一次"结构。注意到新出现的垓下遗址、南城孜遗址与尉迟寺遗址大致处在一条东西连线上，并且南城孜遗址约位于连线的中央，其与垓下遗址和尉迟寺遗址的距离大致相等，如果我们把南城孜和垓下遗址组合视作尉迟寺和刘堌堆遗址组合的替代的话，这种相等应该表明新的设置试图将尉迟寺遗址纳入新的结构。

垓下遗址和南城孜遗址比尉迟寺、刘堌堆遗址更靠近单元的东界，这似乎显示出了地理与外部条件的改变使得单元西侧压力的增大，这样的压力是需要大汶口文化整体协同应对的。根据遗址的聚集程度，尉迟寺—刘堌堆空间单元的东部大致可以分为北、西、东三个主导性的遗址组团，其中，北组团、西组团独立地处在尉迟寺—刘堌堆单元内，而东组团则与赵庄单元西侧的遗址连成一片，形成一个跨越两个空间单元的遗址群（图9）。原来，尉迟寺和刘堌堆遗址组合均位于西组团的西端；在南城孜和垓下遗址的组合中，南城孜遗址位于西组团的东端，垓下遗址则位于东组团的西端。由于赵庄单元唯一的设壕遗址正好处在包含东组团的遗址群的东端，这样，在垓下和南城孜遗址出现环壕（城垣）后，这里的西组团和包含东组团的遗址群的两端都由特别的遗址限定，加上涉及垓下遗址和赵庄遗址的跨文化类型遗址群的形成没有发生暴力活动，可以认为这里的关键性遗址的坐落是经过某种统筹安排的。这种安排显然加强了该空间单元核心要素与东边大汶口文化晚期人群的联动，使这一地区的核心能够在变化了的条件下获得大汶口文化晚期聚落系统腹地更多的支持。垓下和赵庄遗址分别位于跨单元遗址群的两端，在满足两个空间单元协同性的同时，也保证了各自祭祀中心的相对独立性。

尉迟寺—刘堌堆空间单元发生的地域核心和平有序的转移，表明了一定空间单元中特定水平的祭祀中心的唯一性，进一步肯定了这里的空间单元是以祭祀中心为依托进行组织的。维持"一主一次"结构的做法，则强化了设壕（城）遗址与地区特殊的族群分布格局呼应的推论。而新的中心要素与赵庄空间单元在布局上的融合，则似乎暗示尉迟寺—刘堌堆空间单元中心转移的决定者有跨空间单元的可能。

尉迟寺遗址的环壕足够深阔且内侧壁陡峭，这样的处理显然是为了取得可靠的防御能力，可在这样的环壕的西南边，却存在一个宽达40～50米的缺口。这种宽度，已经远远超过一般的进出所需，使壕沟防御效能受到相当程度上的减损。超出常规的缺口与壕沟设置显示出的对防御的关注之间的矛盾，或者可以用尉迟寺设壕遗址为"轩城"来解释。《公羊传·定公十二年》云："雉而城。"汉何休注云："天子周城，诸侯轩城。轩城者，缺南面以受过也。"也就是说，在一定时期，防卫设施的建造上存在过要求处于低位者放弃部分防御能力来表示对上级服从的做法。尉迟寺环壕上超宽缺口的存在，表明了它应是某个大的权力架构中的从属单位，也就是说当时存在着针对尉迟寺—刘堌堆空间单元的跨空间单元的更为高级的权力。

4 大汶口文化晚期聚落系统的控制

环顾目前所知的大汶口文化晚期大约与尉迟寺遗址的环壕同时存在的其他设壕（城）遗址，除了焦家遗址的遗址规模达到 100 万平方米，西康留遗址和赵庄遗址的遗址规模均有限，环壕（城垣）平面形态清楚的焦家遗址环壕平面不规则且为"轩城"，西康留遗址城垣平面为西南隅强烈压缩、东北角缺失的梯形且存在多处大尺寸缺口，也就是说这些设壕（城）遗址的规格均不高。只有在尉迟寺单元东北的尧王城遗址，不仅遗址规模和环壕（城垣）规模最大，分别达到 100 万平方米以上和 20 万平方米，并且城址平面为西南隅略微压缩、东北角抹去的规则矩形，城垣连续，应为"周城"，规格上明确高于大汶口文化晚期的其他设壕（城）遗址[⑧]（表1）。就目前的考古资料而言，大汶口文化晚期涉及的范围里，尚无同时期的遗址可与尧王城遗址相提并论，因而设想它是整个大汶口文化晚期遗址覆盖区的核心是有道理的。

表1 与尉迟寺设壕遗址同时期的大汶口文化晚期设壕（城）遗址规模[⑨]及平面形态

遗址名称	圈围类型	遗址规模（万 m²）	环壕（城垣）规模（万 m²）	环壕（城垣）平面形态处理
尧王城	城垣+环壕	400（100）	20（环壕内，含环壕）	规整矩形变体；西南隅基本完整，东北角压缩
焦家	环壕	100	12.25（环壕内，含环壕）	不规则椭圆；西南隅扩张，东北角压缩；轩城
西康留	城垣	11.5	5（含城垣）	规整矩形变体；西南隅压缩，东北角压缩
赵庄	环壕	30	不详	不详
尉迟寺	环壕	10	5（含环壕）	椭圆形；轩城
刘堌堆	环壕	1.6	不详	不详

在大汶口文化晚期，大汶口文化覆盖区西边的中原地区处于庙底沟二期文化阶段，西南边是以江汉平原和洞庭湖平原为中心的屈家岭—石家河文化，东南边的环太湖地区处于良渚文化阶段。从遗址分布情况看，它们均给大汶口文化人群以某种压力，其中西部的庙底沟二期文化较为强势且与大汶口文化的距离最近。以此外部框架为基础，从大汶口文化晚期各空间单元的位置上看，尧王城单元离开强势单位最远，在一定水平上，其他单元都可以视作尧王城单元与异文化区域之间的屏障。不仅如此，尧王城遗址之外的其他设壕遗址中，处在面对强势异文化区域前端的焦家遗址、尉迟寺和刘堌堆遗址，均可以看作位于面向异文化区域河流的后方，焦家遗址位于济水后方，尉迟寺和刘堌堆遗址位于涡水后方。这些情况有利于把大汶口文化晚期遗址视作一个需要面对异文化区压力的整体，并设想同属大汶口文化晚期的其他设壕遗址单元是尧王城遗址单元的迴护单位。

因为泰沂山系的阻隔，由异文化区接近大汶口文化晚期腹地的尧王城单元有南、北两条路径，这两条路径的地理空间形势有很大不同（图8）。泰沂山系以北的路线由中原地区进入鲁北—胶莱平原，路线上仅有泰沂山系与济水所成夹道处易于形成有效的防御，这个点之前的黄河和济水之间的河流相对稀疏且与前进方向平行，河流河道较窄，总体阻碍较小，这个方向上在泰沂山系与济水夹道处出现了焦家设壕遗址。泰沂山系南侧的路线为沿着黄淮平原行进，一路河流密集且河流与前进方向垂直，有较宽的河道，如泗水、颍水、涡水、睢水等，形成严重阻碍的地段较多，空间被划分为多个层次，在这条路线的不同层次上，分别出现了尉迟寺和刘堌堆设壕遗址、西康留设城遗址、赵庄设壕遗址。也就是说，地理空间形势以及综合条件的不同，造成了大汶口文化晚期人群在不同方向上防御的策略也不同。简单地说，焦家单元祭祀中心的坐落提示着着力于唯一的关键点控制的格局，而西康留单元、赵庄单元和尉迟寺—刘堌堆单元的祭祀中心的坐落则提示着各据有利地形协同防护的姿态。

《左传》说"国之大事，唯祀与戎"，如果这个说法在当时适用，那么祭祀权和军事能力在当时是最为重要的。遗址上环壕（城垣）的存在仅表示遗址与高等级祭祀权力对应，其未必为军事重镇。在当时的条件下，军事能力取决于人口的聚集水平，人口聚集水平与遗址规模为正相关关系。如果军事能力和祭祀权的整合水平高，表示相应单元可以尽快形成核心，从而在面对外来挑战时有更强的对抗能力和机动性。某一单元的军事能力和祭祀权的整合水平，在一定程度上可以由设壕遗址本身的规模大小以及与其他大规模遗址之间的距离关系来表达。

观察尧王城单元以外各个单元的遗址分布，可以看到防御需求的不同使得各个单元祭祀权和军事能力的整合水平也不相同（图8）。在北部路线独立承担外部压力的焦家单元中，作为祭祀中心的焦家遗址规模最大，达到100万平方米以上，实现了军事能力和高规格祭祀的并置。此外，与焦家遗址直线距离约98千米处又有遗址面积在30万平方米以上的遗址存在，更加增强了防御的机动水平。协同承担西南部和南部压力的西康留、赵庄和尉迟寺—刘堌堆三个单元中包含两种情况。第一种是西康留单元和赵庄单元，作为祭祀中心的西康留遗址和赵庄遗址规模相对有限，在西康留单元内与西康留遗址直线距离分别约56千米、114千米的北方和赵庄单元内与赵庄遗址直线距离约74千米的东北方，分别有大于西康留遗址和赵庄遗址的遗址面积在30万平方米以上的遗址存在。虽然相较于焦家单元，西康留单元和赵庄单元祭祀权与军事能力的整合水平均较低，但毕竟有军事能力较强的单位存在。西康留单元因为背靠泰沂山系与尧王城间有一定阻隔而独立性较强，其祭祀权和军事能力的整合水平较紧邻尧王城单元且与异文化区之间还有尉迟寺—刘堌堆单元的赵庄单元为高。第二种是尉迟寺—刘堌堆单元，不仅作为祭祀中心的尉迟寺和刘堌堆遗址本身规模有限，并且单元内最大遗址规模仅24万平方米，与其他单元相比，尉迟寺—刘堌堆单元祭祀权与军事能力的整合水平最低。这种情况似乎显示这一地区的防御有相当大的弹性，之所以这样，首先是因为单元内段寨类型的主要遗址由于处在和异文化区的交界地带而具有较大的不稳定性，其次是西康留单元和赵庄单元在一定程度上可以分担尉迟寺—刘堌堆单元的防御压力，这或者提示尉迟寺设壕遗址位于单元东部以及单元内尉迟寺类型中的较大遗址均位于涡水后方靠近尧王城的区域，具有便于上位权力管控的内容。尉迟寺—刘堌堆单元的地域核心发生转移后，新出现的南城孜遗址面积约20万平方米、垓下遗址城垣内面积约15万平方米，均大于尉迟寺遗址的面积，垓下遗址上同时拥有环壕和城垣且平面为圆角长方（许宏，2017），遗址上见有红彩装饰的排房，祭祀等级较尉迟寺遗址为高。较大的规模和更加隆重的设置应是这一地区中心权力整合水平提升的表达，更高的祭祀权与军事能力的整合水平应是为了应付前面指出的这一方向上外部压力增大的办法。

如果从祭祀权和军事能力的整合水平看尧王城单元，尧王城遗址不仅在各个方面一枝独大，显示出强烈的凌驾性，并且在其东北约37千米处还有规模大于30万平方米的遗址存在，显示出祭祀权和军事能力的最高整合水平（图8），这进一步明确了尧王城遗址和单元的中心性。

如果认定尧王城单元为权力中心，尧王城单元之外的其他单元由于区域防御需求的不同形成的祭祀权和军事能力整合水平的差异，就意味着尧王城单元这个中心对各单元权力赋予的差异。由上列各单元祭祀权和军事能力的整合状况及尉迟寺—刘堌堆单元祭祀权和军事能力整合情况的变动可以看到，这里的关键是，既要通过权力的赋予使得各个单元祭祀权和军事能力的整合水平与其承担的防御任务及所处地位相符，又要避免其他单元权力集中对尧王城单元的中心地位造成威胁。

一般说来，环壕（城垣）平面矩形的较圆形的等级高，规则的较不规则的等级高[20]。比较焦家遗址和西康留、尉迟寺遗址，西康留遗址城垣的祭祀等级相对最高，尉迟寺遗址环壕次之，焦家遗址环壕最低。按照常理，如果其能够自作主张的话，各单元内祭祀权和军事能力整合水平最高、本身规模最大的焦家遗址的环壕平面应该在等级上高过西康留和尉迟寺遗址，可实际在等级上却采用了较低的形态。这种情况一方面表明焦家遗址不能自主，另一方面也显示了如果因为防御需求使得单元祭祀权和军事能力的整合水平高，那就得在其他方面做出减损。焦家遗址这种"非自然"的状况，是上位权力对权力慎重赋予的关键证据。

更进一步需要注意的是，首先，并不是所有的大汶口晚期文化类型都含有设壕（城）遗址，比如西夏侯类型、三里河类型、杨家圈类型；其次，具有含环壕（城垣）遗址的文化类型在特定的空间单元中覆盖面积并不是最大的，例如在西康留单元中，现知覆盖面积最大的是西夏侯类型，而设壕遗址则出现在枣滕地区类型中；再次，作为某一文化类型祭祀中心的设壕（城）遗址可以在相邻文化类型内安排设置，段寨类型的祭祀中心放在尉迟寺类型覆盖区就是实例；最后，具有含环壕（城垣）遗址的文化类型覆盖面积与含环壕（城垣）遗址的遗址面积及环壕（城垣）规模并非正相关，例如赵庄遗址的遗址规模和西康留遗址的遗址规模及环壕（城垣）规模均不小于尉迟寺遗址，但尉迟寺类型的覆盖面积大于赵庄类型和枣滕地区类型的覆盖面积。凡此种种，都很明确地表现出大汶口文化晚期遗址覆盖区域内的含有环壕（城垣）遗址的设置并不是简单地取决于地方力量的强弱，或者说环壕（城垣）的拥有和规格设定具有"自上而下"安排的性质。

从空间构成的格局看，各单元内较大遗址的位置也有"自上而下"安排的痕迹。在焦家单元，焦家遗址东北方的较大遗址紧邻古海岸线且处在海岸线距离泰沂山系北麓最近的点，与焦家遗址配合加强了单元内的防御纵深；在西康留单元，西康留遗址北方的两处较大遗址分别邻近泗水和汶水，与西康留遗址相互支撑在泰沂山系之前形成了较长的防线；在赵庄单元，赵庄遗址东北方的较大遗址则邻近沭水，与赵庄遗址一道建立了沿沭水和泗水的纵深防御。也就是说，焦家单元、西康留单元和赵庄单元内的较大遗址与设壕（城）遗址配合不仅加强了各自单元的防御，并且这些遗址还结合地形地势和河流水系在尧王城遗址与单元外围形成了区域意义上的"迴护弧线"。不仅如此，这种"自上而下"安排的情况甚至还有"量化"上的考虑。这具体表现为西康留遗址、赵庄遗址、焦家遗址与各自单元内最近的大于30万平方米遗址的直线距离，分别约是尧王城遗址与其单元内大于30万平方米遗址之间直线距离的1.5倍、2倍和2.5倍。这种不同区域、不同文化类型的重要遗址间距的比例关系，不仅表明了这里的具体秩序格局是统一权力支配下目的明确的、各人群间深度协同的结果，并且显示对应的"自上而下"的安排是一个十分严密的系统。

回过头看，如果带有环壕（城垣）的遗址意味着高等级祭祀权力的存在，而祭祀权在当时是举足轻重的核心权力，如果遗址规模意味着更坚强的防御和可以即手的劳动能力，那么，在以尧王城为统领的聚落系统中，最为触目的事实应该是一系列设壕（城）遗址在规模上并不具有优势，尉迟寺、垓下、西康留和赵庄遗址都规模有限，同单元之中规模大于它们的聚落往往存在，并且各单元的设壕（城）遗址既规模上存在差别，又和大型遗址间的关系各不相同。这些最为显明但却不容易看到的事实，应该最不容置疑地表明大汶口文化晚期遗址覆盖区聚落系统的"人工"属性。

在我们看来，以上讨论应该基本表明了，当时在黄河下游地区，一个已经发展到一定水平的、由统一权力的权力赋予为基础的、涉及地域大致25万平方千米的、具有确切空间控制目标的聚落系统已经存在。如果将大汶口文化晚期遗址系统显示出的边缘单位迴护中央区域的格局与后世的情况对照，可以认为这里已经存在"王畿—方国"的结构。

5 结语

综合以上，应该可以看到：

（1）尉迟寺设壕遗址是一个禁地型祭祀中心，在格局上，其可以视为偃师商城宫城的先导；

（2）在大汶口文化晚期的遗址覆盖范围内，实行以祭祀中心为依托进行地域空间单元组织与控制的做法；

（3）各单元祭祀中心和较大遗址的位置选择不仅考虑空间单元内部的方便与自身安全，而且结合地理条件，通过合理安排，形成了必要的针对整个大汶口文化晚期疆域的层级复杂的控制系统；

（4）决定于系统设置，每个空间单元的权力架构不同，以此形成一个配比平衡、秩序严整的权力架构，由与之对应的空间组织看，后世所谓的"王畿—方国"格局应该在这里已见雏形。

人类的营造活动总是与某种水平的控制或规划相关，可在这里，通过对禁地型祭祀中心的选址、禁地型祭祀中心自身规模及其与较大遗址间的距离，禁地型祭祀中心的环壕（城垣）平面形态，禁地型祭祀中心的分布与文化类型分布间关系的分析，可以看到，距今4 800年前后，在总面积相当于山东省和江苏省面积之和的广大范围内，人们通过地理调适和权力赋予，制作出了系统地应对潜在内外挑战的、实现相应疆域控制的大地景观体系。其复杂性和严密性，应是人类空间控制乃至规划技术发展到一定水平的表达。虽然最终的结果未必是全然预设，当时也不见得有与如今类似的规划技术系统，但具体的管控确实包括了聚落系统的安排、中心要素的位置、性质及规模控制等内容，这和现代语境下的"规划"有诸多相似之处。

致谢

本文受国家自然科学基金项目"中国传统聚落型制史与建设性遗存的空间原意呈现型保护"（51678362）资助。基本内容曾于2019年11月10日在南京召开的首届国际规划历史与理论论坛上报告。感谢孙英民、李勇古对文稿提出的修改意见。

注释

① 发掘报告描述的环壕缺口宽度为20米，但是依据发掘报告提供的平面图则有40～50米，详见中国社会科学院考古研究所和安徽省蒙城县文化局（2001、2007）。本文有关尉迟寺遗址的资料除特别注明外，均来自中国社会科学院考古研究所和安徽省蒙城县文化局（2001、2007）。

② 笔者根据资料统计，主要依据如下。a：王清刚（2018）。b：安徽省文物考古研究所. 安徽泗县新石器时代晚期至商周遗址调查报告[J]. 东方考古, 2013(0): 418-470. c：王芬. 试论泰沂山北侧地区的大汶口文化[J]. 中原文物, 2003(5): 14-25. d：中国社会科学院考古研究所安徽工作队. 皖北大汶口文化晚期聚落遗址群的初步考察[J]. 考古, 1996(9): 14-22. e：中国社会科学院考古研究所安徽工作队. 安徽淮北地区新石器时代遗址调查[J]. 考古, 1993(11): 961-980+984. f：河南省文物局编. 河南文物[M]. 郑州：文心出版社, 2006.

③ 笔者根据资料统计，资料刊布日期截至2019年10月。根据现有材料，焦家遗址主要遗存为大汶口文化中晚期阶段，夯土墙的年代不会晚于大汶口文化中期偏晚，但未提及环壕的使用年代，结合遗址的实际情况，本文暂认为在大汶口文化晚期焦家遗址仍可能存在环壕。相关资料如下。a：中国社会科学院考古研究所山东队，山东省文物考古研究所，日照市文物局. 山东日照市尧王城遗址2012年的调查与发掘[J]. 考古, 2015(9): 7-24+2. b：刘延常, 赵国靖. 山东五莲县丹土遗址大汶口、龙山文化遗存分析[J]. 中国社会科学院古代文明研究中心通讯, 2015(27), 47-55. c：许宏（2017），第76页。d：安徽省文物考古研究所, 固镇县文物管理所. 安徽固镇县垓下遗址发掘的新进展[J]. 东方考古, 2010(0): 412-424. e：武大考古队. 胡保华. 安徽省固镇县南城孜遗址考古发掘花絮(1)[EB/OL]. http://kaogu.cn/cn/kaoguyuandi/kaogusuibi/kaoguhuaxu/2014/1208/48507.html, 2014-12-08. f：中国社会科学院考古研究所安徽工作队. 皖北大汶口文化晚期聚落遗址群的初步考察[J]. 考古, 1996(9): 14-22. g：乙海琳. 淮河流域大汶口文化晚期的动物资源利用：以金寨、赵庄遗址为例[D]. 济南：山东大学, 2012: 45. h：安徽省文物考古研究所. 安徽萧县金寨遗址发现大汶口至龙山文化遗迹[N]. 中国文物报, 2018-12-14(008). i：山东大学考古学与博物馆学系、济南市章丘区城子崖遗址博物馆（2018）。

④ 同注释③。

⑤ 焦家城址较完整地勘探了环壕，环壕外围东西长425～435米，南北宽250～360米，宽25～30米，深1.5～2米；城墙局部解剖显示分两期，一、二期底部残宽分别为11.6、6.4米。尧王城遗址内城城垣南北近500米，东西宽约300米，城墙主体宽26～28米。丹土大汶口文化晚期城东西长约410米，南北宽约220米，墙基残

宽约 5 米。垓下城址城墙东、西、南、北四墙长度分别为 410、480、280、340 米，解剖显示大汶口文化晚期北城墙基宽 22.5 米。西康留城垣内面积仅 5 万平方米。南城孜遗址东西约 600 米，南北约 300 米，环壕面积不详，深 4 米，宽 10～20 米。刘堌堆设壕遗址面积仅 1.6 万平方米。

⑥ 本文指设置有环壕或城垣的遗址。

⑦ 偃师商城宫城二号宫殿前西南方的夯土台基，按照王震中的考察，应早于二号宫殿。本文中偃师商城宫城二期 3 段的布局示意图在曹慧奇（2018）图二的基础上，参考王震中的意见绘制。详见王震中（2010b）第 70 页。

⑧ 历史上，明堂是一种综合性的祭祀设施，其不仅用于祭祀一定族群所有的具有一定资格的先人，还用于礼敬天地、授时昭历、养老诲稚等。详见王鲁民（2017）。

⑨ 发掘者推测二期宫城墙西侧与三期宫城墙围成的空间"或应属于第二期宫城建筑的使用空间"，并且把二期宫城墙南段上的豁口认为是通向这一空间的入口，具体用途尚无法判断。结合偃师商城宫城的功能布局，我们认为这种说法值得商榷，实际上这样狭长的空间很难承担明确的宫城功能。在商代早期方国都城垣曲商城，西城墙和南城墙均设置了双重城垣，并由此形成了接近宫殿区"西南入"的做法。由此，偃师商城二、三期宫城墙的做法或者与垣曲商城双重城垣的做法相似，形成了一个迂回的通道，如果是这样，那么在偃师商城三期宫城墙上应该设置有由外部进入宫城的入口。相关文献有如下。a：中国社会科学院考古研究所河南第二工作队. 2011 年至 2016 年偃师商城宫城遗址复查工作的主要收获[J]. 中原文物, 2018(3): 63-74+82. b：谷飞. 偃师商城宫城建筑过程解析[J]. 三代考古, 2017(0): 387-396. c：中国国家博物馆田野考古研究中心，陕西省考古研究所，垣曲县博物馆. 垣曲商城 2，1988～2003 年度考古发掘报告：全 2 册[M]. 北京：科学出版社, 2014: 230. d：王鲁民（2017）第 134 页。

⑩ 从字意分析，"明"的意思是"显露"和被阳光照亮，"堂"指上有屋顶覆盖的地面。参见王鲁民（2017）第 41～50 页。

⑪ 《尔雅·释天》说"祭天曰燔柴，祭地曰瘗埋"，瘗埋当与"坎陷之祭"同义。所谓"坎"祭、"陷"祭，狭义上可指祭祀坑，广义上还应包括低地或者说地势较低处。参见：井中伟. 我国史前祭祀遗迹初探[J]. 北方文物, 2002(2): 6-15.

⑫ 参见：黄淬伯. 诗经覈诂[M]. 北京：中华书局, 2012: 547. 张玉书，陈廷敬编撰. 康熙字典[M]. 北京：大众文艺出版社, 2008: 1333.

⑬ 城垣或环壕的平面形态与其祭祀等级密切相关。具体地说，完整围合的周城等级高于不完全围合的"轩城"；矩形平面等级高于圆形平面，规则平面高于不规则平面；并且以规则矩形平面为基础在西南隅和东北角的特殊处理，西南隅完整和扩张、东北角完整为高水平满足祖宗祭祀要求的表达，而西南隅压缩、东北角缺失为降低祖宗祭祀满足水平的表达，即西南隅扩张或完整较西南隅压缩等级高，东北角完整较东北角缺失等级高。详见王鲁民（2017）。

⑭ 同注释②。

⑮ 可能是因为目前在相应地区未发现大汶口文化晚期的遗址，现有研究未对大汶口文化晚期西夏侯类型和枣滕地区类型以西至黄河东岸的区域进行考古学文化类型上的划分。但是考虑到这一地区三面为大汶口文化晚期地方类型环绕，一面为大型河流，从地理空间关系上考虑，应把这一地区划入西康留单元。

⑯ 西康留单元内，在西康留遗址以东约 16 千米处有建新遗址。根据考古资料，建新遗址以大汶口文化中晚期遗存为主，遗址面积约 12 万平方米，并且"在遗址外围发现存在环壕的迹象"。建新遗址环壕的具体使用时期尚不明确，如果其环壕和西康留遗址的城垣共时，那么，西康留单元中西康留和建新遗址的设置应该与尉迟

⑯ 寺—刘堌堆单元中尉迟寺和刘堌堆遗址的设置情况类似。建新遗址的资料参见：山东省文物考古研究院. 枣庄建新遗址考古勘探报告[J]. 海岱考古, 2017(0): 38-65.

⑰ 按照林壹，尉迟寺遗址的环壕在遗址大汶口文化晚期的最早阶段应该已经出现；按照试掘简报，南城孜遗址第一期相当于尉迟寺遗址大汶口文化晚期遗存第二段；而垓下遗址城墙建造和使用年代主要处于大汶口文化晚期偏晚阶段，根据以上确定尉迟寺单元内尉迟寺、南城孜、垓下三处遗址环壕（城垣）出现的相对时期。详见，a: 林壹（2016）。b: 安徽省文物考古研究所，武汉大学历史学院考古系，武汉大学考古系. 皖北小孙岗、南城孜、杨堡史前遗址试掘简报[J]. 考古, 2015(2): 3-18+2. c: 安徽省文物考古研究所，固镇县文物管理所. 安徽固镇县垓下遗址发掘的新进展[J]. 东方考古, 2010(0): 412-424.

⑱ 设壕（城）遗址平面等级规格参照注释⑬。

⑲ 一般认为尧王城遗址龙山文化早中期遗址总面积达 400 万平方米，但也有学者认为有文化堆积的范围不超过 100 万平方米。尧王城遗址的内城建设时间不晚于大汶口文化晚期，资料显示尧王城遗址在大汶口文化晚期有五处聚落团聚在从中穿过的河汊附近，结合尧王城遗址城址及其周边的平面图，可以推测尧王城遗址大汶口文化晚期的遗址规模应该不小于 100 万平方米。参考文献如下。a: 许宏(2017)，第 76~77、116~117 页。b: 孙波. 山东文化城址略论[C]//中国社会科学院考古研究所、郑州市文物考古研究院. 中国聚落考古的理论与实践（第一辑）：纪念新砦遗址发掘 30 周年学术研讨会论文集. 北京：科学出版社，2010: 357-375. 西康留的遗址规模参考：山东省文物考古研究所，滕州市博物馆. 山东滕州市西康留遗址调查、钻探、试掘简报[J]. 海岱考古, 2010(0): 114-161+459-461. 其他设壕（城）遗址的规模参考注释③。

⑳ 同注释⑬。

参考文献

[1] 曹慧奇. 偃师商城宫城第三号宫殿的始建年代与相关问题[J]. 中原文物, 2018(3): 83-88.

[2] 林壹. 尉迟寺大汶口晚期聚落内部的社会结构——以遗存的空间分布为视角[J]. 南方文物, 2016(4): 82-88.

[3] 马艳. 安徽尉迟寺大汶口文化土坑墓随葬品所反映的社会现象[J]. 四川文物, 2005(5): 22-29.

[4] 裴安平. 中国史前聚落群聚形态研究[M]. 北京：中华书局，2014: 288.

[5] 山东大学考古学与博物馆学系，济南市章丘区城子崖遗址博物馆. 济南市章丘区焦家新石器时代遗址[J]. 考古, 2018(7): 28-43+2.

[6] 王鲁民. 营国：东汉以前华夏聚落景观规制与秩序[M]. 上海：同济大学出版社，2017.

[7] 王青. 试论史前黄河下游的改道与古文化的发展[J]. 中原文物, 1993(4): 65-74.

[8] 王清刚. 龙山时代海岱地区与南邻文化区互动关系研究[D]. 济南：山东大学，2018: 20-28.

[9] 王学荣. 偃师商城第一期文化研究[J]. 三代考古, 2006(0): 255-296.

[10] 王学荣，谷飞. 偃师商城宫城布局与变迁研究[J]. 中国历史文物, 2006(6): 4-15.

[11] 王震中. 商族起源与先商社会变迁[M]. 北京：中国社会科学出版社，2010a.

[12] 王震中. 商代都邑[M]. 北京：中国社会科学出版社，2010b: 56-130.

[13] 魏继印. 试析王湾三期文化的来源[J]. 考古, 2017(8): 80-90+2.

[14] 魏峻. 尉迟寺遗址的大汶口文化聚落与社会[J]. 东方考古, 2004(0): 108-124.

[15] 吴钊. 追寻逝去的音乐足迹：图说中国音乐史[M]. 北京：东方出版社，1999: 19.

[16] 许宏. 先秦城邑考古[M]. 北京：西苑出版社、金城出版社，2017.

[17] 中国社会科学院考古研究所, 安徽省蒙城县文化局. 蒙城尉迟寺: 皖北新石器时代聚落遗存的发掘与研究[M]. 北京: 科学出版社, 2001.

[18] 中国社会科学院考古研究所, 安徽省蒙城县文化局. 蒙城尉迟寺（第二部）[M]. 北京: 科学出版社, 2007.

[欢迎引用]

王鲁民, 范沛沛, 杨一鸣. 尉迟寺设壕遗址的性质及大汶口文化晚期聚落系统的控制[J]. 城市与区域规划研究, 2020, 12(1): 41-61.

WANG L M, FAN P P, YANG Y M. The nature of Yuchisi Moat Site and the control of settlement system in the late Dawenkou culture[J]. Journal of Urban and Regional Planning, 2020, 12(1): 41-61.

中国区域生态文明建设水平及驱动因素研究

洪顺发

Research on the Regional Ecological Civilization Construction Level and Its Driving Factors in China

HONG Shunfa

(School of International Affairs and Public Administration, Ocean University of China, Shandong 266100, China)

Abstract Based on two "natural indicators"- ecological footprint and nighttime lighting index, Ecological Civilization Construction Level Index (ECL) and an Ecological Civilization Index (ECI) were constructed for the analysis of the spatial and temporal pattern of regional ecological civilization construction level. The extended STIRPAT model was used to analyze the driving factors of ecological civilization construction level from five dimensions including population, wealth, technical level, economic structure, and foreign trade. Results show that: (1) Ecological civilization construction level was extremely polarized and has obvious spatial agglomeration effects. (2) Ecological civilization construction levels of different provinces were uneven. Beijing, Hainan, Shanghai, Zhejiang, Jiangsu, and Guangdong had high-quality ecological civilization, all of which are located in the eastern regions of China. Those with a low construction level include Gansu, Ningxia, Xinjiang, Qinghai, and Inner Mongolia, all of which are in the northwestern regions of China. (3)Population growth had a negative impact on the ecological civilization construction level, especially in the western region; per capita GDP had a positive effect on the ecological civilization construction level; and the residents' consumption level had a negative effect on the ecological civilization construction level, especially in the central and

摘 要 文章以生态足迹和夜间灯光指数这两个"自然指标"为基础，构建生态文明建设水平指标（ECL）和生态文明指数（ECI），对区域生态文明建设水平的时空格局进行分析，并运用拓展的 STIRPAT 模型，从人口、富裕程度、技术水平、经济结构和对外贸易五个维度对生态文明建设水平的驱动因素进行分析。研究发现：①生态文明建设水平两极分化严重，具有明显的空间集聚效应，表现为"优者愈优，劣者愈劣"。②中国省际生态文明建设水平地区发展不平衡。优质型有北京、海南、上海、浙江、江苏、广东，全部为东部省份；劣质型有甘肃、宁夏、新疆、青海、内蒙古，全部为西北部省份。③人口增长对生态文明建设水平具有负面影响，西部地区最明显；人均 GDP 对生态文明建设水平具有正向推动作用，居民消费水平对生态文明建设水平具有负面作用，中西部最为明显；第三产业比重对东部地区生态文明建设发挥了正向作用；技术水平和对外贸易水平的提升有利于提升生态文明建设水平。

关键词 夜间灯光；生态足迹；生态文明；STIRPAT

1 引言

中国特色社会主义进入新时代，社会主要矛盾已经转化为人民日益增长的美好生活需求同不平衡不充分的发展之间的矛盾。生态文明建设是满足人民美好生活需要的重大工程。2018 年 3 月 11 日，全国人大会议通过的《宪法修正案》中，将生态文明与物质文明、精神文明、社会文明并列，反映了人民对更加绿色、宜居的环境的强烈需求。

作者简介

洪顺发，中国海洋大学国际事务与公共管理学院。

western regions. The proportion of the tertiary industry had played a positive role in the construction of ecological civilization in the eastern region; the improvement of the technical level and the foreign trade level has positively promoted the ecological civilization construction level.

Keywords nighttime lighting; ecological footprint; ecological civilization; STIRPAT

生态文明建设水平反映了人类利用自然资本来实现社会经济发展的能力。生态文明建设水平的测度对区域与城市规划具有重要的指导意义。

生态文明建设于2007年党的十七大报告中首次提出。王耕等（2018）构建了三项投入指标、三项产出指标来对生态文明建设水平进行测度。崔春生（2017）从资源条件、生态环境、经济效益、社会发展四个维度构建了生态文明指标体系，并对中部五省生态文明建设进行评价。汪秀琼等（2015）从经济、社会、环境、文化和制度五个方面构建指标体系，来反映生态文明建设水平。其他学者也开展了类似的研究，例如刘某承等（2014）、成金华等（2018）以及龚勤林、曹萍（2014）等。通过构建指标体系的研究将环境、资源要素与社会发展要素简单合并计算的研究方法，未能考虑到人类生产活动带来的生态影响（邢贞成等，2018）。此外，评价指标选择和赋值容易受主观因素影响（赵先贵等，2016）。

生态足迹是客观、全面反映人类活动对生态环境影响的自然指标。瓦克纳格尔和里斯（Wackernagel and Rees，1996）提出了用以全面衡量人类活动对生态环境影响的指标——生态足迹。生态足迹越大，表明人类活动对资源消耗、环境破坏的程度越大。1992年，里斯将生态足迹的概念形象地描述为"一只负载着人类以及人类所创造的城市、工厂……的巨脚践踏在地球上的脚印"。赵先贵等（2016）通过将生态足迹与人类发展指数为代表的社会发展水平相结合，构建生态文明综合指数。在自然指标上，使用生态足迹改进了综合指标的不足，并具有较强的可操作性和可重复性（李渊等，2019）。但人类发展指数的构建仍然无法全面衡量区域发展程度，且忽略了生态消耗与社会发展投入及产出的关系。

基于投入—产出视角，杨开忠（2011）认为生态文明建设水平的测度就是以最小的资源消耗和最小的环境破坏来换取更大的社会发展，因而将生态足迹与GDP作比并将其指数化，对中国生态文明建设水平进行排序，该研究对生态文明建设水平的测度具有重要的指导意义（邢贞成等，2018）。然而，GDP 受不同地区、不同时期物价水平的影响，在长时间序列的比较和地区间的比较中容易产生较大的误差。

夜间灯光数据能够综合表征人类社会的综合发展水平，是定量测度人类社会经济活动的优良自然指标。夜间灯光是遥感卫星在夜间无云的条件下获取的城镇灯光、渔火等可见光辐射所形成的影像。夜间灯光数据广泛应用于社会经济估计，如 GDP（Li et al.，2013）、人口（李欣欣等，2018）、电力消费量（He et al.，2012）乃至经济发展综合水平的评估（马丹等，2017）。丁焕峰和周艳霞（2017）运用夜间灯光数据对中国区域经济发展状况进行考察。刘修岩等（2017）通过夜间灯光数据考察地区经济效率。李德仁和李熙（2015）认为，夜间灯光具有表征人类活动的独特能力。此外，与经济统计数据相比，夜间灯光数据是客观的、能够直接观察的人类活动景观，不受物价水平的影响。夜间灯光数据在区域发展、城市建设等领域得到广泛应用，在评价人类社会综合发展水平上具有综合指标法无法比拟的优势，但仍鲜有学者将其应用于生态文明建设水平的评价。

基于此，本文以反映人类活动对生态环境影响的生态足迹作为投入指标，以表征人类社会活动综合水平的夜间灯光数据所表征的人类社会发展综合水平作为产出指标，构建生态文明建设水平指数，对 1995～2015 年中国 30 省份生态文明建设水平进行评价，并对其驱动因素进行分析。

2 数据来源与研究方法

2.1 数据来源

生态足迹计算中的数据主要有生物资源数据、能源数据、"工业三废"数据等。生物资源数据来自国家统计局、《中国农业年鉴》、《中国林业年鉴》以及各省统计年鉴。能源数据来自《中国能源统计年鉴》。废水、废气、固体废弃物数据来自国家统计局。净初级生产力（NPP）数据来源于中国科学院资源环境科学数据中心。2005、2010、2015 年常住人口数据来源于国家统计局，而 2000 年常住人口数据则为当年人口普查推算数，1995 年常住人口数为年度人口抽样调查推算数据。重庆市于 1997 年设立为直辖市，部分 1995 年统计资料欠缺，以 1997 年代替；港澳台和西藏统计数据获取困难，不参与计算。

夜间灯光数据来源于美国国家海洋和大气管理局（National Oceanic and Atmospheric Administration，NOAA），该数据过滤了流光（stray light）、闪电（lightning）、月光（lunar illumination）、云层（cloud-cover）等对灯光的干扰。其中，1995、2000、2005 年采用的 DMSP/OLS，由于 2015 年缺乏 DMSP/OLS 数据，本研究采用 NPP-VIIRS 数据。NPP-VIIRS 年度数据则采取 9 月、10 月社会经济发展稳定、灯光数据完整的月份进行合成，并对于 DMSP/OLS 相互校正处理。获取夜间灯光数据后，通过掩膜提取中国夜间灯光数据影像信息,空间参考系为阿伯斯(Albers),重采样为 1 000 米×1 000 米。DMSP/OLS 数据通过了辐射定标校正、连续性校正。

2.2 研究方法

2.2.1 生态足迹、区域发展程度与生态文明建设水平

生态足迹。生态足迹试图定量描述经济社会中消费的各种资源、吸纳污染物所需要的生态生产性土地面积。在国家以下尺度,采用全球公顷会增大误差,有研究表明采用国家公顷更加符合实际情况(吴开亚、王玲杰,2007)。本文不考虑产品是否在本省消费,产品的生产、使用对本地区生态环境形成压力,占用本地生态生产性土地就将其计入本省份的生态足迹。因此,本文计算的是基于土地占用的生态足迹(史丹、王俊杰,2016)。基于此,生物资源足迹产生于产品的生产中,因此使用产量数据。能源足迹产生于能源使用阶段,因此能源使用的是消费数据。而污染足迹产生于污染排放地,因而使用的是排放量数据。考虑到中国幅员辽阔,土地利用状况、土地类型与气候存在显著的差异,而生物资源生产差距比较大,为了减小计算误差,生态足迹计算项目选择采取广泛性原则,如表 1 所示。

表 1 生态足迹账户

生态生产性土地类型	生态足迹计算项目
耕地	谷物、豆类、薯类、花生、油菜籽、芝麻、向日葵、胡麻籽、棉花、麻类、烟叶、甘蔗、甜菜、蔬菜、猪肉、牛肉(饲养 86%)、羊肉(饲养 57%)、牛奶(饲养 72%)
林地	桃子、梨、柑橘类、葡萄、红枣、柿子、苹果、香蕉、猕猴桃、石榴、菠萝、荔枝、杧果、油桐籽、乌桕籽、五倍子、板栗、茶叶、蚕茧、核桃、竹笋干、棕片、生漆、橡胶、咖啡、椰子、腰果、剑麻、木材、竹材
草地	牛肉(放牧 14%)、羊肉(放牧 43%)、牛奶(放牧 28%)
水域	淡水捕捞水产品、淡水养殖水产品
化石能源用地	煤炭、汽油、煤油、燃料油、天然气
污染消纳用地	工业废水、工业废气(SO_2)、固体废弃物

注:括号中百分比表示单位消费项目占用生态生产性土地的百分比,未标注即为 100%。

总生态足迹为生物资源足迹(BEF)、能源(碳)足迹(EEF)和污染足迹(PE)构成:

$$EF = BEF + EEF + PE \tag{1}$$

生物资源足迹。生物资源足迹即耕地、林地、草地、水域中生物资源消耗总的生态足迹。其计算公式为:

$$BEF = \sum_{j=1}\left(B_j \cdot \sum_i \frac{c_i}{p_i}\right) \qquad (2)$$

式中，BEF（Biology Ecological Foot Print）为生物资源足迹；j 为生态生产性土地类型，包括耕地、林地、草地、水域；B_j 为第 j 类土地利用的均衡因子，用以将具有不同生产力的土地类型转化为可比较的生态生产性土地面积；i 为生物资源项目的类型；c_i 为 i 类生物资源项目的产量；p_i 为第 i 类生物资源项目的全国平均产量。其中，牛肉、羊肉、牛奶分为饲养和放牧两类，分别占用耕地和草地（谢鸿宇等，2008）。除此之外，其余生态足迹计算项目仅占用单一类型的生态生产性土地。

能源足迹。本文采用"碳汇法"计算化石能源用地的生态足迹。化石能源用地的消费项目中选用的是最终产品，包括煤炭、汽油、煤油、燃料油、天然气。原油是中间产品，为了防止生态足迹重复计算，不将其纳入消费项目。

$$EEF = \frac{n_i \cdot ec}{ep} \qquad (3)$$

式中，EEF 为能源（碳）足迹，n_i 为第 i 类能源消费项目，ec 为能源碳排放系数，ep 为生态生产性土地对碳的平均吸纳能力。

污染足迹。本文借鉴已有研究成果（白钰等，2008），选择工业废水、工业废气（SO_2）、固体废弃物作为污染足迹的计算项目。其中，污染足迹的计算公式为：

$$PEF = \sum \frac{n_i}{e_i} \qquad (4)$$

式中，PEF 为污染生态足迹，n_i 为第 i 类污染项目，e_i 为第 i 类污染项目的净化系数[单位水域对污水的平均消纳量为 365 t/hm²（王建龙、文湘华，2008），中国单位林地对 SO_2 的吸附能力为 152.05 kg/hm²（Jian et al.，2005），中国单位面积土地能堆积的固体废弃物量为 109 000 t/hm²]。

区域人类社会发展综合水平（Regional Development，RD）。本研究用夜间灯光像元灰度值总和表征区域人类社会发展综合水平，计算公式如下：

$$RD = \sum_{i=1}^{m}(L_i) \qquad (5)$$

其中，L_i 为第 i 个区域灯光像元灰度值，m 为区域灯光像元的总数。

生态文明建设水平。生态文明由生态和文明两个层面的内容构成。生态指自然生态，文明指人类改造世界所产生的物质和精神成果的总和（杨开忠，2008）。因而，生态文明建设水平是由自然生态环境与区域发展综合水平决定。本文用夜间灯光数据表征区域发展程度与生态足迹作比，计算方式如下：

$$ECL = \frac{RD}{EF} \qquad (6)$$

式中，ECL 为生态文明建设水平（Ecological Civilization Construction Level）。为了方便地区间的比较，

本文将地区生态文明建设水平与全国平均水平作比进行指数化，得到生态文明指数（Ecological Civilization Index，ECI）。

$$ECI = \frac{ECL_l}{ECL_n} \tag{7}$$

式中，ECL_l 为地区生态文明建设水平，ECL_n 为全国平均生态文明建设水平。

2.2.2 空间自相关分析方法

空间自相关是探讨地理空间现象之间空间依赖性的空间统计方法，主要包含全局空间自相关和局部空间自相关两种。全局空间自相关是用来描述地理空间现象总体特征，常用的指标有 Moran 指数 I，其计算公式为（徐建华，2006）：

$$I = \frac{n\sum_{i=1}^{n}\sum_{j=1}^{n}w_{ij}(x_i-\bar{x})(x_j-\bar{x})}{\sum_{i=1}^{n}\sum_{j=1}^{n}w_{ij}\sum_{i=1}^{n}(x_i-\bar{x})^2} \tag{8}$$

式中，w_{ij} 是二进制方法建立的空间权重矩阵 W 的元素，相邻则为 1，不相邻则为 0。Moran 指数 I 的取值在 $-1\sim 1$，值为负表示负相关，为正表示正相关。其显著性水平用标准化 Z 统计量进行显著性检验：

$$Z = \frac{I - E(I)}{\sqrt{VAR(I)}} \tag{9}$$

空间自相关的全局性评估可能会掩盖局部或者小范围的不稳定性，因此，需要采用局部 Moran 指数 I_i 来反映局部的空间集聚特性。局部 Moran 指数 I_i，其计算公式为：

$$I_i = \frac{(x_i - \bar{x})}{S^2}\sum_j w_{ij}(x_j - \bar{x}) \tag{10}$$

显然，I_i 是描述区域单元 i 周围地理现象相似值的集聚程度的指标。

3 研究结果

3.1 生态足迹与区域发展水平概况

华北地区是生态足迹的高值集聚区。从生态足迹的空间分布看，山西、山东、河南、河北、内蒙古生态足迹规模较高，表明这些地区对生态生产性土地的需求较大，即人类活动对生态环境的压力较大。福建、江西、重庆、宁夏、青海、北京、天津、上海的生态足迹总体规模较小。

生态足迹变化趋势呈现出明显的时期和地区差异。从时期差异来看，2000~2005 年是中国生态足迹"高速增长"时期。期间，全国所有省份生态足迹增长速度普遍显著高于其他时期。2005 年以后，全国多数省份生态足迹增速放缓。从地区差异看，2005 年以后东部生态足迹较高的地区增速放缓幅度较大。较为典型的是北京和上海，生态足迹分别下降了24%和29%。其中，上海生态足迹的减小83%得益于污染足迹减小，北京则44%得益于污染足迹的减小，24%得益于能源足迹减小。2010~2015年，生态足迹仍处于中高速增长的以中西部省份居多，宁夏、新疆增长速度最快，2000~2015年增长速度一直保持30%以上的高速增长。

从夜间灯光指数 RD 看，区域人类社会发展综合水平的省份多集中于东部沿海地区，如广州、浙江、江苏、山东、河北等。而中西部区域发展规模较小，如甘肃、贵州、宁夏、新疆等。2015年所有地区的区域人类社会发展综合水平都比1995年高，山东、广东、河北、河南、浙江在增长量上处于前列。贵州、重庆、海南、安徽、江西、云南、广西等省份1995年区域人类社会发展综合水平的基数较小，1995~2015年实现了较快的增长率。

2010~2015年，区域人类社会发展综合水平增长较快的有江苏、浙江、安徽、广东、福建，而内蒙古、黑龙江、新疆、山西、甘肃、吉林、四川、青海、河北、陕西、辽宁区域发展规模有不同程度的下降。

3.2 中国区域生态文明建设水平时空特征

从绝对量变动来看，中国生态文明建设水平整体呈上升趋势，1995~2015年全国平均生态文明建设水平上升37.8%。30个省份中，生态文明建设水平上升的省份有24个，下降的有6个。

大多数省份生态文明建设水平呈不断上升的趋势。1995~2015年，北京、上海、浙江是生态文明建设水平提升最大的前三位。由前文生态足迹的分析来看，2005年后北京、上海生态足迹大幅下降，全国只有北京、上海2015年生态足迹水平低于1995年生态足迹水平，而区域人类社会发展综合水平仍在不断上涨。浙江省生态文明建设水平的提高则表现在2010~2015年期间。2010年后，浙江省的生态足迹水平下降了5.8%，而区域发展规模则实现了22%的增长。

少数地区生态文明建设水平处于下降趋势。河北、青海、新疆、宁夏、内蒙古、山西2015年生态文明建设水平低于1995年。这六个省份在20年间，区域发展综合水平的增长赶不上生态消耗量的增长。由生态足迹的分析发现，宁夏、新疆、内蒙古、山西生态足迹增长速度快。而在区域人类发展综合水平上，2010~2015年，宁夏、新疆、内蒙古、山西不升反降。

对1995~2015年 ECI 值进行排序并根据位序变动状况将各省份生态文明建设水平分为进步、稳定、退步三类（表2）。

表2 生态文明建设水平位序变动

区域	东部	中部	西部
进步型	上海、浙江、江苏、福建	安徽、湖北、湖北、湖南、江西	广西、贵州、重庆、四川
稳定型	北京、海南、山东、辽宁	河南、陕西、吉林	
退步型	广东、天津、河北	山西、黑龙江	甘肃、宁夏、新疆、青海、内蒙古

注：河北、山西、宁夏、新疆、青海、内蒙古2015年生态文明建设水平低于1995年。

从位序变动来看，30个省份中，13个属于进步型，7个属于稳定型，10个属于退步型。东、中、西部地区退步型数量（比例）分别为3（27%）、2（25%）、5（41.7%），西部地区显著高于东、中部地区。

在时间序列考察的基础上，为了考察2015年生态文明建设水平的空间格局，根据各省份生态文明建设水平与全国平均值的对比关系，将2015年生态文明建设水平划分为四类，分别为优质、良好、较差、劣质（表3）。

表3 中国各省份生态文明建设水平分类

生态文明建设质量	省份
优质（$1.7 \leq ECI$）	北京、上海、浙江、江苏、广东、海南
良好（$1 \leq ECI < 1.7$）	福建、安徽、云南、山东、河南、辽宁、陕西、天津、河北
较差（$0.6 \leq ECI < 1$）	湖北、广西、江西、贵州、湖南、重庆、四川、吉林、山西、黑龙江
劣质（$ECI < 0.6$）	甘肃、宁夏、新疆、青海、内蒙古

结合表3可以发现，2015年，北京、上海、浙江、江苏、广东、海南是中国生态文明建设水平较高的区域，属于优质型。这意味着这些地区的生态资本利用效率是全国平均水平的1.7倍（$1.7 \leq ECI$）以上，能够以更小的生态消耗换取更多人类社会发展所需的物质和服务。除此之外，福建、河北、山东、河南、安徽、辽宁、陕西、云南这八个省份生态文明建设水平都高于全国平均水平，生态资源利用效率较高，属于良好型。山西、湖北、广西、江西、黑龙江、吉林、贵州、湖南、重庆、四川生态文明建设水平低于全国平均水平，属于较差型。甘肃、宁夏、新疆、青海、内蒙古这五个地区生态文明建设水平远低于全国平均水平，这意味着这些省份资本利用率较差，社会经济发展方式较落后，实现同样的发展水平要以更大的生态环境牺牲为代价。其中，内蒙古ECI值仅为0.24，这意味着内蒙古实现同样的发展，所付出的生态环境代价约为全国平均水平的4倍。

可以发现，中国生态文明建设水平存在明显的空间联系。因此，本文进一步运用空间自相关方法对其进行检验。按照二进制邻接权重矩阵，海南省虽然与广东省并不邻接，但海南省与广东省社会经济活动联系密切，并且仅有窄窄的琼州海峡相隔，因此将海南和广东看作互为邻居。选取1995~2015年各省份生态文明建设水平（ECL），按照公式（8）计算全局Moran指数I，并使用标准化统计量Z进行显著性检验，结果如表4所示。

表4 中国大陆省份生态文明建设水平的全局Moran指数I及其检验

年份	I	Z	P
1995	0.15	1.76	0.08
2000	0.11	1.30	0.19

续表

年份	I	Z	P
2005	0.10	1.24	0.21
2010	0.12	1.41	0.16
2015	0.25	2.61	0.00

中国区域生态文明建设指数由离散分布逐渐走向空间集聚。从表4可以看出，1995～2015年，中国大陆各省份之间生态文明建设水平从离散走向显著集聚。1995～2010年，Moran指数I并未通过5%显著性检验，而2015显著性检验结果高度显著（$P=0.00$），且Moran指数I为正，其空间联系特征为：较高的生态文明建设水平的省份相对地趋于和较高的生态文明建设水平的省份相邻接，较低的生态文明建设水平的省份趋于和较低生态文明建设水平的省份相邻接。

从以（Wz, z）为坐标的Moran散点图（图1）可以发现，高—高集聚以东部沿海地区为主，而低—低集聚则广泛分布于西北部。多数省份分布在第一和第三象限内，即生态文明建设水平具有正的空间联系，属于低—低集聚和高—高集聚类型。生态文明建设水平相对来看，呈现高—高集聚的有上海、北京、海南、浙江、江苏、天津、山东、河北，呈现低—低集聚的有新疆、青海、陕西、甘肃、黑龙江、宁夏、四川、吉林、重庆、贵州、湖北、山西、湖南、云南等，呈现低—高集聚的有江西、广西、安徽，呈现高—低集聚的有广东。

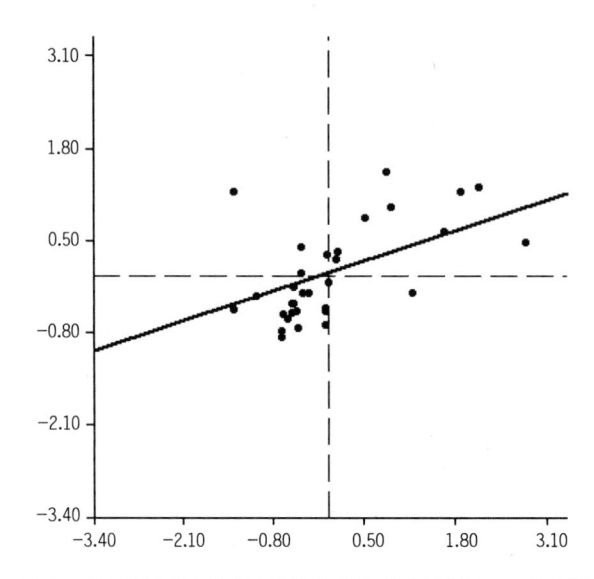

图1 2015年中国大陆各省份生态文明建设水平Moran散点图

综上，从时间动态来看，中国生态文明建设水平整体上呈现出稳步上升趋势，东、中部地区进步型较多，西部地区退步型较多。从空间格局上看，生态文明建设水平东、中、西差异明显。东部地区生态文明建设水平最高，中部次之，西部最低。优质型有北京、海南、上海、浙江、江苏、广东，全部为东部沿海地区，劣质型有甘肃、宁夏、新疆、青海、内蒙古，全部为西北部省份。生态文明建设具有正的空间自相关特征，质量状况为劣质的地区全部为退步型，生态文明建设水平越高的区域退步型较少，这表现出"优者愈优、劣者愈劣"的倾向。这可能是有由于西部地区社会经济发展水平还比较低，对社会经济发展的需求迫切，粗放的社会发展方式、资源的利用效率较低、社会经济发展的资源消耗强度明显高于东部（吴明红、陈天楠，2018）。

4 生态文明建设水平的驱动因素

埃利希和霍尔德伦（Ehrlich and Holdren，1972）提出了 IPAT 模型，即 I=PAT，探讨人口、富裕程度和技术水平对人类环境的影响，为人类行为与环境影响的相互关系奠定了基础，约克（York，2010）等将 IPAT 模型改进为随机影响模型，即 STIRPAT，克服了各因素等比例影响环境状况的不足（龚利等，2018），允许对各组成成分进行分解、拓展。空间自相关分析结果显示，仅 2015 年通过了显著性检验，1995、2000、2005、2010 年均未通过空间自相关的显著性检验，因而，本文采用普通面板数据模型进行分析。本文基于 STIRPAT 模型，拓展了经济结构、对外贸易两个维度，对生态文明建设（ECL 为因变量）的驱动因素进行探讨。各变量如下：①人口：常住人口数 P；②富裕程度：以人均 GDP（$AGDP$）和居民消费水平（CL）表示；③技术：以万人专利数（PT）表示；④经济结构：以第三产业比重（IS）表示；⑤对外贸易：以进出口总额（GIO）。构建模型如下：

$$ECL_{it} = P_{it}^{\alpha} \cdot AGDP_{it}^{\beta_1} \cdot CL_{it}^{\beta_2} \cdot PT_{it}^{\gamma} \cdot IS_{it}^{\delta} \cdot GIO_{it}^{\theta} \tag{11}$$

其中，i 代表省份，t 代表年份，为了便于回归分析方便，将方程两边同时取对数转化为线性回归方程：

$$\ln ECL_{it} = \alpha \ln P_{it} + \beta_1 \ln AGDP_{it} + \beta_2 \ln CL_{it} + \gamma \ln PT_{it} + \delta \ln IS_{it} + \theta \ln GIO_{it} + u_i + \varepsilon_{it} \tag{12}$$

式中，$u_i + \varepsilon_{it}$ 为复合扰动项。其中，u_i 代表个体异质性的截距项，ε_{it} 为随时间和个体而改变的扰动项。α、β_1、β_2、γ、δ、θ 分别为各个解释变量—生态文明建设水平（ECL）的弹性系数，即 P、$AGDP$、CL、PT、IS、GIO 每变动 1%，生态文明建设水平变动 α %、β_1 %、β_2 %、γ %、δ %、θ %。

运用 STATA 进行 "xtreg, fe" 分析时，输出的 F 检验可以用来判断混合回归与固定效应回归的效果，其原假设为 "H_0:all u_i=0"（陈强，2014）。检验结果 $F(29,114)$=8.75，p 值为 0.000 0，强烈拒绝原假设，表明固定效应优于混合效应。豪斯曼检验结果为 p=0.484 1，不拒绝原假设，即随机效应模型优于固定效应模型。综上，随机效应优于固定效应，固定效应优于混合回归。因此，本文采用随机效应模型、聚类稳健标准误进行估计。

表5 生态文明建设水平（ECL）全国及分地区面板模型估计结果

解释变量	全国	东部	中部	西部
lnP	−0.266***	−0.033	−0.141	−0.357**
	(−3.6)	(−0.37)	(−0.52)	(−2.32)
lnAGDP	0.464***	−0.292*	1.135***	0.736
	(2.80)	(−1.68)	(2.64)	(1.28)
lnCL	−0.776***	0.302	−1.492***	−1.107**
	(−3.58)	(1.19)	(−5.54)	(−2.50)
lnPT	0.095*	0.056	0.100	0.087
	(1.64)	(0.95)	(1.10)	(0.76)
lnIS	0.523***	0.546**	0.009	0.666*
	(2.80)	(2.22)	(0.02)	(1.66)
lnGIO	0.224***	0.035	0.228 871 9*	0.233**
	(5.01)	(0.52)	(1.71)	(1.97)
Wald chi2 (6)	142.08	117.18	149.54	130.28
	(p=0.000 0)	(p=0.000 0)	(p=0.000 0)	(p=0.000 0)
样本容量	150	55	40	55

注：***、**、*分别表示1%、5%、10%显著性水平，括号内为估计系数的Z统计值。

研究结果表明，人口、富裕程度、技术水平、产业结构和对外贸易五个因素是中国生态文明建设水平的重要驱动因素。

人口因素对生态文明建设具有显著的区域差异，西部地区人口增长对生态文明建设水平具有负面影响。从整体视角看，其他因素不变的情况下，在1%的显著性水平下，人口每增加1%，生态文明建设水平会下降0.26%。从地区视角看，东、中、西部 $α$ 的估计结果都为负值，与全国的一致，人口数量对西部、中部、东部的影响力递减。其中，东部和中部的 $α$ 统计量并未通过10%显著性检验。而西部地区通过了5%显著性检验，人口每增加1%，西部生态文明建设水平下降0.36%，全国层面上显示出人口对生态文明建设水平的负面影响主要是西部地区带来的。这意味着西部地区人口集聚对生态环境的压力远高于对社会经济建设水平的促进作用。

中西部居民生活方式具有较大的"物质依赖性"。从生产角度看，人均GDP提高1%，生态文明建设水平提高0.46%。这意味着人类的生产活动带来的社会经济发展速度快于生态消耗增长速度。从消费角度看，居民消费水平越高，生态文明建设水平越低。居民消费水平越高带来的生态消耗越大。中部和西部地区 $β_2$ 系数分别通过了1%和5%显著性水平检验，居民生活水平每提升1%，中部生态文明建设水平降低1.49%，西部则降低1.1%。东部 $β_2$ 并未通过显著性检验，但可以看出东部 $β_2$ 系数为正，西部为负。这意味着东部和中、西部居民的生活方式存在显著的差异，中、西部居民生活方式具有较大的"物质依赖性"，会产生较大的生态足迹。

技术水平的提升对生态文明建设具有正向促进作用。技术水平反映了人类利用和改造世界的能力，是生态文明的重要决定因素。技术是一把"双刃剑"，从理论上讲，技术水平与生态文明建设水平呈"U"形关系。当技术水平较低时，人类生产生活方式粗犷，资源利用效率较低，技术水平的提升会加大对环境的压力。随着技术水平的提升，能源利用效率、污染排放技术会得到更多的关注，从而提高生态文明建设水平。技术水平的提高能够提高整体的生态文明建设水平。估计结果显示，1%的技术水平提升能够带来0.095%的生态文明建设水平提升。这意味着中国的发展方式已经整体上走出了"高投入、高污染"的粗放型发展模式，正走向"技术反哺生态"的发展道路。

产业结构优化是生态文明建设的重要驱动力量。产业结构是影响生态文明建设水平的重要因素。一、二产业生态消耗较大，其中，第一产业主要表现为对生物资源的消耗，即生物资源消费生态足迹，第二产业则会产生较高的能源消耗、污染排放。从整体上看，在1%的显著性水平下，第三产业比重每提升1%，生态文明建设水平提升0.52%。从区域差异来看，产业结构调整驱动的生态文明建设水平的提高大部分由东部地区提供。北京、上海、浙江第三产业比重都比较高，其中，2015年，北京、上海第三产业比重分别为80%、68%，生态文明建设水平均为优质型。这预示着产业结构调整是中、西部生态文明建设的重点。

对外贸易水平的提升有利于对外贸易对生态文明建设水平的影响，这取决于贸易效益与环境成本的权衡。估计结果显示，1995~2015年，贸易效益大于环境成本。对外贸易程度（进出口贸易总额）每提升1%，生态文明建设水平提升0.22%。东部地区在对外开放中先行先试，对外开放较早、开放程度大。对外贸易对东部地区社会经济发展起了重要的作用。然而，从统计结果看，东部地区对外贸易程度对生态文明建设水平的相关关系并不显著。这可能由于东部地区开放早，承接了开放早期较多的低端产能转移，承担了较大的环境成本。而中、西部统计结果分别通过了10%和5%的显著性检验。这意味着中、西部地区在对外贸易中具有后发优势。

5 结论

本文运用"双自然指标"——生态足迹与夜间灯光数据，构建了生态文明建设水平指标并对其指数化；对1995~2015年省（区、市）域生态文明建设水平进行测算，运用空间自相关（Moran指数 I）方法分析了中国生态文明建设水平的空间联系状况并对其进行分类，根据生态文明建设水平大小分为优质型、良好型、较差型和劣质型，根据生态文明建设水平的位序变动分为进步型、稳定型、退步型；运用并拓展的 STIRPAT 理论模型，从人口、富裕程度、技术水平、经济结构和对外贸易五个方面构建面板数据模型，分析了中国区域生态文明建设水平的驱动因素。

（1）区域生态文明建设水平两极分化严重。从全国生态文明发展水平的位序变动来看，生态文明建设水平越高的地区，退步型越少，生态文明建设水平越低的地区，退步型越多。例如，优质型仅广东省为退步型，而劣质型则全部为退步型。这意味着生态文明建设水平"优质愈优、劣质愈劣"，两极分化严重。空间自相关检验1995~2010年未通过检验，而2015年通过了显著性检验，表明了生态文明建设的空间联系逐渐增强。正的空间自相关印证了两极分化态势，这意味着生态文明建设中，应该加强区域协同治理，统筹规划，不能各自为战。

（2）生态文明建设水平地区发展不平衡。东部沿海地区是生态文明建设水平的高值集聚区，而西北则是低值集聚区。生态文明建设水平呈优质型的有北京、上海、浙江、海南、广东，全部位于东部沿海地区。而生态文明建设水平呈劣质型的地区有甘肃、宁夏、新疆、青海、内蒙古，全部位于中国西北部。自然区位条件差异，区域发展水平、生态资源消耗的不平衡是必然的。然而，生态文明建设水平反映了人类社会经济发展与生态环境压力的对比关系,生态文明建设水平的平衡是所追求的目标。生态文明建设水平的区域不平衡意味着在技术水平不变的情况下，通过跨区域调配资源，使得自然资源能够在生态文明建设水平高的地区使用，从而提高整体的生态文明建设水平，即实现帕累托改进。当然，其中要协调好整体福利改进与区域福利分配之间的关系。

（3）人口、富裕程度、技术水平、经济结构和对外贸易对生态文明建设水平的影响显著。人口：人口数量对生态文明建设水平具有抑制作用，人口的抑制作用在西部地区较为明显，而东中部地区则呈现人口集聚的红利迹象。富裕水平：从生产角度，人均GDP的提升对生态文明建设具有正向促进作用。从消费的角度，中西部居民消费方式具有较大的"物质依赖性"，居民消费水平对生态文明建设具有抑制作用。经济结构：产业结构对生态文明建设的促进作用明显。由于产业结构调整是资源优化配置的过程（季曦等，2010），应成为中西部生态文明建设的重点。对外贸易：对外贸易对生态文明建设水平的促进作用逐渐显现。

参考文献

[1] EHRLICH P, HOLDREN J. Impact of population growth in population, resources and the environment[M]. Washington DC: US, Government Printing Office, 1972: 365-377.

[2] HE C, MA Q, LI T, et al. Spatiotemporal dynamics of electric power consumption in Chinese Mainland from 1995 to 2008 modeled using DMSP/OLS stable nighttime lights data[J]. Journal of Geographical Sciences, 2012, 22(1): 125-136.

[3] JIAN P, WANG Y, CHEN Y, et al. Economic value of urban ecosystem services: a case study in Shenzhen[J]. Acta Scicentiarum Naturalum Universitis Pekinesis, 2005, 41(4): 594-604.

[4] LI C, CHEN X, LI X, et al. Potential of NPP-VIIRS nighttime light imagery for modeling the regional economy of China[J]. Remote Sensing, 2013, 5(6): 3057-3081.

[5] WACKERNAGEL M, REES W E. Our ecological footprint: reducing human impact on the earth[M]. New Society

Publishers, 1996.
[6] YORK R, ROSA E A, DIETZ T. Bridging environmental science with environmental policy: plasticity of population, affluence, and technology[J]. Social Science Quarterly, 2010, 83(1): 18-34.
[7] 白钰, 曾辉, 魏建兵, 等. 基于环境污染账户核算的生态足迹模型优化——以珠江三角洲城市群为例[J]. 应用生态学报, 2008, 19(8): 1789-1796.
[8] 陈强. 高级计量经济学及Stata应用[M]. 2版. 北京: 高等教育出版社, 2014: 261-262.
[9] 成金华, 彭昕杰, 冯银. 中国城市生态文明水平评价[J]. 中国地质大学学报(社会科学版), 2018, 18(2): 102-113.
[10] 崔春生. 基于Vague集的中部五省生态文明建设评价[J]. 管理评论, 2017, 29(8): 243-250.
[11] 丁焕峰, 周艳霞. 从夜间灯光看中国区域经济发展时空格局[J]. 宏观经济研究, 2017(3): 128-136.
[12] 龚利, 屠红洲, 龚存. 基于STIRPAT模型的能源消费碳排放的影响因素研究——以长三角地区为例[J]. 工业技术经济, 2018, 37(8): 95-102.
[13] 龚勤林, 曹萍. 省区生态文明建设评价指标体系的构建与验证——以四川省为例[J]. 四川大学学报(哲学社会科学版), 2014, 192(3): 109-115.
[14] 季曦, 陈占明, 任抒杨. 城市低碳产业的评估与分析: 以北京为例[J]. 城市与区域规划研究, 2010, 3(2): 43-54.
[15] 李德仁, 李熙. 论夜光遥感数据挖掘[J]. 测绘学报, 2015, 44(6): 591-601.
[16] 李欣欣, 王利, 何飞. 基于NPP/VIIRS夜间灯光数据和土地利用数据的人口分布图绘制——以大连金普新区为例[J]. 遥感信息, 2018, 33(4): 35-41.
[17] 李渊, 严泽幸, 刘嘉伟. 基于斑块尺度的资源环境承载力测算与国土空间优化策略——以厦门市为例[J]. 城市与区域规划研究, 2019, 11(1): 105-123.
[18] 刘某承, 苏宁, 伦飞, 等. 区域生态文明建设水平综合评估指标[J]. 生态学报, 2014, 34(1): 97-104.
[19] 刘修岩, 李松林, 秦蒙. 城市空间结构与地区经济效率——兼论中国城镇化发展道路的模式选择[J]. 管理世界, 2017(1): 51-64.
[20] 马丹, 程辉, 毛艳玲, 等. 基于DMSP/OLS夜间灯光影像的省际经济发展水平评估模型研究[J]. 应用科学学报, 2017, 35(5): 647-657.
[21] 史丹, 王俊杰. 基于生态足迹的中国生态压力与生态效率测度与评价[J]. 中国工业经济, 2016(5): 5-21.
[22] 汪秀琼, 彭韵妍, 吴小节, 等. 中国生态文明建设水平综合评价与空间分异[J]. 华东经济管理, 2015, 29(4): 52-56+146.
[23] 王耕, 李素娟, 马奇飞. 中国生态文明建设效率空间均衡性及格局演变特征[J]. 地理学报, 2018, 73(11): 2198-2209.
[24] 王建龙, 文湘华. 现代环境生物技术[M]. 北京: 清华大学出版社, 2008.
[25] 吴开亚, 王玲杰. 基于全球公顷和国家公顷的生态足迹核算差异分析[J]. 中国人口·资源与环境, 2007, 17(5): 80-83.
[26] 吴明红, 陈天楠. 我国西部生态文明建设进展与面临的挑战[J]. 学术交流, 2018(7): 116-124.
[27] 谢鸿宇, 王羚郦, 陈贤生, 等. 生态足迹评价模型的改进与应用[M]. 北京: 化学工业出版社, 2008.
[28] 邢贞成, 王济干, 张婕. 中国区域全要素生态效率及其影响因素研究[J]. 中国人口·资源与环境, 2018, 28(7): 119-126.
[29] 徐建华. 计量地理学[M]. 北京: 高等教育出版社, 2006.

[30] 杨开忠. 哪个省的生态更文明?——中国各省区市生态文明水平大排名[J]. 中国经济周刊, 2011(12): 34-39.
[31] 赵先贵, 马彩虹, 赵晶等. 足迹家族的改进及其在新疆生态文明建设评价中的应用[J]. 地理研究, 2016, 35(12): 2384-2394.

[欢迎引用]
洪顺发. 中国区域生态文明建设水平及驱动因素研究[J]. 城市与区域规划研究, 2020, 12(1): 62-76.
HONG S F. Research on the regional ecological civilization construction level and its driving factors in China[J]. Journal of Urban and Regional Planning, 2020, 12(1): 62-76.

社会关系变迁下传统聚落的保护困境与出路

石亚灵 黄勇

The Protection Dilemma and Outlet of Traditional Settlements under the Change of Social Relations

SHI Yaling, HUANG Yong
(Faculty of Architecture and Urban Planning, Chongqing University, Chongqing 400030, China)

Abstract By comprehensively expounding the status quo of traditional settlement protection, this paper quantitatively verifies the weakening of social relations such as blood relationship, geographic relationship and occupational relationship by virtue of social network analysis methods and specific cases and analyzes the change of social relations in traditional settlements in the process of urbanization, in an era of information, and with the rise of tourism. This paper also probes the protection dilemma under the change of social relations from three aspects: family structure change, social class differentiation, and function replacement and remodeling, and then it explores the protection mode of traditional settlements under the change of social relations from such perspectives as "trinity".

Keywords traditional settlement; social relations; protection; change

摘 要 文章在综合阐述传统聚落保护现状基础上，借助社会网络分析方法结合具体案例进行血缘、地缘与业缘关系等社会关系减弱的定量验证，解析传统聚落在城镇化进程、信息化时代、旅游业兴起下的社会关系变迁，并从家庭结构变化、社会阶层分化、功能置换与重塑三方面解析社会关系变迁下的保护困境，进而从"三位一体"等方面探索社会关系变迁下的传统聚落保护模式。

关键词 传统聚落；社会关系；保护；变迁

1 传统聚落研究基础

作为城乡规划重要的研究领域（Carmon，1999），传统聚落研究熔社会、经济、实践、政策等于一炉（Kovacs et al.，2013）。聚落的社会问题关注集中于人与传统聚落遗产的关系（Tweed and Sutherland，2007）、公众参与保护规划的过程（Sirisrisak，2009）、基于社会认知的聚落更新方式（Nyseth and Sognnaes，2013）；经济方面集中于保护与经济旅游发展的协调（Al-hagla，2010）、社会资本主导下空间生产与空间保留的较量（Yang and Chang，2007）、融资制度（Jones and Bromley，1996）；实践层面集中在建成环境（Bagaeen，2006）、保护规划理论（Whitehand et al.，2011）、文化政策（Baez and Herrero，2012）、更新政策（Carmon，1999）、邻里保护和振兴管理中的指定政策、传统聚落更新与可持续发展的关系政策（Couch and Dennemann，2000）以及保护遗产的公共政策（Lee et al.，2008）。研究还涉及指标体系构建的空间/价

作者简介
石亚灵、黄勇，重庆大学建筑城规学院。

值影响评价等技术方法,如传统建筑重建的 MCDA 技术(Ferretti et al.,2014),以及构建轴线模型的空间句法、建立保护评判模型的 GIS 法、分析社会关系与结构的 SNA 方法等。如此多样化的研究进展与趋势却也避免不了实践过程中重视经济效益而忽视当地居民的社会生活(Shin,2010),致使传统聚落出现严重的空心化、同质化、商业化的趋势(杨贵庆等,2016)。随之而来的便是城镇化进程中传统聚落社会关系结构演变、信息化时代下传统生活形态及原住民结构老化、旅游业兴起带来的非社会化生产方式瓦解等社会关系变迁问题。

血缘关系、地缘关系等"社会关系"的运作蕴含了中国农村社会资源配置的本原逻辑。社会关系的变迁已引起部分学者的关注(乔杰、洪亮平,2017;杨贵庆等,2016),已有针对传统聚落的人口置换、社会结构变迁、空间隔离和社会异化展开的定性分析,也有学者借助社会学、地理学等原理与方法对传统聚落社会关系、社会结构的静态量化研究分析,而对社会网络的动态模拟与变迁分析尚处于探索阶段,而当前西南地区传统聚落由于区位弱势、地形阻隔、资源有限、人口流动等使其面临严重的物质衰败、社会关系变迁等问题(黄勇等,2018),其山水与经济环境使传统聚落的社会网络破碎化、变迁现象更加严重,更加难以修复。因此,本文以西南地区传统聚落为载体,以社会学视角的社会关系作为切入点,借助社会学的社会网络分析方法,定量分析其血缘、地缘、业缘关系变迁及其原因,进而针对性地指导社会关系变迁下的传统聚落保护。

社会网络分析用于研究社会活动中不同行动者的相互联系,有量化、可视化等优点。经过半个世纪的发展,社会网络分析方法研究对象与内容从初期的小群体研究扩展到社区、社会变迁、社会整合与分化等问题,研究领域也扩展到城市社会学、经济学、政治学、人类学等领域,其影响日渐深远(表 1)。近年来,此方法渗入城乡规划的区域、城镇与街区尺度,如区域城镇空间结构、城市群空间层级结构(侯赟慧、刘洪,2006)、演变机制、城市带经济联系(廉同辉、包先建,2012);城镇交通结构趋势(杨成凤、韩会然,2013)、城市交通模式与经济作用(刘辉等,2013);历史地区社会网络保护评价(黄勇等,2017;黄勇、石亚灵,2017)、社会网络空间结构(南颖等,2011)。基于此,本文运用社会网络分析方法,从定量化的角度探究传统聚落社会关系并挖掘社会现象背后的复杂肌理,具有创新性。

表 1 社会网络分析应用领域

历程	应用进展
20 世纪 30 年代	表示个人主观感受的图形技术
20 世纪 40~50 年代	运用于社会学、心理学、政治学、经济学等学科。此间,网络分析也被社会学家用于研究城市社会结构变化(Borgatti et al.,2009)
20 世纪 60 年代	人类学中蓬勃发展(Elkin,1952)
20 世纪 70 年代	网络研究重心转移到了社会学领域(Burt,1992)

续表

历程	应用进展
1979 年	逐渐作为组织管理中的一种研究视角并逐渐成为组织行为、战略、知识传播与创新以及消费者行为等研究的新范式
20 世纪 80 年代	成为社会科学的一个既定领域（Klovdahl, 1985）
20 世纪 90 年代	渗透到物理、生物学科以及管理咨询、公共健康、犯罪等应用领域，在地理学中，社会网络分析也广泛运用于产业集群、产业空间结构、旅游空间结构优化等方面的研究
20 世纪 90 年代	辐射到物理学和生物学/管理咨询、公共卫生和犯罪/战争等方向
20 世纪末	与旅游（Scott et al., 2008）、医学（Demongeot and Taramasco, 2014）和生态学的结合
21 世纪初	应用于城市网络的组织与结构特征等网络信息化领域、情报学及其他创新技术与方法等领域

2 传统聚落社会关系网络评价与变迁

2.1 整体思路

2.1.1 技术路线

传统聚落社会关系网络评价分为四个步骤：步骤一，研究载体基础数据库构建，本文中指安居镇、丰盛镇、松溉镇的居民户、街区中存在的血缘、地缘、业缘等社会关系；步骤二，传统聚落社会网络模型构建，运用社会网络分析方法和原理，借助 UCINET 软件，构建包括血缘关系、地缘关系与业缘关系的社会网络模型；步骤三，社会网络静态结构与动态攻击的评价体系构建，包括由社会网络分析的网络密度、K—核、Lambda 集合等构成的静态指标体系，由最大连通子图和全局连通效率构成的动态指标体系；步骤四，对比分析静态结构与动态评价结果，总结社会网络结构特征规律及其对应的空间形态（图1）。

2.1.2 研究载体

为研究其社会网络保护，根据保护情况、经济收入、城镇化水平等综合考虑选取安居镇、丰盛镇与松溉镇为研究对象（图2）。安居镇距今 1 400 多年，民居院落依山就势，吊脚楼高低错落，历史承载物丰富多样，素有"九宫十八庙"之称，此次的研究范围包括太平街、十字街等长 700 多米的街区，面积约 30 公顷，目前以商业、居住功能为主。丰盛镇始建于明末清初，自建场初始，商铺、钱庄、茶楼、驿站、医馆、庙宇散布全镇，曾设有仁、义、礼三个堂口，研究范围面积 14.6 公顷。松溉镇研究范围主要包括半边街—解放街区域，面积 1.476 公顷。这些古镇不仅在悠久的历史中形成了血缘、地缘、业缘等社会关系组织，这些社会关系还对应于宗祠、会馆、行会、商会等物质空间。调研获取的研究对象的人口、社会、经济和产业结构如表2。

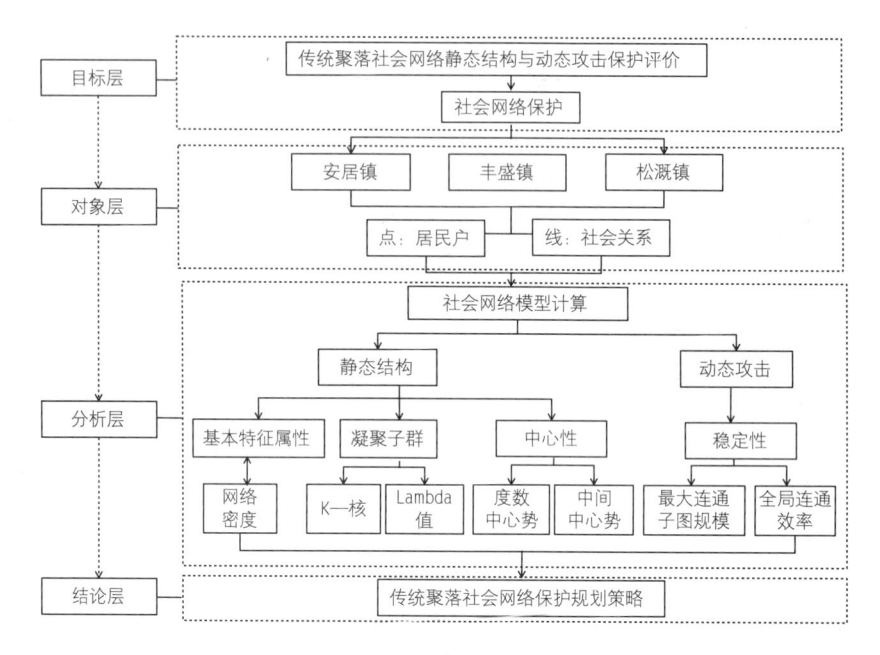

图 1 技术路线

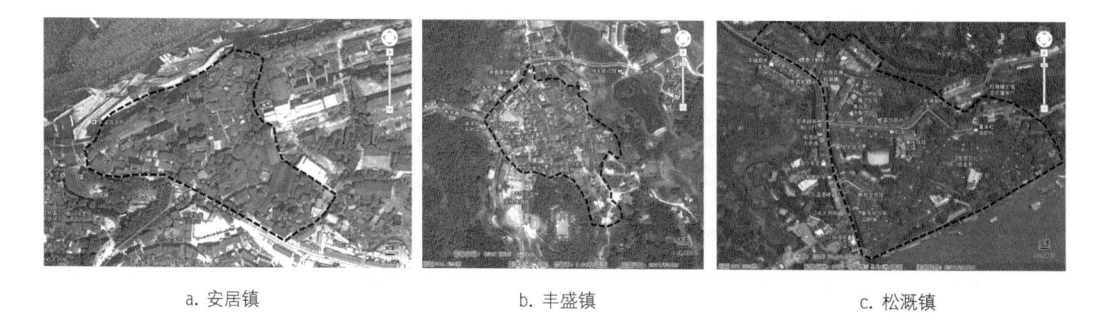

a. 安居镇　　　　b. 丰盛镇　　　　c. 松溉镇

图 2 研究靶区平面图

表 2 研究载体居民户数及业态

研究靶区	规模（hm²）	常住人口（人）	原住民（人）	核心区原住民比例（%）	总户数（户）	调研总户数（户）	居住（户）	商住（户）	居+餐（户）	居+娱（户）
安居镇	30	2 104	1 828	86.88	438	423	379	120	91	23
丰盛镇	14.6	1 032	857	82.86	105	98	80	31	27	12
松溉镇	1.476	815	726	89.08	223	114	83	34	18	17

2.2 模型构建与分析

2.2.1 指标体系

本文对传统聚落社会网络评价分为静态结构指标体系与动态攻击模拟指标。其中，静态指标包括网络密度、Lambda 集合、k—核等指标，动态攻击模拟以中介中心度累积攻击下的最大连通子图规模与中介中心度单点攻击下的全局连通效率作为模拟衡量指标。具体如表 3。

表 3 社会网络结构评价指标体系

	指标	涵义	公式	转译
静态结构指标体系	网络密度		$P=L/[n(n-1)/2]$ P 为网络密度，L 为实际连接数，n 为实际节点数	网络紧密程度
	Lambda 集合		指网络层级的边关联度	网络整体稳定性
	k—核	k—核（k=1, 2, 3…），k 值越高，占比越大，稳定成分越多		网络局部稳定度
动态攻击指标体系	最大连通子图	指把网络中所有节点用最少的边将其连接起来的子网络	$S = N'/N$ N' 表示网络遭到攻击后的最大连通子图的节点数目，N 表示的是未遭到攻击时网络的节点数目	社会网络中居民户受到攻击，S 就会变小
	全局连通效率	网络中所有节点对之间连通效率的整体情况	$H_{re} = \dfrac{2}{n(n-1)} H_{ab}$ H_{re} 为全局相对连通效率，H_{ab} 为全局绝对连通效率，n 为网络中节点个数	衡量社会关系在网络中传播的有效程度

2.2.2 拓扑结构与特征

借助软件平台 Ucinet 6.0，构建各镇网络拓扑结构，血缘关系网络结构分散且有孤立居民节点，安居镇、丰盛镇、松溉镇的地缘关系与业缘关系网络结构均呈现集聚向心型形态，有少量孤立节点以血缘关系、网络拓扑结构图举例说明（图 3）。

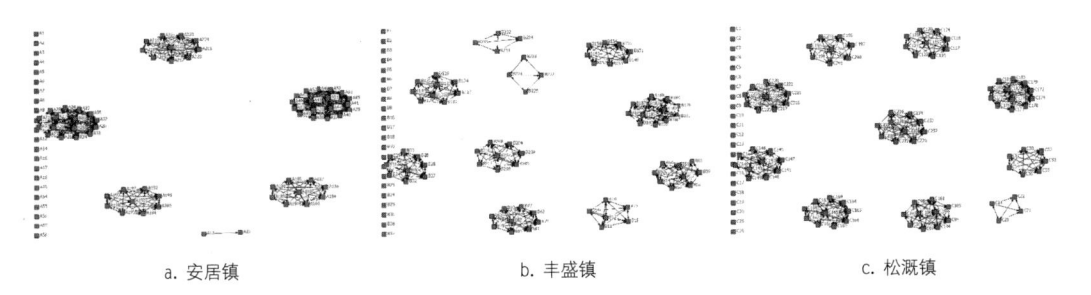

a. 安居镇　　　　b. 丰盛镇　　　　c. 松溉镇

图 3 血缘关系网络结构示意

2.3 计算结果

2.3.1 静态结构计算结果

（1）网络密度

计算得知，安居镇的血缘、地缘、业缘关系网络密度分别为0.013、0.338、0.302；丰盛镇的血缘、地缘、业缘关系网络密度分别为0.011、0.304、0.316；松溉镇的血缘、地缘、业缘关系网络密度分别为0.013、0.172、0.202。

（2）Lambda集合

计算得知，安居镇的血缘、地缘、业缘关系Lambda值分别为0.065、0.618、0.488；丰盛镇的血缘、地缘、业缘关系Lambda值分别为0.038、0.494、0.698；松溉镇的血缘、地缘、业缘关系Lambda值分别为0.033、0.426、0.405。

（3）k—核

计算得知，安居镇的血缘、地缘、业缘关系k—核最大值分别为17、63、54；丰盛镇的血缘、地缘、业缘关系k—核最大值分别为11、54、65；松溉镇的血缘、地缘、业缘关系k—核最大值分别为11、34、37。安居镇、丰盛镇、松溉镇的血缘关系11—核比例分别为0.138、0.051、0.050；安居镇、丰盛镇、松溉镇的地缘关系4—核比例分别为0.890、0.872、0.347；安居镇、丰盛镇、松溉镇的业缘关系37—核比例分别为0.923、0.817、0.558。

2.3.2 动态攻击模拟分析

（1）中介中心度累积攻击下的最大连通子图规模

通过动态攻击模拟，计算安居镇、丰盛镇与松溉镇血缘关系在中介中心度累积攻击下的最大连通子图规模。可知，丰盛镇的血缘关系网遭受攻击模拟时的失效节点数量最多，松溉镇失效节点最少（图4）。其中，安居镇、丰盛镇、松溉镇分别在192/38/25/223，180/181/205/184/185/232/234/235，21/173/238等居民节点遭受攻击时，血缘关系网络的最大连通子图规模发生显著变化。

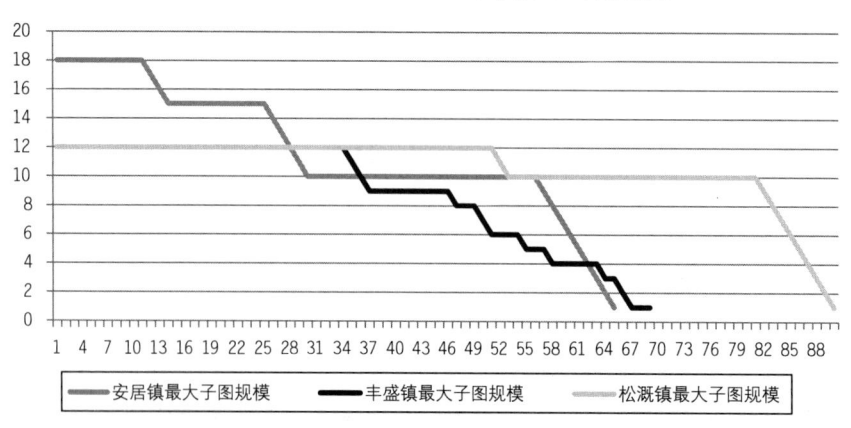

图4 研究靶区中介中心度累积攻击下的最大连通子图规模

（2）中介中心度单点攻击下的全局连通效率

通过动态攻击模拟，计算安居镇、丰盛镇与松溉镇血缘关系网在中介中心度单点攻击下的全局连通效率。计算可知，安居镇、丰盛镇、松溉镇的关键居民节点分别为 192/21/36/13/51/190，222/128/10/149/26/155/187，21/50/96/116/140/172/196/216 等。在血缘关系网络遭受攻击模拟时，丰盛镇的失效节点数量最多，松溉镇最少（图5）。

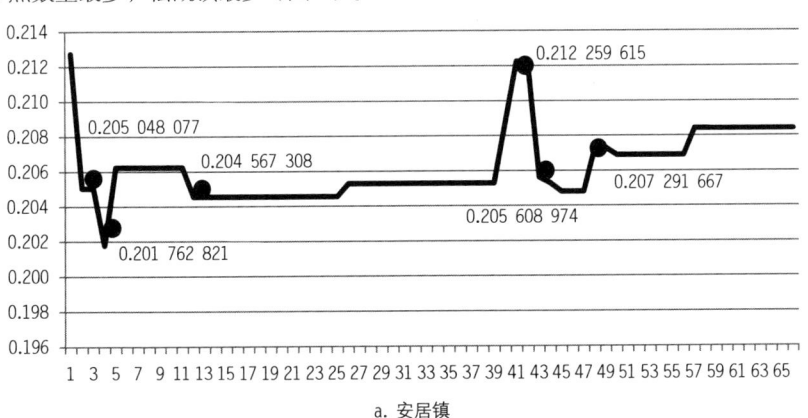

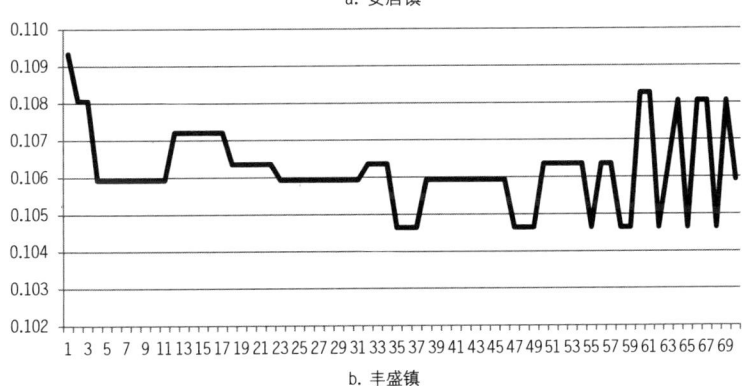

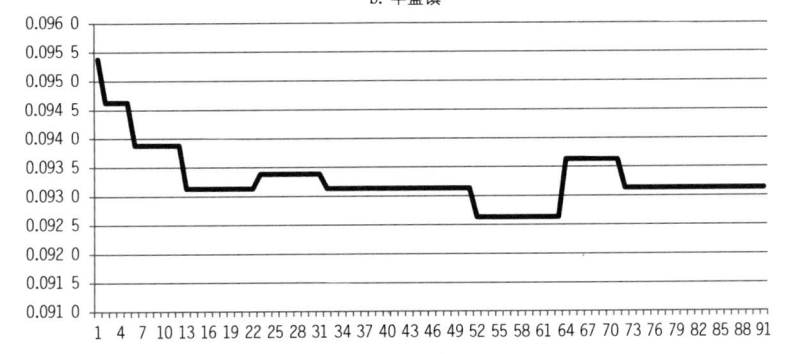

a. 安居镇

b. 丰盛镇

c. 松溉镇

图5 研究靶区中介中心度单点攻击下的全局连通效率

2.3.3 对比分析

对研究靶区血缘、地缘、业缘关系的网络密度、Lambda 集合、k—核分析以及动态攻击模拟分析进行对比。由各传统聚落血缘关系（图6a）、地缘关系（图6b）、业缘关系（图6c）网络结构的对比分析可知，安居镇的血缘、地缘关系网络密度、Lambda 集合、k—核最高，松溉镇最低，排序为松溉镇＜丰盛镇＜安居镇，丰盛镇的业缘关系网络密度、Lambda 集合最高，排序为松溉镇＜安居镇＜丰盛镇，松溉镇最低，故安居镇的血缘、地缘关系网络结构最完备，松溉镇的血缘、地缘、业缘关系结构最不完备。由各传统聚落网络密度（图6d）、Lambda 集合（图6e）、k—核（图6f）的对比分析可知，各镇地缘、业缘关系大于血缘关系，安居镇、丰盛镇的血缘、地缘、业缘关系的网络密度、Lambda 集合、k—核值相对较高，松溉镇较低，排序基本为松溉镇＜丰盛镇＜安居镇。因此，综上静态结构的对比分析可知，安居镇的社会网络结构稳定性最高，松溉镇最低。而由血缘关系动态攻击模拟分析可知，松溉镇的血缘关系网在遭受攻击时失效节点数量最少，丰盛镇的血缘关系网在遭受攻击时失效节点最多，故而社会网络静态结构与动态攻击结果存在一致性。

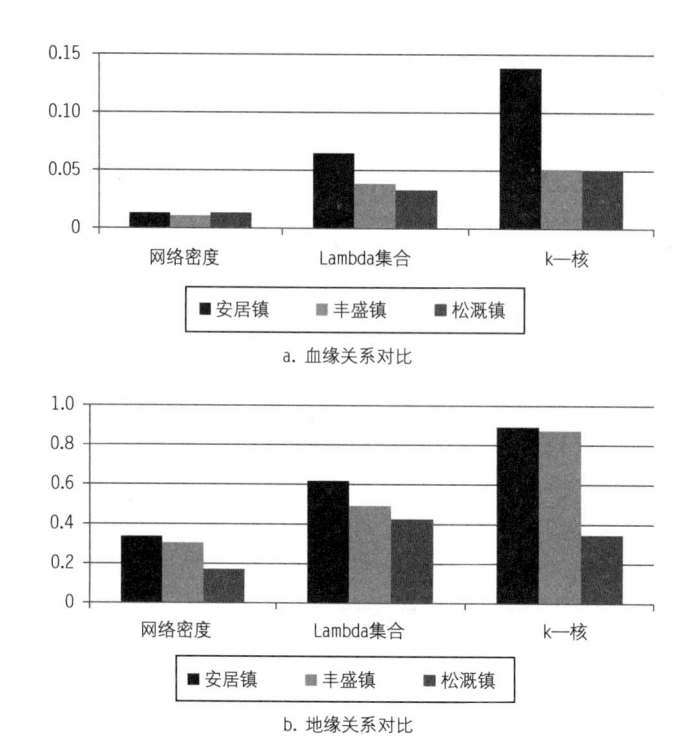

a. 血缘关系对比

b. 地缘关系对比

c. 业缘关系对比

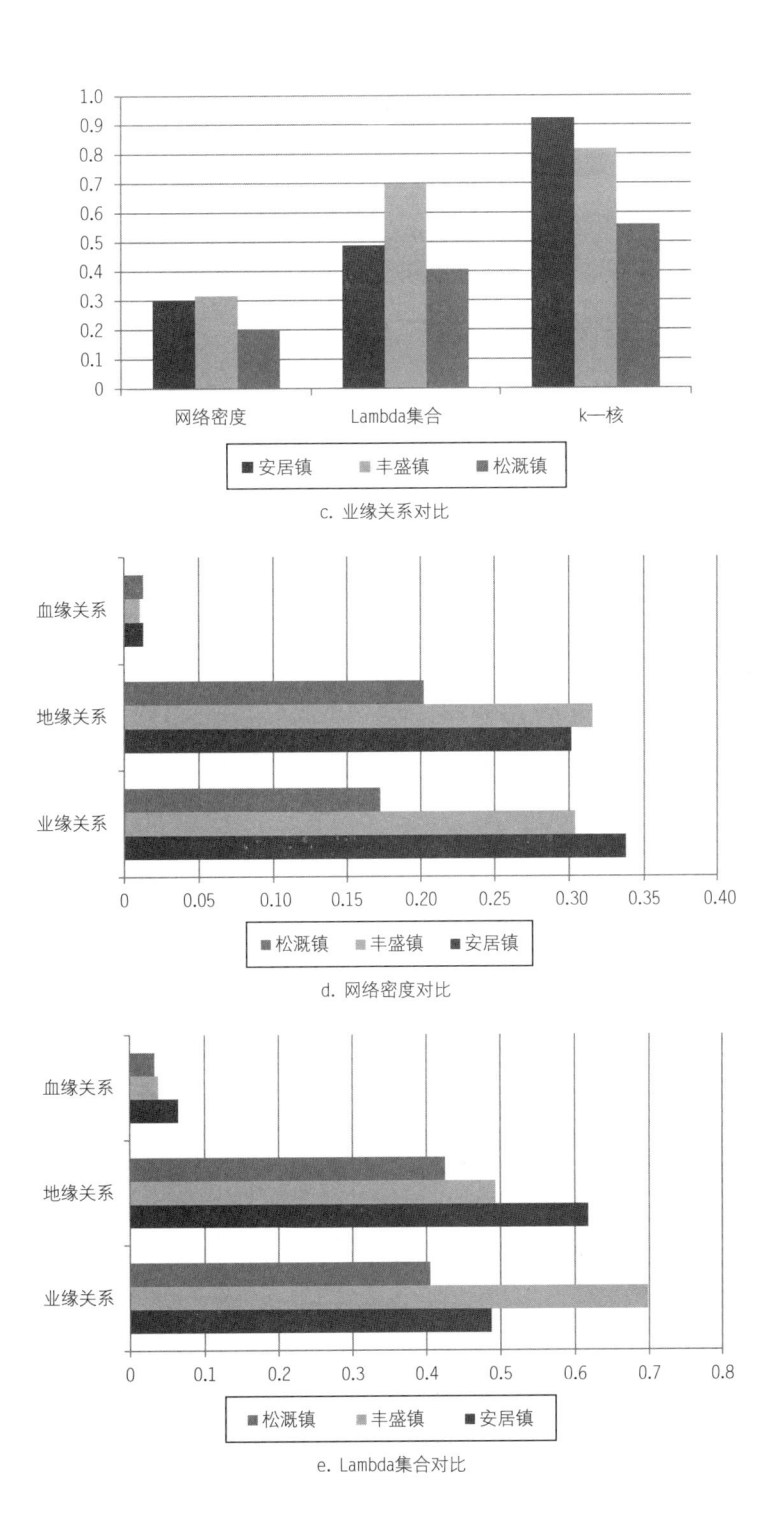

d. 网络密度对比

e. Lambda集合对比

f. k—核对比

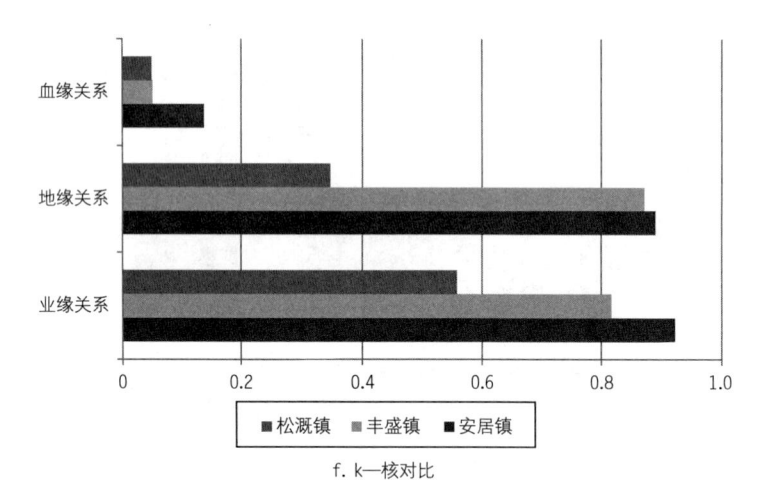

图 6　静态结构对比

2.4 社会关系与网络结构形态变迁

2.4.1 社会关系由传统的血缘转向多元的地缘、业缘关系

由安居镇、丰盛镇与松溉镇的社会网络计算对比分析可知，安居镇、丰盛镇、松溉镇的社会关系网络密度所反映的网络完备度、k—核所反映的网络稳定度、Lambda 集合所反映的关联度排序均为业缘关系＞地缘关系＞血缘关系（图7）。可见，基于传统血缘、地缘关系所构建的传统聚落，一方面，其社会关系内涵正在扩大，现在聚落的社会关系不仅局限于原有静止的血缘、地缘关系，在城镇化、信息化等作用力推动下，业缘关系也正渗入其中；另一方面，随着传统聚落的人口流动与人口结构的变化，传统的血缘、地缘关系构成也逐渐弱化。

2.4.2 社会关系网络与对应的物质空间结构的变化

通过对安居镇、丰盛镇与松溉镇的宗祠、会馆、行会等进行物质空间研究，分析其社会结构构成，主要表现为集聚与分散相结合的多中心结构特征。在反映安居镇、丰盛镇与松溉镇血缘、地缘和业缘等社会关系的祠堂、会馆、商会等物质空间层面，由于西南地区传统聚落地理位置、地形地貌、山水环境等综合因素作用，这些物质空间顺应街区形态，或沿着街区呈带状排布，或散点分布在街区中，整体上呈现集聚与分散相结合的结构形态，基于宗祠等物质空间构建的安居镇、松溉镇、丰盛镇血缘关系结构也呈现多组团、散状分布，基于会馆等构建的地缘关系结构也呈现出中心集聚形态结构。如安居镇的血缘关系结构以及丰盛镇的地缘关系结构，既有集聚的居民节点，也有孤立分散的居民节点。

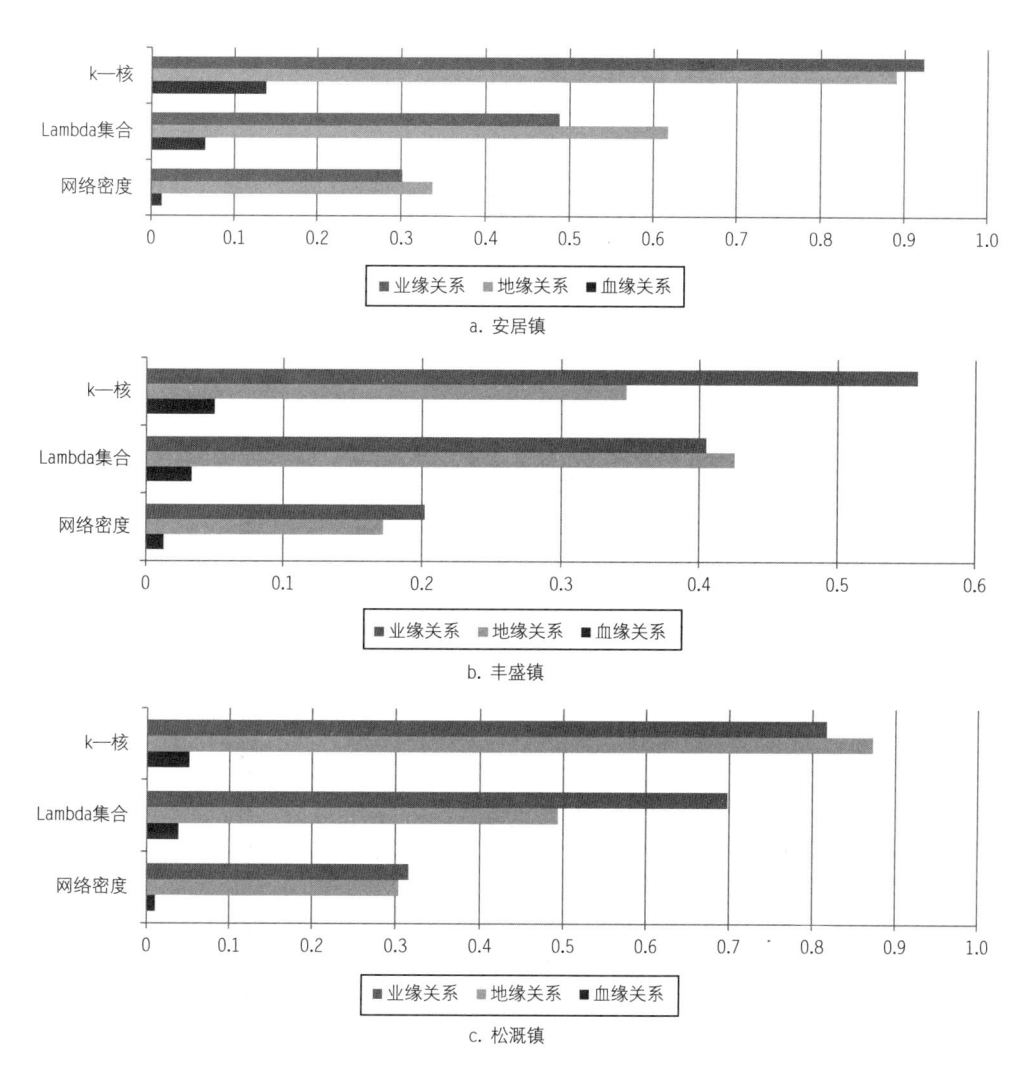

图7 研究靶区社会关系网络对比

3 传统聚落社会关系变迁原因及其保护困境

3.1 城镇化背景下传统聚落原住民结构老化

城镇化背景下传统聚落可能存在的演变有两种：其一，由于区位偏远、资源匮乏、产业单一、设施不足等的传统聚落，出现较为严重的空心化趋势；其二，由于区位显著、资源丰沃、产业多元、设施齐全的传统聚落，出现不可逆转的商业化现象。城镇化衍生的此两种传统聚落的发展趋势显现于物质空间上：空心化演变趋势下的传统聚落逐渐出现土地利用属性的变化、传统木结构房屋的衰败、基础设施的凋零等破败景象；商业化演化进程中的传统聚落，则出现拆旧建新的房屋、商业功能替代居住、业态的同质等发展趋势（薛力，2001）。城镇化作用下传统聚落显性的物质环境与空间形态变化便是如此，但更不容忽视的是此空心化以及商业化背后传统聚落血缘、地缘关系的变迁。对于空心化一类的传统聚落而言，人口的流动促使其人口结构的改变，具体而言，由于传统聚落中年轻一代，一方面出于对就业的需求而选择就地或异地城镇化，逐渐迁出聚落，另一方面由于对基础设施、居住环境等的需求而成为城镇化浪潮中的一员，长此以往，传统聚落中便仅剩老人与幼儿驻守而成为空心村，传统聚落原有的血缘、地缘关系结构也在这个地域范围发生变迁。而对于商业化一类的传统聚落，商业化的价值与利益驱使原住民选择出租或出售房屋，聚落中的居住人口结构也随着功能业态的变化而改变，产生社会、生态和文化变化。

3.2 信息化时代下传统聚落传统大家庭结构解体

城市化相随相伴的信息化时代的到来必然引起传统聚落中的人口与资金流动，社会流动使得传统聚落相对静止的社会关系呈现动态变化趋势。传统聚落的房屋布局与空间构筑多是基于传统的血缘关系与亲缘关系构筑而成，多呈现出建筑的三合院或四合院的院落空间形态，此时的布局反映出传统聚落大家族时期的社会关系与空间形态的对应关系，三世同堂可对应于此时的聚落空间分布，此时相对静止的社会形态下也蕴藏着较为稳定的传统家族血缘关系或同乡邻里的地缘关系。但随着社会的发展和科技的进步，信息流也成为社会资源流动中的重要角色，逐渐覆盖了传统聚落，无论是空心化抑或是商业化的传统聚落，在信息化引导下的人际交往逐渐跳脱出原有的相对封闭与静止的传统社会，聚落中居民之间的社会关系建立不仅限于传统的大家庭结构下的血缘、地缘关系。这一方面体现在显性的物质环境上，信息化与科技化为传统中的居民带来更多的就业机会，收入的增加使得原有居民或选择他处建房或外地购房，聚落原有的三合院或四合院建筑形式逐渐改变；而于隐性的社会关系上，原有的大家族血缘关系以及同乡邻里的地缘关系，也随着信息化的到来，聚落逐渐与外界建构起外延更丰富更广的友缘关系或趣缘关系等。长此以往，聚落中的社会关系也随着大家庭结构的解体与分裂而发生变迁。

3.3 旅游业兴起带来传统聚落非社会化生产方式瓦解

随着社会资本与消费阶层进入传统聚落，旅游业的兴起便是不可阻挡的趋势。而大多传统聚落在建立之初便是以居住功能为主，但伴随旅游业的发展，其原有的居住功能逐渐被商业功能所取代，传统聚落中原始的祠堂、庙宇或传统木结构住宅逐渐被旅游业主导下的商业、娱乐、餐饮等业态所取代，在这样的功能与业态变化过程里，传统聚落中人员构成逐渐复杂化，原有的族群关系、宗族制度逐渐被现代性冲击，传统聚落中居民的生活方式与行为，生产关系与社会结构也在旅游业发展过程中愈发现代化和多样化（王云才等，2007）。一方面，由于游客的到来能为传统聚落带来商业契机和就业渠道，原有聚落中大量从事传统农业与手工业的本地居民均转向利润较高的旅游服务业，使得聚落中人口的流动更加频繁，增加了原住居民的向外迁出与外来人口的流入；另一方面，旅游业的兴起也促使传统聚落的价值提升，聚落中原本以农业或传统手工业为生的原住民，或选择出租出售房屋而迁入城镇居住，或临街设商铺而放弃原有职业。如此一来，传统聚落中原有的特色农业或手工业逐渐消失，聚落的非物质文化遗产的独特性逐渐消失，其非社会化生产方式逐渐瓦解（肖竞、曹珂，2012）。

4 社会关系变迁下传统聚落的保护出路探寻

4.1 "三位一体"保护模式探索

上述对于传统聚落社会关系网络变迁的定量分析以及定性阐述，可知传统聚落现阶段在空心化与商业化趋势下均显现出血缘、地缘关系的变迁，也对应于相应的物质环境与空间形态的变化。因此，基于这样的前提条件，本文尝试提出传统聚落的"人口置换—产业重构—空间生产"的三位一体全面重构模式。

对于空心化传统聚落而言，人口置换是指通过现状评估与保护规划，用规划干预手段将此聚落的人口与相邻聚落进行合并，使其人口结构更加丰富与健康；产业重构是指在与新的聚落进行合并之后，重构与培育当地特色产业，挖掘新型产业；空间生产则是基于现有的血缘、地缘等社会关系构成进行土地利用的重新划分、基础设施与公共空间的布局等。如围绕宗祠布置公共空间节点等，使传统聚落的空间态势与社会关系的形成相适应。对于商业化传统聚落而言，人口置换是指采用部分搬迁或是原地保护的形式，在引进社会资本的同时优化原有传统聚落的人口结构，增加人口构成多元性；产业重构是指在传统聚落原有的传统农业或手工业基础上，结合周边地区的发展态势，引进特色产业，在维持传统建筑形态基础上重构其功能业态，营造文化创意、特色商住、休闲旅游、艺术工作室、小型博物馆等集聚区，引入社会资本同时激活区域经济，活化传统聚落与建筑。空间形态保护则是需要厘清传统聚落的历史文化脉络、街巷肌理，在空间形态、立面外观、具体保护建筑的维修复建等方面要制定保护规划，保护历史文化原真性，改善周边环境。对历史建筑的维修改造要制定统一的技术标准并进行后期监督，制定必要的审查制度。

4.2 评估和优化"原"住民结构

三位一体全面重构模式在推进传统聚落的社会关系重构与空间再生产过程中，经济业态与物质空间的优化和实现的关键仍在于居民结构的合理优化。可借助社会网络分析方法，以传统聚落居民之间的血缘、地缘等社会关系为关系连接，构建社会关系网络拓扑结构模型，依据社会网络指标构成体系与计算原理，指导传统聚落三区划定、空间格局保护、公共服务设施规划等。若在具体的传统聚落保护规划中，能结合社会网络分析方法计算得到的保护规划策略，则保护规划再实施之时，便能更好地评估与优化聚落人口结构。以安居镇核心保护区的划定为例，可综合依据血缘、地缘与业缘关系划定核心保护区范围，为"原"住民人口置换分区、规模判定、活动场地配置、重点建筑确定等规划设计提供科学依据（黄勇、石亚灵，2017）。

致谢

本文受国家重点研发计划（2018YDF1100804）资助。

参考文献

[1] AI-HAGLA K S. Sustainable urban development in historical areas using the tourist trail approach: a case study of the Cultural Heritage and Urban Development (CHUD) project in Saida, Lebanon[J]. Cities, 2010, 27(4): 234-248.

[2] BAEZ A, HERREO L C. Using contingent valuation and cost-benefit analysis to design a policy for restoring cultural heritage[J]. Journal of Cultural Heritage, 2012, 13(3): 235-245.

[3] BAGAEEN S G. Housing conditions in the old city of Jerusalem: an empirical study[J]. Habitat International, 2006, 30(1): 87-106.

[4] BORGATTI S P, et al. Network analysis in the social sciences[J]. Science, 2009, 323(5916): 892-895.

[5] CARMON N. Three generations of urban renewal policies: analysis and policy implications[J]. Geoforum, 1999, 30(2): 145-158.

[6] COUCH C, DENNEMANN A. Urban regeneration and sustainable development in Britain–the example of the Liverpool Ropewalks Partnership[J]. Cities, 2000, 17(2): 137-147.

[7] DEMONGEOT J, TARAMASCO C. Evolution of social networks: the example of obesity[J]. Biogerontology, 2014, 15(6): 611-626.

[8] ELKIN A P. Structure and function in primitive society[J]. Oceania, 1952, 23(1): 71-72.

[9] FERRETTI V, BOTTERO M, MONDINI G. Decision making and cultural heritage: an application of the multi-attribute value theory for the reuse of historical buildings[J]. Journal of Cultural Heritage, 2014, 15(6): 644-655.

[10] JONES G A, BROMLEY R D F. The relationship between urban conservation programmes and property renovation: evidence from Quito, Ecuador[J]. Cities, 1996, 13(6): 373-385.

[11] KLOVDAHL A S. Social networks and the spread of infectious-diseases–the aids example[J]. Social Science & Medicine, 1985, 21(11): 1203-1216.

[12] KOVACS Z, WIESSNER R, ZISCHNER R. Urban renewal in the inner city of budapest: gentrification from a post-socialist perspective[J]. Urban Studies, 2013, 50(1): 22-38.

[13] LEE L M, LIM Y M, YUSUF NOR' AINI. Strategies for urban conservation: a case example of George Town, Penang[J]. Habitat International, 2008, 32(3): 293-304.
[14] NYSETH T, SOGNNAES J. Preservation of old towns in Norway: heritage discourses, community processes and the new cultural economy [J]. Cities, 2013, 31: 69-75.
[15] SCOTT N, COOPER C, BAGGIO R. Destination networks–four Australian cases[J]. Annals of Tourism Research, 2008, 35(1): 169-188.
[16] SHIN H B. Urban conservation and revalorisation of dilapidated historic quarters: the case of Nanluoguxiang in Beijing[J]. Cities, 2010, 27: S43-S54.
[17] SIRISRISAK T. Conservation of Bangkok old town[J]. Habitat International, 2009, 33(4): 405-411.
[18] TWEED C, SUTHERLAND M. Built cultural heritage and sustainable urban development[J]. Landscape and Urban Planning, 2007, 83(1): 62-69.
[19] WHITEHAND J W R, GU K, WHITEHAND S M, et al. Urban morphology and conservation in China[J]. Cities, 2011, 28(2): 171-185.
[20] YANG Y R, CHANG C H. An urban regeneration regime in China: a case study of urban redevelopment in Shanghai's Taipingqiao area[J]. Urban Studies, 2007, 44(9): 1809-1826.
[21] 侯赟慧, 刘洪. 基于社会网络的城市群结构定量化分析——以长江三角洲城市群资金往来关系为例[J]. 复杂系统与复杂性科学, 2006(2): 35-42.
[22] 黄勇, 石亚灵. 基于社会网络分析的历史文化名镇保护更新——以重庆偏岩镇为例[J]. 建筑学报, 2017, 2: 86-89.
[23] 黄勇, 石亚灵, 黄瓴, 等. 巴渝古镇社会族群构成与物质空间相关性诠释——以重庆安居、丰盛、松溉三镇为例[J]. 建筑学报, 2017(S2): 24-29.
[24] 黄勇, 石亚灵, 万丹, 等. 西南历史城镇空间形态特征及保护研究[J]. 城市发展研究, 2018, 25(2): 68-76.
[25] 李阿琳, 李力, 吴淞楠. 关于历史文化名镇村选择的思考[J]. 城市与区域规划研究, 2008, 1(3): 225-241.
[26] 廉同辉, 包先建. 皖江城市带区域经济一体化进程的社会网络研究[J]. 城市发展研究, 2012, 19(6): 39-45.
[27] 刘辉, 申玉铭, 孟丹, 等. 基于交通可达性的京津冀城市网络集中性及空间结构研究[J]. 经济地理, 2013, 8: 37-45.
[28] 刘正兵, 刘静玉, 何孝沛, 等. 中原经济区城市空间联系及其网络格局分析——基于城际客运流[J]. 经济地理, 2014, 34(7): 58-66.
[29] 南颖, 周瑞娜, 李银河, 等. 图们江地区城市社会网络空间结构研究——以家族关系为例[J]. 地理与地理信息科学, 2011, 27(6): 61-64+110+2.
[30] 乔杰, 洪亮平. 从"关系"到"社会资本": 论我国乡村规划的理论困境与出路[J]. 城市规划学刊, 2017(4): 81-89.
[31] 石亚灵, 黄勇, 黄晖, 等. 传统聚落文化景观保护与变迁研究进展[J]. 中国园林, 2018, 34(5): 124-128.
[32] 王云才, 李飞, 陈田. 江南水乡古镇城市化倾向及其可持续发展对策——以乌镇、西塘、南浔三镇为例[J]. 长江流域资源与环境, 2007, 16(6): 700-703.
[33] 邬东璠. 议文化景观遗产及其景观文化的保护[J]. 中国园林, 2011, 27(4): 1-3.
[34] 肖竞, 曹珂. 从"创钉解纽"的创痛到"借市还魂"的困局: 市场导向下历史街区商业化现象的反思[J]. 建筑学报, 2012(S1): 6-13.

[35] 薛力. 城市化背景下的"空心村"现象及其对策探讨——以江苏省为例[J]. 城市规划, 2001, 25(6): 8-13.
[36] 杨成凤, 韩会然. 皖江城市带区际公路交通空间组织研究[J]. 经济地理, 2013, 3: 65-72.
[37] 杨贵庆, 戴庭曦, 王祯, 等. 社会变迁视角下历史文化村落再生的若干思考[J]. 城市规划学刊, 2016(3): 45-54.
[38] 周岚. 历史文化名城的"积极保护、整体创造"——结合南京城市规划实践的思考[J]. 城市与区域规划研究, 2010, 3(3): 57-81.
[39] 周政旭. 贵州南侗地区山地聚落人居环境营建初探[J]. 城市与区域规划研究, 2016, 8(1): 112-136.

[欢迎引用]

石亚灵, 黄勇. 社会关系变迁下传统聚落的保护困境与出路[J]. 城市与区域规划研究, 2020, 12(1): 77-92.

SHI Y L, HUANG Y. The protection dilemma and outlet of traditional settlements under the change of social relations [J]. Journal of Urban and Regional Planning, 2020, 12(1): 77-92.

1958～1962年中国人民公社居民点规划简评

向博文　赵渺希

A Brief Review of the Residential Planning of Chinese People's Commune

XIANG Bowen, ZHAO Miaoxi
(School of Architecture, South China University of Technology, Guangzhou 510000, China)

Abstract This paper reviews the residential planning of people's commune between 1958 and 1962. By analyzing the layout of residential areas, as well as their functional division, spatial order and public service facilities, this paper discusses how residential planning boosted rural productivity and promoted its transition to communism and handled the gap between reality and blueprint. The study reveals that production-oriented residential planning built up a multi-level collectivized space; to enhance its legitimacy, the planning enhanced people's sense of identity to the commune by extending peasants' social network and designing function and space that advocated modern impact. However, due to "the great leap forward" movement, most of the commune's residential planning became unrealistic Utopian dreams.

Keywords　people's commune; residential planning; planning history; collectivization

摘　要　文章回顾了1958～1962年的人民公社居民点规划，通过分析居民点布局以及居民点功能分区、空间秩序和公服设施，讨论了居民点规划如何"推动农村实现生产力发展和向共产主义过渡"以及"应对现实与规划蓝图间鸿沟"，发现居民点规划以生产为导向塑造了农村各个层级的集体化空间；为提升规划合法性，规划通过延续农民社会关系网络和设计宣扬现代化冲击力的功能与空间，增强人们对公社的认同感。然而，由于激进思潮的影响，部分公社居民点规划设计成为不切实际的乌托邦蓝图。

关键词　人民公社；居民点规划；规划史；集体化

1　研究背景

1958～1978年的农村人民公社运动是中国历史上最大规模按理想的蓝图改造农村社会的一次尝试（张乐天，1996）。为促进农村生产发展和向共产主义过渡，基于越集中化则生产力越高的理念，中国农村地域建立了"一大二公"为特征的基本单元"人民公社"，即大规模（约5 000户住户为一座公社）和公有化（集中制以及全民所有制）（O'Leary and Watson，1982）。而为了落实这种公社集体化的生产及生活方式，就需要改造中国传统农村小而分散的空间格局，聚集原本散乱分布的居民点，以适应公社的大规模运转（张同铸等，1959）。我国建筑师与规划师纷纷响应国家号召，投身规划实践中并提出人民公社居民点规划方案。其中，《建筑学报》上发表的案例可被看作人民公社设计的范例（程婧如，2018）。同时，地理学界也

作者简介

向博文、赵渺希（通讯作者），华南理工大学建筑学院。

多次召开公社规划的研讨会，出版了数本探讨公社规划问题和方法的文集。

本文聚焦于1958～1962年的人民公社居民点规划。这段时间正处于特殊时期，全国上下大张旗鼓地进行着经济建设，但却过分夸大了人的主观能动作用和社会主义制度对生产力发展的促进作用（谢春涛，1995），而提出了诸多不切实际的生产计划。人民公社便是在当时特定的氛围中一哄而起的（安贞元，2003）。相较于之后"向传统村落让步"的公社稳定期（张乐天，1996），这段公社草创期淋漓尽致地展现了中央对人民公社所寄予的厚望——迈向共产主义社会的"新乐园"（徐达深，1994），这深刻地反映在了该时期的居民点规划中。

科斯等（1994）认为由一种制度安排转变到另一种制度安排是一种费用昂贵的过程。显而易见的是，无论是经济社会制度还是空间形态，这一时期的人民公社与小农经济的传统农村都截然不同，且"过于理想化，并不适应农村发展的实际需求"（焦金波，2004）。这也就导致了公社规划必须考虑，面对庞大的制度变迁成本，规划落地的可能性有多少？

本文以《建筑学报》上发表的人民公社规划案例为主要资料来源，辅以其他人民公社规划研究的著作，通过分析公社居民点规划探讨两个问题：居民点规划是如何营造集体化空间以期落实人民公社的建立目标？又是如何处理中国农村现实与政治蓝图间巨大鸿沟的？

2　人民公社居民点规划

在中华人民共和国成立初期，中国城市规划继承苏联规划而来，深受苏联城市规划中工业理性规划思想的影响，将城市看作生产职能的载体，生活功能则被置于为生产提供必要的、基本的配套地位（赵晨等，2013）。这种"以生产为导向"的规划原则清晰地体现在人民公社规划中。作为"稳固公社地位并充分发挥公社优越性"的工具（中国科学院河南分院地理研究所，1959），居民点规划的主要任务被认为是"让公社内居民点的分布、大小和形式，契合集体生产的组织、领导和管理"（中山大学地理学系，1959）。这体现在规划的两个层级：其一为宏观层面的居民点分布，即公社内居民点的规模和选址等；其二则聚焦于居民点的内部空间设计，包括功能分区、空间结构等。

2.1　宏观层面的居民点规划

居民点是人们生产和生活的聚集场所，是在一定社会生产方式下的产物，反映了当时的经济形态，同时受到生产水平与生产关系的制约。在20世纪50年代，我国农村经过互助组、合作社等合作化运动，部分地区已经实现了生产资料的集体所有制（何兴华，2011），但居民点的空间格局却并未随之响应。而人民公社提出了比合作社更加大规模的集体化生产，也就必须要改造传统农村"分散、落后、只适应小农经济"的空间格局（北京师范大学地理系，1958）。这种生产方式与居民点空间形态的不匹配，成为人民公社居民点规划的必要性和可能性。

对此政府提出新的行政区划单位"生产大队",在本文研究时间范围内,生产大队是人民公社直接组织生产和收益分配的基本单位。公社要求在大队范围内设立新型居民点并将零散分布的农民与生产资料集中分配在这些新型居民点中。这也就决定了,"居民点的布局与生产大队的分布紧密结合"(张同铸,1959),对这两者的规划是同步进行的。

在考虑居民点和生产大队的布局时,规划师倾向于规模越大越好。生产大队规模的上升可以"更大范围内统一使用各项生产资料,更好地调动劳动力,综合开发、利用自然资源"(中国科学院河南分院地理研究所,1959),实现大规模集体化生产;而对于居民点规模,为了追求高度集体化,规划会将"生产区域中所有居民集中于一个居民点,单个居民点的上工范围与整个大队的生产范围重合",此时"劳动力和生产工具集中,公社的组织领导和生产管理成本会降低"(北京师范大学地理系,1958)。在这种思路下,很容易产生"一生产大队配置一居民点"的结果。但是,在追求大规模的生产大队和居民点时,规划也考虑了上工半径提升所带来的成本。

例如在《青浦县及红旗人民公社规划》中(李德华等,1958),规划师提出了基于工区(生产大队)规模的两个比较方案:方案一将公社"划分为10个工区(生产大队)",优点是"居民点规模大,公共福利设施较全,标准可较高一些",但缺点是"打乱现有组织,生产半径较大,近期管理上可能不便";方案二则将公社"分为12个工区",优点是"照顾到现有社及生产队的划分",即一定程度上延续了公社原来的聚落结构,缺点是"有些居民点规模较小(无法体现集中式的优势)"。可见,不同工区范围,会产生不同的通勤成本、管理成本以及规模效益等需要均衡的要素。

而这也就导致上工半径成为确定居民点布局的核心指标。遂平县卫星人民公社居民点分布图(图1)就展现了"上工半径"在规划中的重要性(华南工学院,1958)。图中绘制出了每个生产大队的中心居民点以及相应的30分钟与40分钟步行可达圈,规划中的可达圈尽可能覆盖了整个公社,即使无法覆盖的地区也布置了次一级的卫星居民点,做到了上工范围的公社全覆盖,充分体现了生产导向的居民点布局规划原则。在这种规划思想下,对居民点布局的规划实质上成为对生产空间的规划。生产大队在规划中被看作生产空间,居民点则成为生产任务的出发点。规划师对居民点的数量、规模进行安排,实际上是在地域空间上进行劳动力和生产资料的重组,以响应集体化的生产方式。

以生产为导向的规划逻辑也体现在居民点选址的确立过程中。为了实现上工半径的全覆盖,居民点应该"配置在所服务土地的中央"(中山大学地理学系,1959);而为减少通勤时间,"居民点应该沿公路布置"(天津大学建筑系,1958);为便于生产,则应当"倚湖临江"(马湘泳,1959);但考虑到大规模迁移村民和物资到新居民点的庞大成本,新的居民点应"考虑布置在原有村庄的位置"(中山大学地理学系,1959)。以天津小站人民公社规划为例(天津大学建筑系,1958),对比其居民点现状图(图2)与居民点规划图(图3),居民点的规划选址都是处于两条公路的交会处,节约了上工成本;同时,规划居民点的选址与现状居民点位置部分重合,减少了迁村的成本。由此可见,居民点的选址也可以理解为通勤成本、迁村成本与生产收益之间均衡的结果。

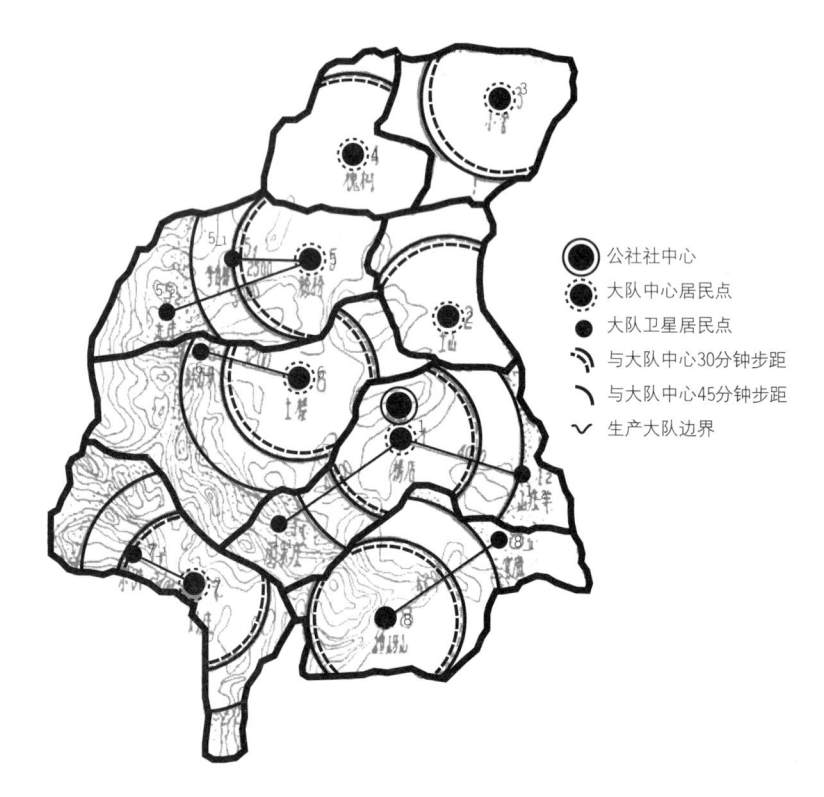

图 1 遂平县卫星人民公社居民点分布

资料来源：根据《河南省遂平县卫星人民公社第一基层规划设计》（华南工学院，1958）中居民点分布分析图改绘。

上述均衡过程体现了既有生产水平与公社生产关系不匹配所带来的现实和蓝图的差距。公社成立初期的物质条件并不充裕，迫使规划采取各种措施降低制度变迁成本。例如，规划在确定生产大队边界时，除了山水等自然边界外，通常会沿用原有的村落边界，"尽可能把原有小乡完整地划入一个管理区（生产大队）内"（何永祺，1959）。自然村作为经过长期历史实践沉淀下来的地理单位，是农民认同感最高的社会集体活动单位（王德福，2018）。生产大队在整合自然村时，也就突破了农村由血缘和地缘所构建的社会交往关系。这种突破无疑会降低农民对人民公社的认同感。因此，需要尽量延续聚类结构和社会交往关系，减少农民对新空间的抵触。

另外，规划又试图以新颖的福利设施"调动广大人民的积极性和创造性，使居民点规划工作获得顺利的开展"（卢云亭，1960）。这是居民点规划中反复强调大规模的另一个原因，大规模的居民点可以调动更多人力物力，建设更高水平的福利设施，从而提升农民对公社的认同；相同逻辑的还体现

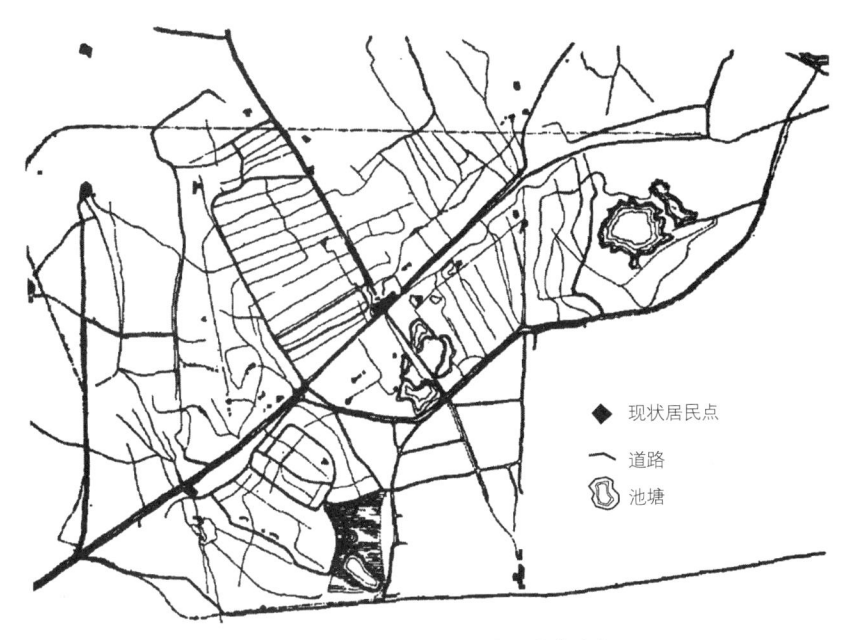

1958~1962年中国人民公社居民点规划简评 | 97

图 2 天津小站人民公社现状居民点分布

资料来源：根据《天津市小站人民公社的初步规划设计》（天津大学建筑系，1958）中现状居民点分布图改绘。

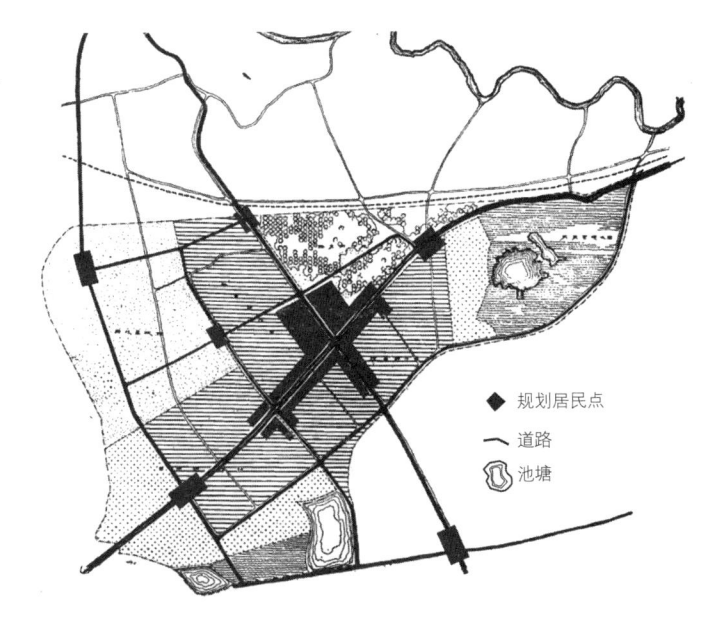

图 3 天津小站人民公社规划居民点分布

资料来源：根据《天津市小站人民公社的初步规划设计》（天津大学建筑系，1958）中规划居民点分布图改绘。

在公社规划反复强调的"群众路线"中,部分公社规划采取"群众路线"的工作方法,很多指标征询当地农民意见所得,甚至是直接由农民拟定。这其实是以让渡规划权利的方式,换取了农民对公社规划的认可,同时也是因为在有限时间内规划人员不足而无法实现全社的实地调研,所以只能通过访谈的形式获取基础资料。但在当时全国各地大放卫星的时代背景下,地方干部或群众难免出现脱离现实的想法,甚至直接干预了居民点布局,如有公社规划师提到"原想将居民点合并为九个,而当地同志却能大胆地合并为五个",因此"深感自己思想不够解放,缺乏敢想敢做的共产主义风格"(沛旋等,1958)。

更直观展示出现实与蓝图差距的是公社规划对近期与远期的安排。如有居民点规划采取"近期建设"与"逐渐合并"结合的方式进行迁村并点(西安建筑工程学院,1958);或是将自然村分为"不久将合并的放弃点""较长时间还保留的过渡点"和"全新、固定的新村"(中山大学地理学系,1959);而《青浦县及红旗人民公社规划》在比较了两个方案后决定,在生产组织上按照近期方案(12个生产大队),居民点建设则按远期方案(10个生产大队)。当时的人们坚信"随着人民公社优越性的充分发挥,我国农村社会生产力将获得一日千里的发展",未来足以承担改造旧农村和建设新居落的成本,而卡车及拖拉机的大量出现也会让通勤成本大幅度降低(卢云亭,1960)。规划师并非没有意识到某些方案偏高偏远、脱离现有发展水平,只是在急于求成的氛围下,蓝图与现实的差距被刻意淡化了。

2.2 微观层面的居民点规划
2.2.1 居民点的功能分区与空间秩序

以生产为导向的规划原则同样体现在微观层面中。居民点在微观设计层面被解构为生产空间与生活空间,而规划重点即通过功能分区与空间秩序,协调各类生产空间与生活空间,适应集体化生产生活。

在功能分区方面,规划基于生活空间服务生产空间的原则,会安排生活空间与生产空间的大幅度交集甚至是完全重合。因为这时"通勤、劳动力管理等成本都会降到最低",但某些"生产空间(如牛棚、工业区)与生活空间太过靠近则会恶化居民点环境卫生"(李德华等,1958)。以上海市某人民公社新村规划方案(图4)为例(汪骅等,1958)。从整体上来说,居民点被工业、农田、果林等生产空间所包围并被道路分割开来,在保证空间隔离的同时,也通过道路加强了生产空间与生活空间在通勤上的联系;而在居民点内部,则形成多个同心圆结构,居民点以不同等级的广场分别构成主次中心,在广场周围布置相应等级的行政功能设施、公共福利设施以及生产设施,再外围便是各个片区的住宅,最外围则是各个生产空间。如图5所示,在这种圈层结构的中心处,既布置了公共食堂等生活功能,也布置了种植及农具仓库的生产功能,中心广场便代替过去的居所和宗祠,成为农民日常活动的重心,集体活动也代替了家庭活动,从而推动集体化的生产生活。但集体化模式与中国农民过去的生活方式截然不同,为了降低制度变迁成本,规划从两个方面试图提高他们对人民公社的认同感。

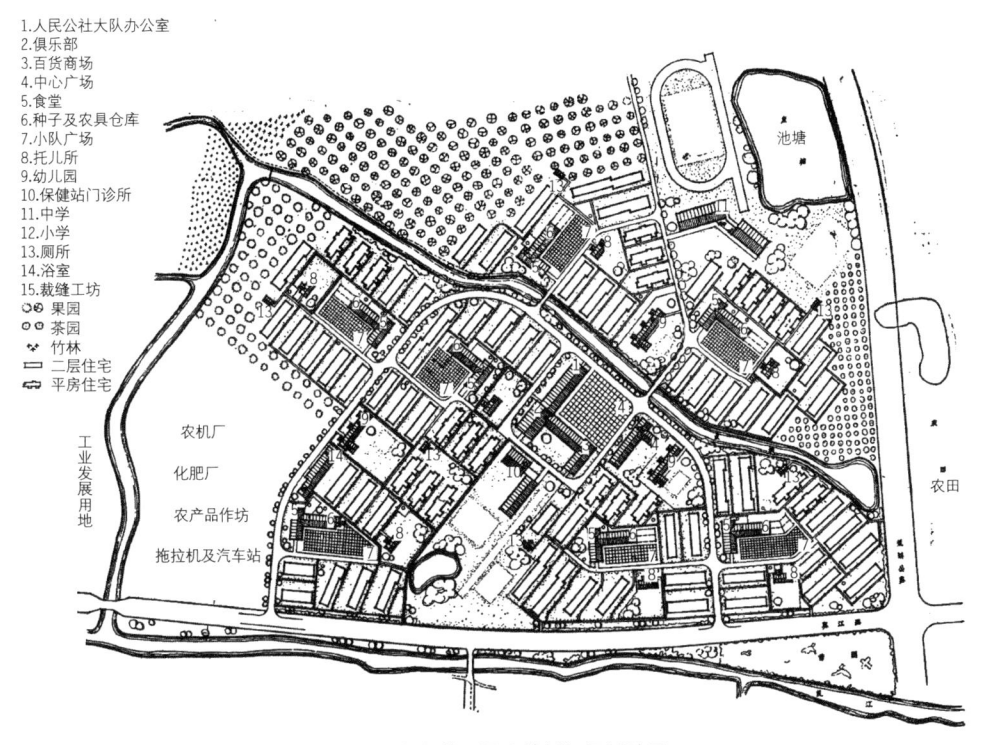

图 4 上海市某人民公社新邨规划总平面

资料来源：根据《上海市一个人民公社新村的规划设计方案》（汪骅等，1958）中新邨总平面规划图改绘。

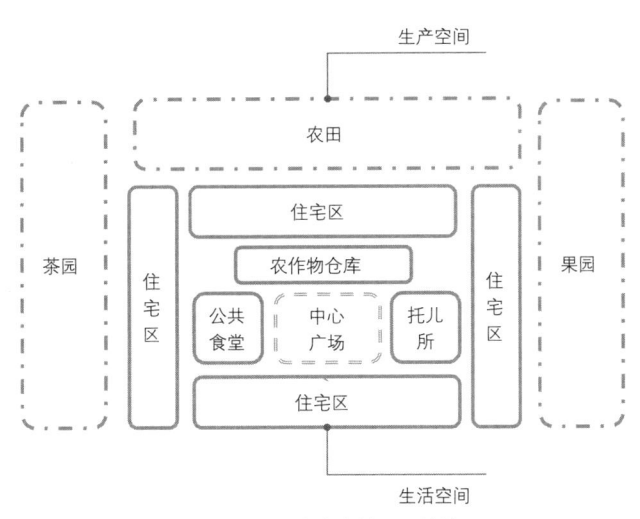

图 5 居民点中心的圈层结构

资料来源：根据《上海市一个人民公社新村的规划设计方案》（汪骅等，1958）中新邨总平面规划图的圈层结构自绘。

其一是通过生产小队尽量延续过去的社会结构，以减少农民对新空间的不适应。乡村地区固有的农耕生产方式、多样化微观需求、邻里化社会关系及其与自然环境最紧密的互动，都以社区为基础（闫琳，2011）。生产小队作为生产大队下一级的管理单元，负责直接管理农民，替代了原本的自然村，成为农民在居民点进行集体生活的最小社区单元。类似于生产大队边界确立的逻辑，生产小队也要求尽量与自然村边界重合，即使无法重合也应当延续过去的社会关系网络，将同村的农民安置在同一个生产小队。因为这将大幅度保留农民的社会资本。在此基础上，高强度和高密度的集体活动，也就对农民的熟人社会进行了再生产，会让生产小队成为新的人情交往单位，加深个体间的联系，从而提升对公社的认同感（王德福，2018）。

其二则是通过展现共产主义美好景象，增强公社政权合法性以减少推行公社的成本。如图6（天津大学建筑系，1958），规划以礼堂俱乐部、办公楼及诊所等重点建筑为居民点中心，空间向两翼展

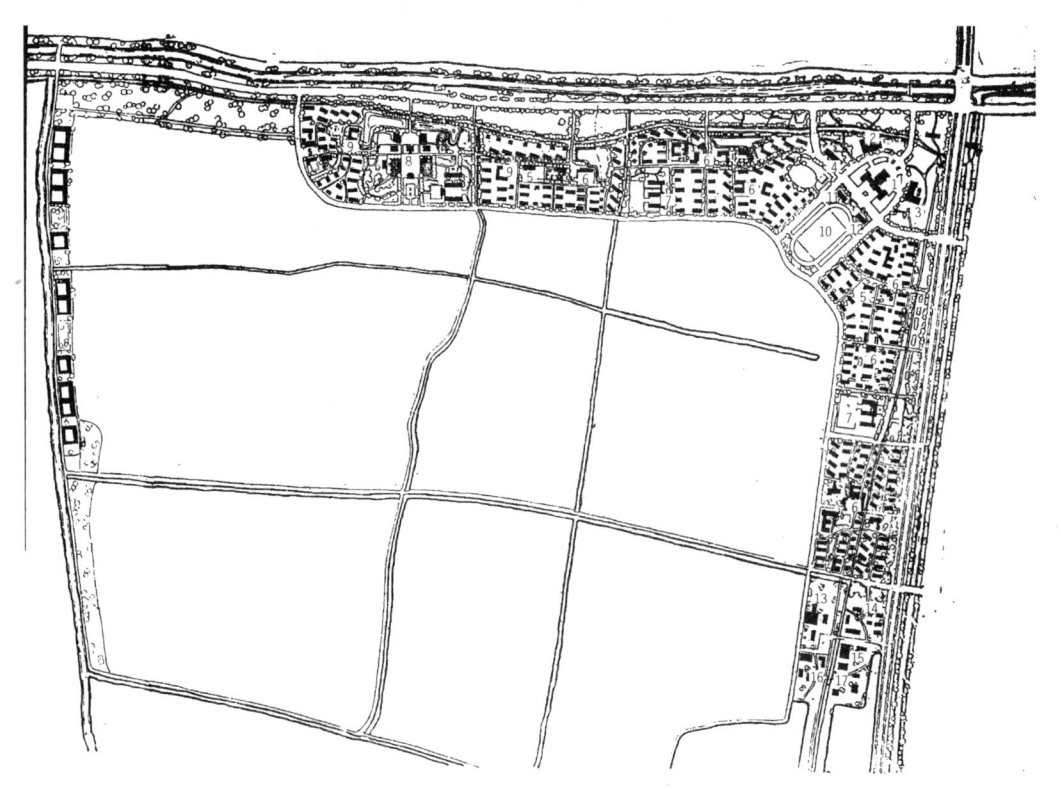

1.礼堂兼俱乐部； 2.办公楼及诊所； 3.农业展览馆； 4.百货公司； 5.托儿所； 6.食堂及浴室； 7.中小学； 8.文化休息公园；
9.幼儿园； 10.体育场； 11.办公厅； 12.商店； 13.木工厂； 14.拖拉机及汽车库； 15.机械加工厂； 16.饲料加工厂； 17.扬水站

图6 天津小站人民公社居民点规划总平面

资料来源：根据《天津市小站人民公社的初步规划设计》（天津大学建筑系，1958）中人民公社居民点规划改绘。

开形成对称结构，中间的体育场与俱乐部等建筑构成虚轴，贯穿了整个场地，加强了整体中轴对称的形式感；图 7（沛旋等，1958）展现出高大雄伟的建筑风貌以及农民共同生产劳作的和谐景象；图 8（华南工学院，1958）展现出以广场为统筹、道路笔直的庄重威严的公社风貌。这些图纸体现了通过强调对称、均衡、轴线和围合的手法展现社会主义权威的苏联规划思想。

图 7　北京市昌平区红旗试点公社居民点幸福园

资料来源：根据《人民公社的规划问题》（沛旋等，1958）中居民点幸福园效果图重新绘制。

图 8　河南省遂平县卫星人民公社社中心居民点鸟瞰图

资料来源：《河南省遂平县卫星人民公社第一基层规划设计》（华南工学院，1958）。

相比于规划图纸，人民公社的宣传画更加直观地展示了人们所畅想的公社未来图景。如蔡振华于1958 年绘制的公社宣传画（图 9）：一条铁轨贯穿了整个居民点，列车装满了丰硕的农作物，象征着以生产为导向；轨道沿线周边是各种集体功能建筑，包括仓库、学校、科学楼、俱乐部、保健站等，其中穿插着蔬菜园、果园、鱼塘等生产空间，体现了集体化的生产与生活方式；画面远处是数台运输着"巨型农作物"的卡车，拖拉机在广袤的田间往来，画面的尽头伫立着工业建筑剪影，展现了农民对农业工业大规模机械化生产的向往；而天空中的直升机与航天飞机等现代化色彩的元素，则是公社快速发展、城乡差距缩小的体现。这些宣传画表达了人们对社会主义美好生活的期许，同时也增强了公社建设的合法性。

图 9 人民公社宣传画

资料来源：蔡振华 1958 年绘，吴耘 1960 年整理成《十年来宣传画选集》由上海人民美术出版社出版。

2.2.2 居民点的公共服务设施

更直接推进公社集体化的是一系列公共服务设施，其作用体现在两个方面。其一，它们容纳了集体化的各项活动，通过日常生活与实践重塑了农民的生活生产方式，使得公社的集体化制度规章得以落实在物质空间上。在人民公社中，家庭功能被瓦解重组成单独的公服设施，如家庭厨房被公共食堂替代，私人住宅被集体宿舍替代，抚养孩子与赡养老人的功能由幼儿园与养老院所承载。这在当时被看作"私有制功能被集体化功能所替代"的表现（力群，1958）。而当这些场所聚集布置，成为农民新的公共活动中心时，公社与大队领导阶层管理农民及生产任务的成本也得以大幅度下降。同时，这些设施本身就是解放生产力的途径。这一点在当时的宣传画中也屡次提及，如图10展现出妇女在公社食堂中辛勤工作的画面，并配上宣传标语"从此不围锅台转，生产战线逞英豪"，强调了公共食堂对于解放妇女劳动力的作用。类似还有幼儿园与洗衣房，也被认为可以"解决夏种秋收施肥等劳动力不足和满足妇女社员参加劳动的迫切要求"（中国经济问题研究所城门调查队，1959）。

图10 公共食堂宣传画

资料来源：王叔晖1958年绘，吴耘1960年整理成《十年来宣传画选集》由上海人民美术出版社出版。

其二，这种改造空间的行为本身就是一种不断激励群众的手段。一般认为，在当时缺乏物资的情况下，人民公社得以持续推进的要素是不断革命所产生的人民热情（熊启珍，1997）。在这种背景下，规划中新旧空间的演替不仅是物质空间的改造，更是社会主义新局面瓦解小农经济落后面貌的工具，是城乡差距被无限缩小的意志体现，规划也就成为一种批判空间的道具与提高农民政治觉悟的革命手段。当这一逻辑持续作用时，飞机场、电影院、大学等城市中的公共空间会出现在农村人民公社居民点规划图纸上，也就自然而然了。相比于公共食堂、集体宿舍等承载了家庭功能的空间，这些现代色彩极浓的空间的象征意义要远大于实际价值。它们更多是作为一种人民公社终极形态的符号，鼓舞着农民加入人民公社的建设中来。

但应当意识到，这些新功能的出现本身就会带来成本。首先是建设成本与维护成本，当时公社生产资料与劳动力有限，还要花一部分在建设与维护这些空间上无疑是雪上加霜；其次则是新功能所带来的"摩擦成本"，例如对于公共食堂"一部分富裕农民犹豫徘徊，甚至抵触"（张志诚、杨德，1958），还有"在许多老人看来，吃免费饭似乎是不道德的"（弗里曼等，2002），这些新功能难免造成观念或利益上的冲突。

而这些新空间在并未得到合理利用的情况下就更显"鸡肋"了。这些新设施中的一部分，诸如飞机场、大学等，往往是基于规划师的"一厢情愿"，或者是当地农民对现代化与共产主义的过度渴求，既没有实际需求又缺乏运营能力。最终，这些空间设施也就渐渐废弃或是改为他用了。

3 结语

芒福德认为人类五千年文明史可以用人们对乌托邦不断追求的思想史来进行剖析，中国农村人民公社正是一个追求共产主义的乌托邦，而公社规划作为落实公社集体化制度的工具分别扮演了两个角色。

首先是改造农村物质空间的指导手册。为了解决生产关系与生产生活空间形式的不匹配问题，居民点规划几乎完全颠覆了中国传统农村各个层级的空间形态，打造出宏观和微观的集体化空间，通过日常生活实践，将乡村文化语境里的农民转变为集体化语境里的公社成员（程婧如，2018）。公社所期望的"集体化生产生活"得以制度空间化。

其次，因为这会打破乡村基于血缘、地缘所产生的封闭内向的社会关系网络，增加制度摩擦成本。因此，在规划中出现了看似矛盾、实则内在逻辑一致的行为，即一方面延续了旧有聚落空间结构，一方面又不断抛出极具现代色彩的新空间。前者是为了延续农民的社会关系并通过新的集体化单元进行再生产，后者则是作为美好生活的符号，增强人们对公社的认同感。两者其实都是为了提高公社的合法性，居民点规划也就发挥了宣传手册的作用。

这种"社会动员"的方式固然有助于推进公社运动，但却导致人民公社运动失去了循序渐进、典型示范的谨慎性（王萌硕，2001）。从规划中表现出来的均衡过程可知，规划并未罔顾现实与蓝图的差距，但当时的公社建设被理想主义所把持，无论民众还是领导层都坚信随着公社的建立，中国农村的生产力将会一日千里，即使有规划师在当时试图保守起见也难免被政治形势所裹挟，"一些超越了农村实际的承受能力和农民真正需要的规划设计成果也随之诞生"（仇保兴，2005），而人民公社化运动也在这些空中楼阁的推波助澜下愈演愈烈。

从1958年开始，中国农村的生产力不增反降，之后"大饥荒"的爆发更是让公社的合法性一时之间荡然无存，再加上1960年全国计划大会宣布三年不搞城市规划，公社规划也就随之烟消云散。对规划史的研究应当可以满足规划工作者认识规划职业，形成正确的规划价值观（张兵，2013）。鉴于规划作为中央与多级地方政府公共政策的执行手段，难免受到意识形态的影响。但它作为城市公共事务的组成部分，在社会变革中扮演着不同的角色从而影响着社会（泰勒，2006），理应有自己的原则与底线，不能被政治意识彻底覆盖而沦为描绘乌托邦的蓝图与实现领导意志的工具。

参考文献

[1] O'LEARY G, WATSON A. The role of the people's commune in rural development in China[J]. Pacific Affairs, 1982, 55(4): 593-612.
[2] 安贞元. 人民公社化运动研究[M]. 北京：中央文献出版社, 2003.
[3] 北京师范大学地理系. 农村人民公社居民点的规模及其配置[J]. 北京师范大学学报(自然科学版), 1958(2): 109-118.
[4] 陈伯齐. 人民公社建筑规划设计[M]. 广州：华南工学院建筑系, 1959.
[5] 程婧如. 作为政治宣言的空间设计——1958~1960 中国人民公社设计提案[J]. 新建筑, 2018(5): 29-33.
[6] 弗里曼, 毕史伟, 赛尔登. 中国乡村, 社会主义国家[M]. 北京：社会科学文献出版社, 2002.
[7] 何兴华. 中国村镇规划：1979~1998[J]. 城市与区域规划研究, 2011, 4(2): 44-64.
[8] 何永祺. 人民公社土地规划问题[M]. 北京：农垦出版社, 1959.
[9] 华南工学院. 河南省遂平县卫星人民公社第一基层规划设计[J]. 建筑学报, 1958(11): 9-13.
[10] 黄立. 中国现代城市规划历史研究(1949~1965)[D]. 武汉：武汉理工大学, 2006.
[11] 焦金波. 从制度变迁的特征看人民公社的历史分期[J]. 咸阳师范学院学报, 2004, 19(5): 36-39.
[12] 科斯, 等. 财产权利与制度变迁[M]. 上海：上海人民出版社, 1994.
[13] 李德华, 董鉴泓, 臧庆生, 等. 青浦县及红旗人民公社规划[J]. 建筑学报, 1958(10): 2-6.
[14] 力群. 谈谈人民公社与家庭[J]. 华南师院学报(社会科学), 1958(3): 20-25.
[15] 卢云亭. 人民公社居民点规划的几个问题[J]. 北京师范大学学报(社会科学), 1960(1): 17-32.
[16] 马湘泳. 在江苏省地区因地制宜规划人民公社经济生产的一些认识[C]//中国地理学会. 人民公社经济规划与经济地理文集. 北京：科学出版社, 1959.
[17] 沛旋, 刘据茂沈, 沈兰茜. 人民公社的规划问题[J]. 建筑学报, 1958(9): 9-14.
[18] 仇保兴. 城乡统筹规划的原则、方法和途径——在城乡统筹规划高层论坛上的讲话[J]. 城市规划, 2005(10): 9-13.
[19] 泰勒. 1945 年后西方城市规划理论的流变[M]. 北京：中国建筑工业出版社, 2006.
[20] 天津大学建筑系. 天津市小站人民公社的初步规划设计[J]. 建筑学报, 1958(10): 14-18.
[21] 汪骅, 奥信忠, 万国强. 上海市一个人民公社新村的规划设计方案[J]. 建筑学报, 1958(10): 19-23.
[22] 王德福. 组织起来办小事——理解农村集体制的一个视角[J]. 新建筑, 2018(5): 19-22.
[23] 王萌硕. "大跃进"、人民公社化运动顺利发动的几个因素浅析[J]. 理论观察, 2001(5): 38-39.
[24] 王硕克, 程敬琪. 居民点分布规划的研究[J]. 建筑学报, 1959(1): 10-14.
[25] 西安建筑工程学院. 西安市东风人民公社规划[J]. 建筑学报, 1958(12): 12-13.
[26] 谢春涛. "大跃进"运动研究述评[J]. 当代中国史研究, 1995(2): 25-34.

[27] 熊启珍. 试论人民公社兴起的动力与理论依据[J]. 党史研究与教学, 1997(2): 5-8.
[28] 徐达深. 中华人民共和国实录[M]. 长春: 吉林人民出版社, 1994.
[29] 闫琳. 社区发展理论对中国乡村规划的启示[J]. 城市与区域规划研究, 2011, 4(2): 195-204.
[30] 张兵. 我国近现代城市规划史研究的方向[J]. 城市与区域规划研究, 2013, 6(1): 1-12.
[31] 张乐天. 论人民公社制度及其研究[J]. 华东理工大学学报(文科版), 1996(3): 23-30.
[32] 张同铸, 宋家泰, 苏永煊, 等. 农村人民公社经济规划的初步经验[J]. 地理学报, 1959(2): 107-119.
[33] 张志诚, 杨德. 农民公共食堂好处多[J]. 创造, 1958(2): 50-52.
[34] 赵晨, 申明锐, 张京祥. "苏联规划"在中国: 历史回溯与启示[J]. 城市规划学刊, 2013(2): 107-116.
[35] 中国经济问题研究所城门调查队. 城门人民公社的集体化生活[J]. 中国经济问题, 1959(1): 43-49.
[36] 中国科学院河南分院地理研究所. 人民公社经济规划手册[M]. 郑州: 河南人民出版社, 1959.
[37] 中山大学地理学系. 广东翁源县瓮江人民公社居民点配置问题[C]//中国地理学会. 人民公社经济规划与经济地理文集. 北京: 科学出版社, 1959.

[欢迎引用]
向博文, 赵渺希. 1958～1962年中国人民公社居民点规划简评[J]. 城市与区域规划研究, 2020, 12(1): 93-106.
XIANG B W, ZHAO M X. A brief review of the residential planning of Chinese people's commune[J]. Journal of Urban and Regional Planning, 2020, 12(1): 93-106.

面向首都综合治理的北京市国土空间规划实践与思考

徐勤政　杨　浚　石晓冬

Practice and Reflection of Territorial and Spatial Planning in Beijing for Comprehensive Governance of the Capital

XU Qinzheng[1], YANG Jun[2], SHI Xiaodong[1]
(1. Beijing Municipal Institute of City Planning & Design, Beijing 100045, China; 2. Beijing Municipal Commission of Planning and Natural Resources, Beijing 101149, China)

Abstract The current reform of spatial planning is a turning point of planning logic and spatial order. As the top-down systematic design is basically shaping, it needs timely follow-up feedback from bottom-up local practices. In recent years, Beijing has carried out a series of planning practices in the form of "peeling onions". This paper summarizes and explains Beijing's territorial and spatial planning system, which corresponds to the recent central government's territorial and spatial planning framework consisting of "planning compilation, implementation supervision, regulations and policies and technical standards". Based on that, the authors put forward the following ideas. First, improving the urban-rural relations and innovating the development path of urbanization are the "original aspiration" of developing the territorial and spatial planning system. Second, the difficulty in the territorial and spatial planning integration lies in giving full play to the respective advantages of land use planning, city planning and the others, and in conforming to the national will and grass-roots society based on new value, policies and regulations. Third, to break the institutional bottleneck of traditional planning system, it is necessary to timely report local practices and planning implementation performances, and to establish a dynamic evaluation mechanism.

Keywords territorial space; planning system; capital governance; urban-rural relations

---

作者简介
徐勤政、石晓冬，北京市城市规划设计研究院；
杨浚，北京市规划和自然资源委员会。

摘　要　空间规划改革是规划逻辑与空间秩序的根本性、转折性变革，在自上而下的顶层设计基本成型之后，需要地方上及时反馈自下而上的实践成效。近几年，北京市"剥洋葱式"地开展了一系列规划实践，对应中央近期关于"规划编审、实施监督、法规政策、技术标准"为一体的国土空间规划架构，本文对北京市的国土空间规划体系进行了梳理和阐释，提出三个观点：①改善城乡关系、创新城镇化发展路径是建构国土空间规划体系的根本"初心"；②国土空间规划融合的焦点和难点在于发挥原土规、城规等规划的各自优势，以新的价值伦理、政策法规契合国家意志和基层社会的不同需求；③打破传统规划体系的制度"瓶颈"，需要及时反馈地方实践和规划实施的绩效，建立动态评价机制。

关键词　国土空间；规划体系；首都治理；城乡关系

1　城乡关系的嬗变与新国土观

1.1　大改革：大国土空间下的大规划融合

这是一个系统性改革的时代，在国家推进的"批量式"改革方案中，空间规划改革备受关注。从2013年习近平总书记提出"由一个部门负责领土范围内所有国土空间用途管制职责"到2018年自然资源部公布三定方案，从2019年中共中央、国务院发布《关于建立国土空间规划体系并监督实施的若干意见》（以下简称《意见》）到陆昊部长"15条"，标志着中国新国土空间规划从职权体系到事权体系的成型。至此，这项以土地利用空间权利为核心、事关基础民生和宏观调控的制度安排，实现了"四梁八柱"的搭建。然而，正如一座房子正式投入使用还需装敷暖通设备、完成内饰装修，进一步推动国土空间规划的实施还存留了一些"接口"。

第一个问题是，过渡时期两规如何实现有效融合？土地利用规划、城乡规划等空间规划在拼接与磨合之后，还要明确"土规如何进城、城规如何下乡"[①]的关键路径，完善怎么编、怎么批、怎么管的具体细则，最终达到深度融合。一方面，土规和城规各有各的优势，土规擅长自上而下、由外而内的管控，城规善于解决城市发展的内生问题；另一方面，土规工作者和城规工作者认识空间的角度、尺度和精度存在偏差，城市不是土规人眼里"铁板一块"的红色集建区，广域乡村和非都市地域也不是城规"地毯式"扩展控规的"处女地"。显然，这样的融合是长期性的，甚至是反复性的。

第二个问题是，国土空间规划改革在行政管理体制之外意味着什么？目前的空间规划改革总体上是自上而下为先导带动自下而上的探索，这一阶段的改革逻辑是要高度契合国家治理新秩序，主要协调政府与政府之间的权力关系。而作为空间规划改革"下一程"，核心任务是通过进一步完善法律法规和管理制度，明晰国土空间开发保护过程中政府与市场、政府与社会之间的关系。而这一层面的改革面临的是更加网络化、立体化的复杂现实，改革逻辑转变为空间规划如何高度迎合社会发展新需求，相应地，这一类的实践势必有赖于地方层面大量不断试错的探索。

第三个问题是，城市规划何去何从？在国土空间规划主导的专业话语下，城市规划整体上进入焦虑、压抑、迷茫和失语的阶段。然而，城市经济占国民经济90%以上的比值，同时中国普通市民房产占其所有资产的90%左右，城市规划能否进一步发挥促进经济社会发展的作用，本质上决定着城市特别是东南沿海大城市的质量。那么，未来那些历经规划价值伦理的传承和扬弃而最终保留下来的城市规划内容，对调节和优化中国城市空间秩序一定是战略性的，也是意义深远的。

更深层次的问题在于，既然是改革，就需要客观冷静地反思过去、高瞻远瞩地洞见未来，而现实来看，最难的却是稳稳地迈出当前的脚步。眼下的空间规划改革也是如此，要在问题层面惩前毖后，要在机制层面承前启后，更重要的是要在实施层面结合实际探索出新的路径和模式。近年来，从关注规划编制技术层面的"两图合一"工作，到着眼于机构改革下管理难题突破的"两规合一"工作，从山水林田湖草全域统筹要求下的"多规合一"工作，再到国土空间规划体系构建下的总规、控规层面的探索，北京市在相关领域开展了大量的技术和管理层面的研究。

北京的国土空间规划实践具有以下四个特点：首先，北京是首都城市，近几年规划编制与实施工作得益于中央层面的高度重视、领衔指导和大力支持；其次，北京是一个省市合一的行政单元，城镇化发展方向总体上以城乡一体化为基底，以城市化、都市化为主导目标，这与全国大多数省份的情况不同；再次，北京在新一轮城市总体规划编制期间完成了规土合并，经历了"土规内容装进总规"的融合，又在土地利用规划修编阶段经历了"城规装进土规"的转译，相关部门在新"国土观"上基本达成了共识；最后，与其他省市相比，北京近期的国土空间规划实践始终处于"抢先一步"的位置，无论是总体规划、分区规划，还是副中心控规、核心区控规，都在自然资源部的新规新法颁布之前就已经开展了探索。

面向新的空间规划体系改革，北京的规划部门一方面心怀首都、首善的使命感，另一方面也或多或少地心存犹疑和焦虑，毕竟在先行者的心里，怕的不是道路崎岖，而是迷途待返。《意见》中的相关内容，有些与北京市多年来的经验"不谋而合"，有些则为后续的工作开展提供了方法和路径。总结梳理北京市空间规划编制、管理、实施中的逻辑思路，对于进一步完善国土空间规划顶层设计和推动下位实施确有裨益。

1.2 大趋势：从低成本城镇化到高质量发展

改革开放40年来，中国的经济、社会以及城镇化发展取得了巨大成就，中国的城乡关系也发生了翻天覆地的变化。经济发展上，从短缺经济发展到物质生活相对富裕和局部产能过剩；社会层面，我们从一个静态社会过渡到一个动态社会，市场兴起、人口迁移、阶层流动重塑了一个价值多元化的世界；城镇化发展方面，我们正处于一个从低成本城镇化向高质量发展转变的新阶段，这是思考新时期空间规划改革大问题的现实背景。

过去中国城镇化快速的发展很大程度上有赖于城乡势能的释放，而这种释放过程是以低成本扩张为表征的，即利用工农产品价格的剪刀差实现低成本的工业化，利用城乡土地价格的剪刀差实现低成本的城镇化。具体而言，就是城市发展的"原始积累"靠的是低价征收农村土地、廉价使用农村劳动力、大量抽取农村储蓄资源（叶裕民，2013）。除此之外，因身份差异而表现出的城乡居民的福利水平剪刀差则进一步放大了乡村的弱势，李兵弟（2010）认为，城乡差距持续扩大的基本成因已经从产品形态转向了价值形态。

然而，尽管中国赢得了制造业发展的全球竞争优势，但城乡二元制度的负面效应已越来越明显。首先，人口红利减退，劳动力和综合生产成本上升，大城市房地产市场长时期高位运行，中国作为世界工厂的要素价格优势已经十分微弱，创新成本上升已危及城市竞争力提升；其次，城镇常住人口中多达1/3的流动人口群体不能享受城市住房保障、教育、医疗、社保等基本公共服务，同时城镇综合承载能力低下；再次，（除沿海地区和城乡结合部）村庄面临整体性衰败，很多农民（特别是农二代、农三代）面临"不能进城、不愿回乡"的局面（陈娜，2016）；最后，大规模的占用耕地，生态环境持续恶化，社会不平等加剧，城镇化发展的经济收益越来越多地被巨大的社会成本所抵消（叶裕民，2013）。

从国家治理的角度来看，高质量发展必须要与低环境负荷、低社会风险、低公共负担的政策目标相捆绑，即高水平治理需要规避或可引致高社会成本的内在机制。牺牲生态环境换取经济发展不可取，牺牲农民利益实现城市的超常规发展不可取，过快的基建投资和单靠要素投入维系的GDP锦标赛也不可取，这应该是社会共识，也是下一步空间规划体制机制改革需要重点打破的"路径依赖"。带着上述问题意识去建构新的国土空间体系，首先就是把人（社会）前置于地（空间），将改善城乡关系、缓解社会矛盾作为空间规划的重要前提和基础目标，而不是以见物不见人、见资源不见资产的静态思维去认识问题。特别是在超大城市治理过程中聚焦新市民、新移民、新农民的新需求，建构适用于未来经济和城镇化新形态的、"达尔文式"自我进化的国土空间规划运行机制。

1.3 大问题：区域—都城—城乡语境下的北京城市规划

"建设一个什么样的首都"，是北京城市总体规划的原点。作为首都城市，北京如何在高质量发展的道路上做出首善示范，关键在于制度创新、科技创新、文化创新，同时也在于中国与国际、北京与全国、首都与区域、城市与乡村之间的良性互动，协调好都与城、京与畿、城与乡、条与块的关系。

从区域关系上看，以区域协同治理引领北京城市功能与空间发展。一方面，由于北方地区总体上缺乏特大城市的"供给"，在开放的市场环境下北京在就业吸引力、公共服务能级和文化软实力等方面具有绝对优势，从而造成了十分突出的"一极独大"效应；另一方面，京津冀区域存在与核心城市联系微弱的环京贫困带，如何用北京的减量带动区域的增量、用北京的疏解带动区域的提升成为一个朴素的规划命题。然而，问题并非简单地通过功能增减和要素迁移即可解决，除了大事件、大工程的带动，改变区域空间结构成为新总规最大的手笔，"一核两翼"的提出即是在区域尺度上重构京津冀功能结构的重大举措。此外，如何通过市场和政策的刺激提高京津冀范围城市之间的经济联系强度，仍是这一轮规划尚在探索的问题。

从都与城的关系来看，以保障和优化首都功能为本位撬动城市更新。一方面，中央与北京市在功能、财税上需要通过空间规划进一步清晰界定权利关系，实现权责对称；另一方面，一个伟大的城市不一定就是最大的城市，新总规着重权衡的是古都重心与新城战略的关系，尤其是在整体减量的背景下促进核心区的存量升级，改变部分地区拥挤、衰败、落后的现实状况，这也是从总规到控规阶段四个中心战略、老城复兴和历史文化名城建设的恒久使命。城市既是就业生活的容器，也是消费消遣的容器，既是科技文化的容器，也是资本运作的容器，改革控规管理机制、创新城市更新模式则是实现上述目标的关键改革。

在城乡关系方面，促进城乡机会均等和要素对流是新北京总规与以往偏重市区的城市规划的重要区别。北京是一个大城市，也是一个"大农村"，全市约有80%的土地为集体权属，约有45%的建设用地是集体建设用地，同时，集体产业发展的城市功能取向与集体产权的模糊性、集体成员权的福利性，深刻影响了北京近远郊地区的空间形态。在这个半城半乡的区域里，既有城市要素持续下乡，也存在多元化的乡村形态[2]内嵌于城市肌理。特别是在两道绿化隔离地区，这里居住着全市一半以上的外来人口，贡献着中心城区约90%的公园绿地指标，既是一个劳力储蓄池，也是一个绿化指标库，因此，北京的城乡问题是高度复杂的。从城乡融合的发展方向看，未来生态文明战略下的城镇化发展需推进"市民下乡""农业进城"（温铁军，2018）。从乡村振兴的战略设计来看，北京的村镇发展绝非独立于大都市功能核的封闭过程，郊区的小城镇和乡村发展还是要借城市之利，利用自身的资源和城市的市场发展面向市民的业态，更进一步说，区域乡村振兴也需要依托都市圈来实现（杨开忠，2018）。

2 空间规划新秩序下北京的探索性实践

2.1 北京市国土空间规划体系探索历程

（1）《北京城市总体规划（2016年～2035年）》。2014年初，为贯彻落实习近平总书记视察北京讲话精神的要求，北京市启动了新版城市总体规划的编制。规划立足京津冀以更高的视野谋划首都的未来，体现生态文明要求和高质量发展要求，提出了疏解减量谋发展的思路，探索人口经济密集地区优化开发的新路子，划定"两线三区"明确空间管制边界底线，统筹布局生产、生活、生态空间结构。规划重点关注都城关系、空间布局、要素配置和城市治理的问题，突出开门规划、问题导向、"多规合一"、推动实施四种工作方法，建立了"多规合一"的规划实施管控体系，成为指导首都发展建设的行动蓝图。2017年9月27日，中共中央、国务院批复了《北京城市总体规划（2016年～2035年）》，认为"规划的理念、重点、方法都有新突破，对全国其他大城市有示范作用"。新版北京总规是在国家空间规划管理改革前编制和批复的，其思想和内容恰恰与《意见》中的国土空间规划体系的理念和要求相契合。

（2）《北京城市副中心控制性详细规划（街区层面）（2016年～2035年）》。北京城市副中心控规通过"指标分解、空间落位"集中落实新版北京城市总体规划要求，率先在推动高质量发展的指标体系、政策体系、标准体系、统计体系、绩效评价和考核体系等方面取得新突破。规划提出76项规划核心指标，划定16类管控边界及管控分区，实现了"空间+指标"的全域管控。规划在控规层面进一步推动"多规合一"，谋划"一张蓝图"，以生态保护红线和城市开发边界为抓手，完善空间管制的约束机制和依法执行规划的监管机制。2018年12月27日，《北京城市副中心控制性详细规划（街区层面）（2016年～2035年）》获中共中央、国务院批复，为城市副中心的未来发展指明了方向、明确了目标，对具体建设项目审批起到了用途和开发强度、空间品质等方面实施性安排的作用，成为副中心高质量建设的法定依据。

（3）北京市各区分区规划。2018年，为落实新版总体规划，北京市分区规划全面启动。随着市、区两级规划和自然资源管理部门的先后合并完成，分区规划替代了原有城乡规划和土地利用规划，充分衔接专项规划的相关要求，形成"一本规划"。分区规划重点落实总体规划下达的目标、指标、任务，对各区的开发和保护做出具体安排，设计实施路径推动各区探索减量集约发展。分区规划中贯彻山水林田湖草生命共同体理念，关注生态环境的保护和修复，对永久基本农田、重点保护林草地、水域用地等边界落实并严格保护。同时，分区规划还在原有"多规"的内容中吸取长处并予以创新，在规划中探索了符合地区特点的国土空间管理分区，将功能和管理进行有效结合；也针对分区规划的事权和管理需求对用地标准进行了再分类，例如用弹性更强的产业用地整体替代了传统的工业和商业、物流等用地，以应对市场的不确定（图1）。

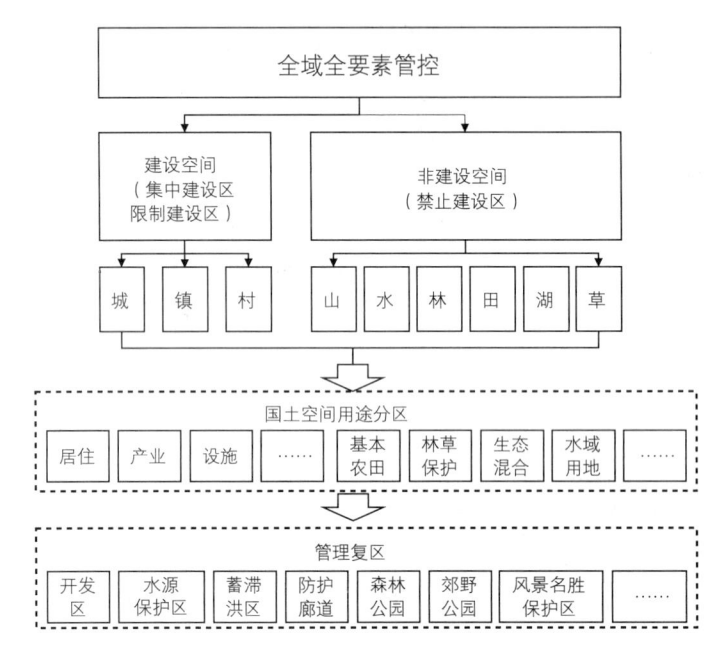

图1 全域全资源管理层级

2.2 现阶段北京市国土空间规划体系基本架构

（1）建立分层、分级、分类、分区域的国土空间规划编制体系

通过近年来北京市空间规划编制的不断探索，现完整构建了"三级三类四体系"国土空间规划总体框架，即市、区、乡镇三级，总体规划、详细规划、相关专项规划三类，统筹规划编制、规划实施、规划监督、运行保障四个子体系，形成闭环管理工作流程（图2）。

在这一体系中，总体规划起到了战略引领、刚性管控、统筹协调的作用；详细规划体现功能布局、土地使用、各类系统的引导性；专项规划拓展了规划的深度和广度，指导内容扩展到规划编制实施管理的各阶段，编制内容从行业性专项扩展到重点领域、重点区域、重要类别以及各种实施政策、行动计划等，不断深化落实和修补完善各层级规划。

从层级的关系来看，纵向规划层级之间层层递进，刚性指标传导和空间管制稳步落实；横向规划之间充分衔接、相互协同；专项规划空间和管理需求逐步实现。通过体系的构建，规划的密度较之前增大了，规划的层级也更加丰富。这恰恰与《意见》中所提到的"分级分类建立国土空间规划""明确各级国土空间总体规划编制重点"等内容一致。

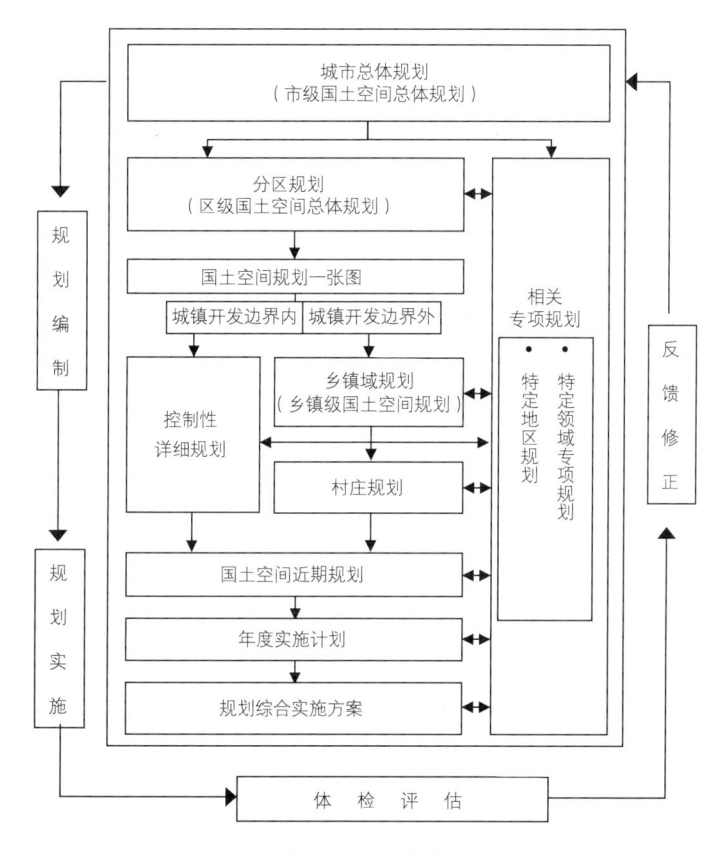

图 2 北京市国土空间规划体系

在"上下衔接、左右协调"的基础上，北京市还尝试做到了"前后连贯"。传统规划编制中，刚性内容较多，规划弹性小，朝令夕改的问题频繁发生，更有"规划完成之日就是修编开始之时"的说法，这对规划的权威性和严肃性产生了较大的不利影响。

北京市国土空间规划体系的搭建，十分注重"一级政府、一级规划、一级事权"的理念落实。规划对应各层级政府管理重点明确刚性内容，对于下层级规划重点工作予以引导而不过度干涉，保障在下位规划中实现设计与建设管理环节的连续性。这让原有的"反复修正规划"进阶成为"不断推进规划"，形成了规划编制时序上的"前后连贯"，同时也体现了对应行政"事权"范围，改革规划编制审批体系的要求。

（2）建立自上而下与自下而上有机结合的规划实施体系

逐步形成上下结合、市区互动、部门协同、适应变化的规划实施管理机制，使总体规划目标要求和价值导向在适应发展变化、解决各种变量问题的规划实施过程中得以有效传递落实（图3）。

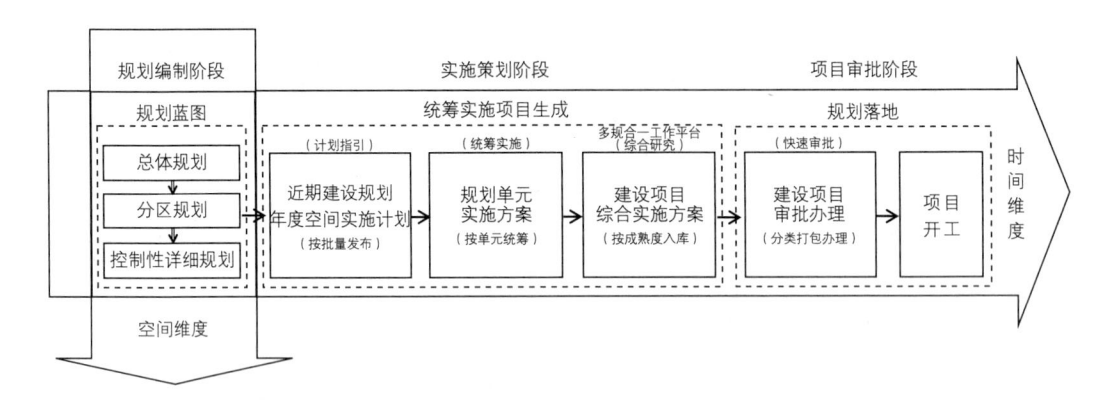

图3　北京市规划实施管理机制

通过市级层面组织滚动编制近期建设规划和年度空间实施计划，加强规划实施过程中的主动引导，确保各区政府、各部门在近期和年度项目安排、财政投入、土地投放、基础设施建设、环境整治、生态修复以及政策制定等方面，与总体规划的空间布局、功能结构、减量提质等要求匹配协调。

依据近期建设规划和年度空间实施计划，合理划定城市更新单元和城乡统筹单元，区级层面组织动态编制规划实施单元规划，统筹单元内建设空间与非建设空间、增量使用和存量更新、资源使用和实施任务、功能结构和质量品质、成本控制和分摊、实施方式和时序等方面内容，将规划要求与实施需求有机结合，作为实施城市更新和土地资源整理、生态环境修复的工作基础与重要依据。

巩固北京营商环境改革成果，依托"多规合一"协同平台工作机制，以规划实施单元规划为基础，综合考虑实施中的各种实际问题和诉求，发挥修建性详细规划和城市设计的作用，从空间布局、用地减量、规模管控、城市品质、支撑条件等方面进行校核，提前研究策划具体项目的主体资格、项目选址、成本控制、实施周期等，形成规划综合实施方案，作为制订项目计划、进行项目许可的工作依据。

（3）构建国土空间规划实施监督体系

在总规实施过程中加强全过程管控，逐步形成事前统筹组织、事中督查督导、事后体检评估的规划监督体系。总规实施过程中，总规实施专班联合市委督查和市政府绩效考核部门共同加强对规划实施各项任务的全过程督查，将规划确定的人口结构优化、空间约束目标、人居环境建设、生态修复情况等涉及民生、环境的长效目标纳入政府绩效考核。总规实施一定阶段后，按照总规中明确的"一年一体检、五年一评估"工作机制，对规划实施情况进行评估研判，参照体检评估结果，针对性地修改规划实施的阶段性要求、措施政策、时序进度，以确保规划实施趋势、规划实施过程结果符合规划方向。总体上，在规划的实施与监督方面，北京市正加快构建"四个一"的工作机制。

一是形成一个审批协同平台，推进"放管服"改革，推进工程建设项目审批制度改革，以简政放权为抓手，构建建设项目审批服务"多规合一"协同平台，实现"一网通办"，实现"全流程覆盖、全周期服务、全要素公开、全方位监管"，前后台互动。二是形成一套即时监测体系，按照开展国土空间规划监测评估预警管理系统建设的要求，搭建全覆盖、全过程、全系统的监测评估预警管理系统，利用地理国情普查、土地利用变更调查等统计监测数据以及遥感影像技术和人工智能等技术对城市运行情况进行实时监测。三是形成一套体检评估机制，按照中共中央、国务院要求创新事后体检评估机制，保障规划实施不走样，通过监测、诊断、预警、维护的手段对总体规划的实施工作进行及时反馈和修正，确保各项目标指标有序落实、落细、落地。四是形成一个责任规划师制度，针对城市治理，工作下沉，推行责任规划师制度，结合体检评估，强化规划实施的问题导向性，改善人居环境，提升市民的获得感。

（4）不断完善国土空间规划政策法规与技术标准体系

结合新版总规实施，北京市出台了《关于加快科技创新构建高精尖经济结构用地政策的意见》《北京市土地资源整理暂行办法》《关于促进集体建设用地减量和集约集中利用的有关意见》《建设项目规划使用性质正负面清单》《关于加强新时代街道工作的意见》等一系列配套政策，明确了全域管控、分级管理、"多规合一"的规划编制体系，赋予城市设计以法律地位，提出了推行以街区为单元的城市更新模式等新的工作要求，也固化了营商环境改革的一系列成果。

分区规划阶段，为配合国土空间规划体系的构建，北京市在技术和管理层面也开展了大量的研究。在规划编制启动之初即组织研究制定了全市统一的分区规划技术要求和成果规范，统一了规划文本框架、图纸内容、指标体系及数据库标准等，先后下发各类技术标准规范78项并汇编形成完整的《北京分区规划技术要求和成果规范》；出台了《北京市生态控制线和城市开发边界管理办法》《北京市"两图合一"规划编制技术指南》《北京市城乡规划与土地利用用地分类指南》《分区规划编制技术要求》等，并结合落实北京城市总体规划的要求修订了《城乡规划条例》。

这些标准体系和制度法规的制定，为北京城市总体规划的有力落实以及实现空间规划的有效落地打下了坚实的基础。同时，北京市创新建设了空间规划数据库，按照构建"一库三图"的目标推动了数据资源的整合工作，即在全市"现状一张图""规划一张图"和"审批一张图"基础上形成全市统一的空间规划数据库。

2.3 面向综合治理的首都规划管理转型

北京总规是中共中央、国务院在十九大之前批复的唯一一个城市总体规划，也是从增量扩张转向自我约束的减量型规划。总规批复之后，从构建完整空间规划传导体系的角度出发，由市级层面统筹组织、各区委区政府作为主体编制了各区分区规划。此次分区规划将空间约束、空间协调、空间保障、空间治理等价值理念贯穿于规划编制的始终，重点围绕从增量扩张向自我约束、从注重建设向覆盖全域、从各自为政向"多规合一"、从静态规划向治理过程、从空间维度向时间维度延伸等方面进行了规划转型的实践探索。相较于原有传统规划，有以下几个主要的转型创新。

一是立足减量约束。①通过划定城市开发边界和生态控制区并进一步划定基本农田保护区、生态保护红线等，落实了总规确定的大的空间格局，对人的开发建设活动在空间范围上进行约束。②设定2 300万人口上限、2 760平方千米城乡建设用地控制线，并对建筑规模总量进行了框定，实现了城乡建设用地现状减量185平方千米、建筑规模规划减量1.5亿~2.5亿平方米的双减量目标。③通过战略留白，包括预留机动指标、划定战略留白用地、弹性预留建筑规模等方式，为城市未来可持续发展预留了空间，也促进了各区实现空间资源的集约高效利用。④统筹空间结构布局和"三生"空间内在联系，规定了各类用地的比例结构，提出了职住用地比1∶2的比例要求等，通过进一步优化城市功能结构，不断促进城市高质量发展。

二是突出"多规合一"。分区规划统筹建设空间和山水林田湖草非建设空间，系统研究了"两规合一"用地分类标准，首次在分区规划层面划定了覆盖全域的11类国土空间用途分区。其中建设空间重点区分管控边界，划定了城镇建设用地、乡村建设用地、特交水建设用地，并增设了战略留白用地；非建设空间围绕厘清权责边界，在一张基础底图上落实了基本农田保护区、水域保护区、林草保护区、有条件建设区等重要用途分区，并创新增加了功能混合区和复合区。同时，在协调实现城乡、土地规划合一的基础上，进一步整合36个市级专项规划的主要内容，将在动态过程中不断深化"多规合一"。下一步，将加快推进规划数据库和国土空间信息平台建设，通过深化编制控制性详细规划、乡镇域规划，动态深化各类专项规划，以及组织编制规划实施单元规划、项目综合实施方案等，不断完善分区规划全域管控的基础底图。

三是面向综合治理。①明晰治理主体。在块上，以区政府作为主体组织编制分区规划，以乡镇行政边界将全市划定为215个街镇单元；在条上，按部门管理职责划定基本农田、林地、水域等用途分区，通过促进规划发展权与事权对应解决以往存在的多头管理和管理真空的问题。②引导目标方向。分区规划注重实施过程中的用地减量、结构优化、职住平衡、生态空间系统治理等方面的目标引导。以引导基本农田集中连片为例，针对现状基本农田比较分散的问题，规划以现状基本农田保护区基础上划定基本农田引导区，试图通过土地整理、拆除违建等方式，逐步将周边分散的基本农田通过耕地占补方式置换进入引导区，逐步形成"大田""大林"斑块。③制定运行规则。规划制定了"两线三区"管控办法、国土空间用途分区管制规则、规划单元划定与建筑规模管控办法、战略留白用地管控办法以及一张图动态维护机制等规划实施运行规则，并结合北京市营商环境改革搭建"多规合一"协同平台。

四是强化引导实施。强化规划实施的成本意识，利用规划、土地、地理国情普查、土地变更调查、市场评估土地区位价格、政府投资设施估算单价等多元数据套核，第一次开展了规划实施全域全口径经济测算，并选取当前社会固定资产投资、政府可支配财力、土地出让回笼资金等现有指标估算各区规划实施能力。测算比对显示，各区规划实施成本普遍高于规划实施能力，普遍存在拆占总量大、占用白地多、国有建设用地拆迁成本高等问题。为此，规自部门会同各区根据财政能力和土地整理、供应能力，进一步压缩拆迁成本，调整拆占总量和拆占比、拆建比等实施指标，规避大拆大建的实施模式，鼓励多用存量、少用增量，先用存量、后用增量，积极探索突破传统房地产路径依赖的低成本实施模式。同时，研究制定近期实施重点和中远期实施任务，妥善把握好规划统一性和实施分散性间的关系。

3 总结与展望

习近平总书记2017年"2.24讲话"中提到："首都规划务必坚持以人为本，坚持可持续发展，坚持一切从实际出发，贯通历史现状未来，统筹人口资源环境，让历史文化与自然生态永续利用、与现代化建设交相辉映。"在当前新旧规划体系转型过渡时期，关键是要将空间规划体系改革视为一个"连续—转变—创新"的过程（李枫，2019），做到"体现战略性、提升科学性、加强协调性、注重操作性、强化权威性"。

从北京的实践来看，规划走向动态编制、动态管理和动态实施的趋势也越来越明显，下一步，随着首都空间治理不断下沉，国土空间规划的统领意义必将凸显。也就是说，在近期空间权力由条转块的趋势下，北京的国土空间规划更要充分发挥规划前端的战略引领作用和实施末端的统筹把控作用，结合市级层面的重要治理行动和部级层面的重点管理工作破解实施中的难题。

从落实市级任务的层面看，重点是面向大问题、真问题创新实施机制，包括：①可持续的生态补偿机制，突破生态涵养区和城乡结合部"造绿"资金不足的实施机制，避免过多地通过调整规划建设规模换取绿色空间增长；②将集体建设用地规划纳入法定规划序列，以控制性详细规划的思维探索农村地区新型规划管理机制，加快农村集体建设用地入市流转，推动城乡结合部减量提质；③探索城市更新和控规机制改革，强化对土地产权、土地用途、土地利益研究，避免仅仅基于功能主义和形态美学编制控规，提高土地所有权人实施存量更新的积极性；④摒弃"砖头瓦块"思维的园区发展观，利用更积极的人口调控和科技创新政策，引领产业园区实现动能转换和空间升级。

从衔接自然资源部相关要求的角度看，北京市的国土空间规划体系搭建经历了层级构建、部门协调、技术创新、管理突破、数据平台建设等多个环节，正在逐步形成与完善。后续按照自然资源部近期工作要求，仍有六个方面工作有待进一步深化：①开展资源环境承载能力和国土空间适宜性"双评价"；②依据《关于在国土空间规划中统筹划定落实三条控制线的指导意见》等政策文件，优化"三线协同划定"工作；③完善分区规划及街区控规等管理办法，细化落实非建设空间管控规则；④探索创新村庄规划编制和实施路径；⑤建立健全实施评估和监测预警系统，完善数据库建设的标准；⑥开展城市体检和市县评估，针对全市各区人口、就业、用地、建筑变化、减量情况以及功能疏解、

"三生"空间优化、"两线三区"管控、城乡统筹、各类公用设施实施情况，开展现状和政策效应评估工作。

致谢

北京市规划和自然资源委员会边雪、寇宗焱以及北京市城市规划设计研究院白劲宇、王珊珊等对此文也有贡献。

注释

① 土规进城后城镇控规如何改革、城规下乡后村庄详规如何开展。
② 城乡结合部的河南村、浙江村甚至根本上属于异乡人的文化地理。

参考文献

[1] 阿尔伯斯, 吴唯佳. 城市规划的历史发展[J]. 城市与区域规划研究, 2013, 6(1): 194-212.
[2] 陈娜. 刘守英: 城乡中国下的乡村转型[J]. 农村经营管理, 2017(5): 30.
[3] 杜立群, 徐勤政. 谁"摊"了北京这张"大饼"?[J] 北京规划建设, 2016(5): 45-49.
[4] 顾朝林, 郭婧, 运迎霞, 等. 京津冀城镇空间布局研究[J]. 城市与区域规划研究, 2015, 7(1): 88-131.
[5] 顾朝林, 刘晓斌, 袁晓辉, 等. 建设北京世界城市视角下的环首都圈发展规划研究[J]. 城市与区域规划研究, 2012, 5(1): 53-80.
[6] 和朝东, 石晓冬, 赵峰, 等. 北京城市总体规划演变与总体规划编制创新[J]. 城市规划, 2014, 38(10): 28-34.
[7] 胡兆量. 北京城市发展规模的思考和再认识[J]. 城市与区域规划研究, 2011, 4(2): 1-18.
[8] 李兵弟. 城乡统筹规划: 制度构建与政策思考[J]. 城市规划, 2010, 34(12): 24-32.
[9] 李枫. 连续、稳定、转换、创新: 建立新时代国土空间规划体系[R]//北京市规划和自然资源委员会. 分区规划总体情况汇总报告, 2019: 6.
[10] 梁禄全. 城市规划目标、方法与价值观[J]. 城市与区域规划研究, 2018, 10(1): 187-199.
[11] 刘宛. 顶层设计与规划改革——关于《社会主义市场经济条件下城市规划工作框架研究》[J]. 城市与区域规划研究, 2015, 7(1): 211-214.
[12] 盛鸣, 詹飞翔, 蔡奇杉, 等. 深圳城市更新规划管控体系思考——从地块单元走向片区统筹[J]. 城市与区域规划研究, 2018, 10(3): 73-84.
[13] 石晓冬. 北京国土空间规划体系构建的时间与思考[Z]. 中国城市规划微信公众号, 2019.
[14] 温铁军. 生态文明与比较视野下的乡村振兴战略[J]. 上海大学学报(社会科学版), 2018, 35(1): 1-10.
[15] 吴良镛, 吴唯佳. 中国特色城市化道路的探索与建议[J]. 城市与区域规划研究, 2008, 1(2): 1-16.
[16] 杨浚. 从空间维度到时间维度的规划体系和实施机制重塑——北京总规实施总体制度设计的初步构想[J]. 北京规划建设, 2018(4): 9-14.
[17] 杨浚. 从思想转变到行动转变——北京国土空间规划体系构建的逻辑思考与探索实践[Z]. 中国国土空间规划微信公众号, 2019.

[18] 杨开忠. 乡村振兴以都市圈为主要依托[J]. 理论导报, 2018(6): 54-55.
[19] 叶裕民. 中国统筹城乡发展的系统架构与实施路径[J]. 城市规划学刊, 2013(1): 1-9.
[20] 张娟锋, 贾生华. 征地制度改革的新思维[J]. 广东土地科学, 2008(3): 22-25.

[欢迎引用]

徐勤政, 杨浚, 石晓冬. 面向首都综合治理的北京市国土空间规划实践与思考[J]. 城市与区域规划研究, 2020, 12(1): 107-119.

XU Q Z, YANG J, SHI X D. Practice and reflection of territorial and spatial planning in Beijing for comprehensive governance of the capital[J]. Journal of Urban and Regional Planning, 2020, 12(1): 107-119.

都市区空间秩序建构的治理逻辑：基于南京的实证研究

陈 浩 汪伟全 张京祥

Ordering the Spatial Development of China's Metropolitan Area: A Case Study of Nanjing

CHEN Hao[1], WANG Weiquan[2], ZHANG Jingxiang[1]

(1. School of Architecture and Urban Planning, Nanjing University, Nanjing 210092, China; 2. School of Political Science and Public Management, East China University of Political Science and Law, Shanghai 201620, China)

Abstract This article employs the theoretical perspective of entrepreneurial local governance, and takes the organization of planning authority in Nanjing as the main observed variable, to unravel the coordinating structure and process of urban spatial development efficiency and order in Nanjing. It indicates that to build ordered metropolitan areas has been one of the core agendas of entrepreneurial local governance in a number of super cities since the 2000s. To fulfill this strategic objective, Nanjing municipal government adopts a measure of compound administration which is characterized as the mixture of institutional centralization and organizational decentralization of planning authority. However, the informal politics interrupts the operation of formal governance structure. As a result, the objective of order maintenance has been at some extent overwhelmed by that of efficiency-seeking in some circumstances. This article argues the new background of new urbanization and national land reform highlights the importance of order maintenance in spatial development. To achieve a higher level of order maintenance, the term of order itself must become the goal of local governance rather

作者简介
陈浩、张京祥，南京大学建筑与城市规划学院；
汪伟全，华东政法大学政治学与公共管理学院。

摘 要 文章采用企业型地方治理理论视角，基于城市规划权治理作为经验观察变量，实证分析了南京空间秩序建构的治理结构与过程。研究发现：21世纪初，打造结构有序的大都市区成为企业型地方治理的核心议题；为此，地方政府构建了制度性集权和组织性分权交叉使用的弹性治理模式。然而，实施过程中的非正式政治影响了正式治理结构的运行，使得秩序维护的目标一定程度上被追求现实发展效率的动机所突破。新型城镇化和国土空间规划改革的新背景凸显了空间发展秩序建构的重要性，而要实现更高水平的秩序建构，须让秩序本身成为地方治理的目标而非工具，通过政府治理制度化建设和社会力量参与的方式来实现。

关键词 城市化；都市区；空间秩序；集权与分权；空间治理

1 引言

　　大都市区空间发展过程中存在着一对治理矛盾，即如何高效推动都市区空间的成长与扩张的同时，建构和维护空间发展秩序。前者是效率问题，这里的效率不是指静态的空间利用效率（从投入产出衡量），而是在外部环境和资源约束条件下，都市区空间成长所能实现的规模和速度，这有赖于激发都市区空间内各主体的发展能动性，最大化地实现空间发展的潜能；后者是秩序问题，指都市区空间发展的时空结构，这有赖于管控一部分主体的发展动能，有序地推动空间发展。空间发展秩序建立的基础是对地区

than a tool, which can be achieved through the governance institutionalization and the participation of social forces.

Keywords urbanization; metropolitan area; spatial order; centralization and decentralization; spatial governance

发展权的差别化管理——有的地区发展权得到充分的保障，而有些地区的发展权则受到限制（张友安、陈莹，2005），其建立可视为治理主体在资源环境约束下所做出的理性经济选择过程，及在经济绩效与社会福祉、生态安全、文化与环境保护等多元价值的平衡中所做出的理性政治选择过程（基于多元价值的考虑，管控部分地区的发展冲动），对于城市化质量提升具有重要价值。

西方学界对都市区治理的研究较早，主要是围绕公共产品与服务供给的制度和组织安排展开。针对解决公共产品与服务供给的效率和秩序问题，主要有三种观点：一是"巨型政府"理论，认为地方自治体合并为一个大都市政府，是实现大都市区协调和良好秩序建立的有效途径（Brenner，1998）；二是"碎片化"治理观点，主张由不同规模的自治体竞争性供给公共产品，公民"用脚投票"选择能够满足自身偏好的社区，该观点强调治理的效率（Tiebout，1956；Boyne，1998）；三是多维度"协作性"治理观点，强调多元主体间构成的纵向和横向协作交织的网络化治理格局，以应对效率与秩序的矛盾（阿格拉诺夫、麦圭尔，2007）。

中国学界对城市空间发展治理的研究亦已积累了丰富的成果，总体比较集中于城市空间发展的推动机制方面，如涌现出增长的锦标赛体制（周黎安，2007）、企业化地方治理和城市增长联盟（Oi，1992；Walder，1995；张京祥等，2013；丘海雄、徐建牛，2004）以及地方政府行政组织重组（叶林、杨宇泽，2017；叶敏，2012；李强等，2012；顾朝林，2017；陈浩、张京祥，2017）等视角，解释我国地方政府如何利用科层组织的灵活性（分权、地方竞争与行政区划调整等），以及如何结合市场因素快速推动城市化的发展。关于城市空间秩序建构的研究较少，多数研究倾向于认为改革开放以来城市化发展的规模与速度突出，但不可避免地带来秩序失控这一副产品，突出表现为土地开发的蔓延和建设用地粗放低效利用，城市空间无序发展，重经济发展、轻环境保护等，由此引发的"城市病"问题突出（夏书章、王枫云，2010；辜胜阻等，2017）。

无论在中西方，大都市区空间秩序的建构都是一大难题。本文关注的问题是，在中国发展型体制环境下，地方政府建构都市区空间秩序的动力从何而来？依靠怎样的治理架构来管控都市区空间秩序？本文以南京为例，选取城市规划权的组织作为主要观察变量，解析南京市政府如何认识空间秩序建构的必要性和重要性，采取了哪些治理手段构建都市区空间秩序及其绩效几何。通过上述分析，本文试图得出以南京为代表的大都市区建构空间秩序的治理逻辑，认识都市区空间治理中存在的深层次矛盾，为有序推进国家新型城镇化和构建地方国土空间规划管理体系提供一定的启示。

2　都市区空间秩序建构的企业化逻辑

多位学者从理论上讨论过我国发展效率与社会政治秩序维护的协调治理问题（周雪光，2011；曹正汉，2011；何艳玲、汪广龙，2016）。他们都承认发展效率与秩序维护确系国家治理的基本矛盾，中央政府主要通过集权与分权的动态调整、上下级治理职能分化和科层体制内的非正式机制等方式，来实现两种治理任务之间的周期性协调（temporal coordination）。

按曹正汉（2011）所提出的"上下分治"的模型，都市区空间秩序建构属于地方治理范畴，它应区别于国家发展的治理逻辑，即其根本动机不是维护国家政权合法性与稳定性，而是基于地方的经济、社会、政治利益（体现了自上而下的压力）所做出的安排。本文引入企业型地方治理理论视角，来分析地方政府如何理性选择都市区空间秩序建构的目标及妥协都市区空间发展效率与秩序的治理组合。

2.1　追求效率优先：传统的企业型地方治理逻辑

大卫·哈维（David Harvey）首先从政治经济学角度讨论了 20 世纪 80 年代企业主义城市治理的兴起，他指出企业主义治理（entrepreneurialism）不同于战后凯恩斯主义时代所建立的地方管理主义（managerialism）治理，其主要特征包括：追求外生性经济增长而不是落实国家福利政策，越来越少借助于科层体系去管理城市，而是采用企业的方式去经营城市（Harvey，1989）。鲍勃·杰索普等（Bob Jessop）结合熊彼特对企业家（精神）的定义，提出了"企业主义城市"的概念，他认为企业主义城市好比热衷于通过创新活动追求超额利润的公司，企业主义城市治理的本质特征就是通过不断的城市治理创新以追求城市竞争力（Jessop and Sum，2000）。他们指出企业主义城市有三个特征：采用创新战略以提升经济竞争力；灵活的企业型运作策略，包括 PPPs、公共服务外包等；热衷于城市营销。相对于管理主义治理，企业型城市治理不再追求行政领域（territory）的整体利益和平衡发展，而是一些战略地点（places，如 CBD、新产业区、遗产展示区等）的增长和竞争力提升。

中国企业型地方治理的讨论始于 20 世纪 90 年代初。戴慕珍（Jean C. Oi）提出"地方国家法团主义"的模型来描述改革初期乡镇基层组织与地方企业所形成的共生关系——地方政府积极帮助其领域内的企业，这使得它"好像成为拥有众多分公司的大企业集团"（Oi，1992）。魏昂德（Andrew G. Walder）

将地方政府保护地方企业行为的研究扩展至城市地区,他提出了"政府即厂商"的观点(Walder,1995)。20世纪90年代中后期以来,伴随着财税体制及发展环境的变化,中国的地方政府已从"经营企业"发展到"经营城市"(张三保、田文杰,2014),或更准确地说,经营城市的土地资产(陶然等,2009),地方政府也被形象地称为"经营空间的企业"(赵燕菁等,2009)。在周黎安所述的"官员晋升锦标赛"体制环境下,无论是地方政府"经营企业"的行为,还是"经营城市"的行为,有一个基本的逻辑,就是通过趋利化的治理活动,快速推动地方城市化和经济增长,从而使地方官员在晋升锦标赛中脱颖而出。然而,这种追求效率优先的城镇空间发展治理模式内在包含着因地方政府间的过度竞争造成发展秩序失控的风险,表现为"城镇建设过于分散无序,城镇化质量不高"的弊端(赵民等,2008;康达西、殷洁,2018)。

2.2 寻求空间秩序与效率的再平衡:新型企业型地方治理逻辑

传统的企业型地方治理有明显的局限性,即将城市空间发展治理简单地理解为只有一个面向——追求高增长、财政收入和战略地点的竞争力而忽视整体秩序维护。对企业主义城市复杂性与多样性的认识在21世纪初以来得到了一定的发展。事实上早在20世纪90年代中期,西方地方政府就已经认识到传统企业型思维的局限性,开始突破自身的地域局限,从区域性问题的协同治理和地缘政治经济的角度去思考城市间的竞争与合作,涌现出一些新型的企业型治理形式,如城市区域主义(Jonas,2013)、外交型企业城市(diplomatic entrepreneurship;Acuto,2013)、网络化企业主义治理(networked entrepreneurialism;Lauermann,2014)。西方大都市区秩序的构建主要通过地方政府、非政府组织和利益相关者多方协作的过程而非建立正式的治理结构(张紧跟,2005;汪伟全,2012),其过程通常需要耗费大量的时间和成本去寻求多元参与者之间的共识,协调的效率比较低(Scharpf,2010)。因此,大都市区的碎化仍然是西方国家(尤其是美国)主要的现实状况(Judd and Swanstrom,2011)。

21世纪初以来,城市化阶段(从低水平扩张到城市功能、城市建设水平和环境品质综合提升的阶段)以及外部环境的迅速变化(中央加强的土地与环境指标约束、加剧的全球化竞争环境),促使中国部分大城市地区的城市政府重新思考都市区空间秩序建构的重要价值。吴缚龙分析了上海企业型城市治理所经历的转型,认为这一时期的企业型城市治理是致力于提升上海在全球尺度竞争力的一系列组织性经营行为(Wu,2003)。有别于早期自发性的地方政府企业化行为,这种有组织的企业型治理将大都市区秩序建构作为重要内容,而不仅仅追求短期的经济利益。如上海在2000年提出的"一城九镇"发展战略,是为实现特大型国际经济中心城市发展目标而采取的一种城市化秩序战略,旨在实现重点突破、有序推进而非无序蔓延的郊区城市化。随后,广州、杭州、南京、苏州、宁波等城市也都提出了构建功能强大、结构有序的都市区发展战略。

大都市区发展战略实质体现了地方政府对于都市空间秩序的关注,即强调将主要的发展权配置于政府规划的重点战略区,如中心城、新城新区、重点新市镇、产业园区、大学城等(李强等,2012;

陈浩等，2018；殷洁等，2018），限制战略区以外地区的发展权，将愈益紧张的建设用地指标投入重点战略区，同时形成一些重要的生态保护区和安全隔离廊道、耕地保护区等。至于地方政府如何实施空间秩序建构的战略，目前的研究并不充分。本文以南京为例，试图揭示地方政府为构建都市区空间秩序而做出的具体治理安排。

3 分析框架与实证研究设计

本文建立三个假设或推论，以此作为实证分析的内容框架。

（1）都市区空间秩序治理的"企业化"逻辑。基于新型企业型地方治理逻辑，企业型地方治理的目标函数不是简单地实现空间秩序最优化，在城市化尚需大发展的中期阶段，地方政府会选择积极的企业型策略，即在保持较高发展效率的同时维护一定的发展秩序，形成两者混合与综合利益最大化的目标函数。

（2）科层体制内构建都市区空间秩序的方法与路径。不同于西方国家，在中国自上而下的政权体制下，由于市场机制不够完善、市民社会尚未成熟等原因，都市区空间秩序的构建主要通过政府间关系调整来实现（汪伟全，2012）。在权威科层体制环境，追求大都市区空间发展效率主要通过减少治理层级、扩大分权的方式来实现，而追求空间秩序则主要通过加强上级集权的方式来实现。

协调这种看似矛盾的治理要求，大体应有两种方法：其一是整体调整关键制度和规则，如城乡规划、土地管理、项目审批的组织制度与规则；其二是局部调整组织结构，如行政区划与行政层级的调整，或面向特定组织的特殊授权（或委托）（如向开发区、新区管委会特殊授权或委托）及特别管控行为（如大城市在核心城区和历史地区都严格实行市级集权的发展管控）。总体来说，局部组织权力调整包含面向特定地区治理主体的分权（授权或委托）和集权（特别管控）两种相对形式。制度的调整造成均质或"一刀切"的集权或分权格局，而组织结构的调整更加灵活，可以造成非均质的权力组织效果。这两种方法的交叉使用可营造既分权又集权、既集权又分权的"弹性"治理效果（图1）。

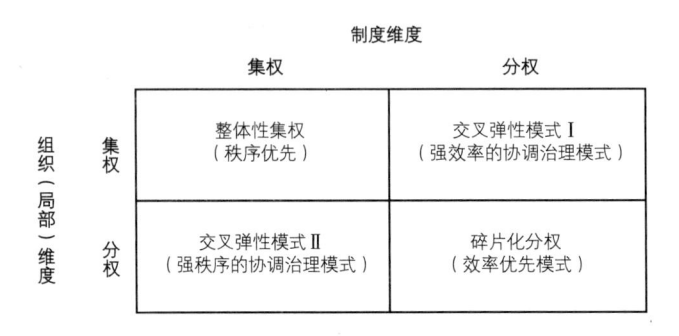

	制度维度 集权	制度维度 分权
组织（局部）维度 集权	整体性集权（秩序优先）	交叉弹性模式 I（强效率的协调治理模式）
组织（局部）维度 分权	交叉弹性模式 II（强秩序的协调治理模式）	碎片化分权（效率优先模式）

图 1 制度调整与组织调整的策略组合

（3）企业型治理逻辑和科层组织方法构建都市区空间秩序的有效性。建立在企业型治理逻辑和科层制基础上的交叉治理结构，能否有效分配发展权及协调发展权重新配置过程中的利益矛盾，实现稳定和较高水平的空间秩序建构目标？本文将超越正式的治理结构，将利益协调的非正式机制纳入本研究中（何艳玲、汪广龙，2012），以审视企业型科层制治理的局限性。在此基础上，本文将进一步讨论吸纳体制外主体共同参与都市区空间治理的必要性。

本文以南京市为例，基于"结构—过程"分析法（吴晓林，2017），以城市规划权治理作为主要观察变量，实证分析南京市空间秩序建构的治理过程。在我国过去近20年的多种空间发展权管理手段中，城市规划是地方政府掌控力最强，也是最为完整系统的一种治理手段（林坚、许超诣，2014），它不仅规定地方发展权的规模，也系统管理地方发展权的性质、结构、强度和布局，因而，最有可能被地方政府充分应用于空间发展治理。城市规划权主要包括规划编制、修改和审批权以及规划实施管理和监督权。地方政府有没有这两项权限，关系到地方有没有根据自己发展诉求编制规划进而转变为合法发展权的能力，简化审批、高效推进规划实施的能力，以及在规划实施管理过程中进行"变通"的可能。这两项权力的集中，可以使上级政府加强对基层发展的协调与管控，有助于实现协调有序的空间发展。本文的实证分析数据来源于笔者对于南京城乡规划实践的参与式观察，2013年8月和2015年3~4月所进行的两次独立调研，以及南京市出台的重要规划和政策、政府咨询报告等文件资料。

4 南京都市区空间治理逻辑：从碎片化分权到弹性交叉治理

4.1 南京空间发展治理的历史背景

20世纪80年代初至90年代中期，是改革开放后中国城市化进程的起步期。这一阶段城市化治理的主要内容是优先推动发展转型的效率，采取的是"碎片化分权"的方法。如南京市在20世纪80年代中期陆续出台了向区街放权的措施，包括建立区级财政制度并增加区财政分成比例；下放市场管理权限给区街，充实街道职能和机构，涵盖城建城管和经济管理等；下放一批企业给区管理，明确提出企事业单位的社会性工作全部交由区街管理等。

伴随着市向区县街镇发包发展事权的过程，城市规划管理权也呈现出"碎片化"组织的状态。《城市规划条例》和《城市规划法》虽明确市长、县长领导城市规划编制与实施，实际情况是，为配合向市辖区放权，除了城市总体规划编制外，其他面向具体项目的规划编制、实施管理权基本上已经下放和委托给区级政府承担，只在业务上接受市规划局的指导。当时将这种规划管理分权机制称为委托制。

通过"碎片化"分权的方法，激发了区级政府和街镇基层推动产业与城市建设的动力，迅速推动了主城和郊区城镇化的全面扩张（张振龙等，2009），但也造成了城市空间发展的失序。如随着事权和财权的下放，各区都选择将工业发展作为增加地方收入的主要办法，导致主城区内工业用地在20世纪

80~90年代不降反增，而亟须增长的公共服务设施用地则增长缓慢，需要公共资金投入的城市绿地等公益性用地，其规模和比例都出现下滑。又如，郊县发展空间大，且市级政府对郊县缺乏规划控制权，江宁、江浦等郊县的土地城镇化呈现快速而低效的发展状况（何流、毛克庭，2008）。

过于分散化的城市空间格局，导致城市中心功能不强，制约了南京城市总体功能和竞争力的提升。2001年，鉴于全球化环境和南京中心城市功能不强、区域地位下降等现实问题，南京市对1991年版城市总体规划作了修编。修编后的《南京市城市总体规划（1991～2010）》（以下简称《规划》）明确指出中国加入WTO和经济全球化的背景下，南京必须尽快做大做强，以提升其参与全球和长三角中心城市竞争的能力。《规划》明确提出，到2010年把南京建设成为国际影响较大的现代化中心城市。为此，《规划》改变了"严格控制大城市、积极发展小城镇"的城市化方针，提出：①优化都市发展区空间结构，突出新市区建设；②优化主城用地功能结构，提升主城整体品质。这意味着南京空间发展治理向新型企业化治理思维的转向——强调空间发展效率与秩序的再平衡，而不再一味地强调基层的自发发展。作为都市区发展战略的具体体现，南京市提出了"一城三区"（即集中力量建设河西新城区、江宁东山、仙林和江北浦口三个新市区）以及"一疏散、三集中"（即疏散老城人口和功能，城建、工业和大学向新市区及开发区集中）行动。

4.2 制度性集权的逐步建立

同一时期，国务院印发《关于加强城市规划工作的通知》（国发〔1996〕18号），指出：城市规划应由城市人民政府集中统一管理，不得下放规划管理权，对擅自下放城市规划管理权的，要严肃查处和纠正。从1998年起，南京市调整原来的委托制，开始逐步回收和扩展市级的规划管理权。先是在老市区，全面回收规划管理权，由市规划局设立的城中、城南、河西和仙林规划直属分局实施直管。

南京市政府为加强对郊县空间发展和布局的管控，还在21世纪初主导推动了一系列的行政区划调整，将对都市区城市化整体格局影响大的三个郊县——江宁县（2000）、江浦县（2002）、六合县（2002）撤销，设为市辖区，使得市级管理权能在郊区合法地延展。2003年起，南京市规划局开始在新市区推行直属分局制，分别设立了江宁、浦口和六合三个直属分局。原来郊县高度独立的规划管理权较大程度上回收至市级规划主管部门。

这种城市规划权集中管理制度的建立，使得市政府对于规划编制、审批与实施过程实现统一管理的可能，可保证市级政府对于城市化的时空秩序保持比较全面的管控能力。规划管理权的回收，是实施2001年城市总体规划确立的"一城三区""一疏散、三集中"城市化战略的重要制度保障。应该说，规划权集中统一行使的要求自20世纪80年代就已经建立了，然而直到世纪之交南京市才开始逐步回收和扩展市级规划管理权，这也是为建立都市区发展秩序所采取的务实动作。

4.3 组织性分权的结构

在整体规划权限逐步上收市政府统一集中管理的同时，为高效推动"一城三区"和"一疏散、三集中"行动的实施，南京市于2001年和2002年分别在河西新城和仙林新区的核心区设立了两个市级派出机构，即河西新城开发建设指挥部和仙林新区管委会，专门负责运作两个战略地区的城市化发展事务（顾朝林，2017）。以河西新城核心区的治理架构为例，河西指挥部包括领导小组，由市长任总指挥，分管常务副市长、属地区委书记任副总指挥，由城建开发相关的市直部门（如建委、规划、发改、国土、房产、园林、财政等）领导人员组成副指挥长及其他领导成员，领导小组下设办事机构。按照"办事不出新城""一门式服务"的原则，南京市分别委托和授权河西指挥部及仙林新区管委会在新区核心区范围内行使市级管理权限，负责组织开展规划管理、城市建设、城市运行和地产招商等工作。完全委托或授权的市级权限包括土地储备和经营权，交通、园林、项目建设管理权等。城市规划管理权在形式上虽未完全委托，但市规划局主要领导同时兼任两大新区管理机构的领导，他们负有根据新城城市化发展需要统筹协调规划编制和审批的责任，市规划局在新区设立的直属分局紧密配合准政府组织开展具体的规划管理工作，并接受新区管理机构的领导。在这种权力架构下，南京规划局河西和仙林直属分局事实上相当于新区管理机构的规划管理部门，这使得新区管理机构可不必像一般区级政府或基层政府那样同市规划部门进行冗长和复杂的沟通与博弈，可以高效地根据其发展的实际需求编制、调整和实施规划。

伴随向两大新城区准政府机构特别授权或委托的过程，南京市政府通过优先配置公共资源和赋予特别政策等多种方式加强这种组织性分权结构。如市政府授权河西指挥部和仙林新区管委会直接收取、使用和管理土地出让金，且规定两个新区管理机构留成中央和省刚性计提外的全部土地出让金以用于新城开发建设，比一般区级政府运作的开发项目多出近1倍的份额（以单位面积地块计）（表1）。2004~2008年《南京市城市规划、建设和管理任务计划明细表》数据表明，21世纪初至2008年，约占南京市区规划建成区面积10%的河西新城和仙林新区，集中了全市30%~60%的城建投资项目和资金，说明南京市向两大战略区精准高配城市建设项目与资金。

除此之外，南京市政府还根据国家和省有关法规条例，授权或委托南京国家级经济技术开发区、高新区和化学工业园区的管委会行使市级经济建设管理权限。市级规划管理权是正式委托开发区管委会行使的权限之一，这些机构都下设了相应的规划建设局，按照开发区发展的要求，自行开展组织规划编制和审批工作，以此为开发区的产业发展和载体建设提供强有力的规划支持。相应地，南京市也制定了国家级开发区发展的支持政策，包括给予共享税分成优惠政策（增量部分市按20%分成，其他地区按23%），部分市级税费（土地使用税、增值税等）实行属地管理、缴入园区库，以及经营性用地配套和支持政策等（表1）。

表 1　南京市经营性土地出让金分配政策

地块类型	中央和省计提比例	市计提比例	开发主体留成比例
河西新城、仙林新区政策	17%	0	83%
江南八区区级运作地块享有优惠扶持政策的（如危改项目）	17%	20%	63%
江南八区一般区级运作地块的政策	17%	32%或42%	52%或41%
江宁、浦口和六合新三区	17%	8%	75%
国家级开发区政策	17%	配套10%～15%的经营性用地，市级刚性计提部分减半	67%

资料来源：《市政府关于进一步加强市级土地出让收支管理的通知》（宁政发〔2008〕33号）；《市政府关于进一步完善市级土地出让收支管理的通知》（宁政发〔2011〕9号）。

由此可见，在市级政府整体上收规划管理权等空间发展权的同时，又通过特别授权和委托的形式，高度集中地向河西新城、仙林新区和国家级开发区等市级城市化战略地区选择性配置发展权，南京市政府实际上构建了制度性集权和组织性分权交叉使用的弹性治理模式Ⅱ，即在提升市区整体秩序管控的同时，在一些战略地区实现优先和高效的发展。

5　南京都市区空间秩序建构过程中的非正式政治

从"碎片化分权"模式转向"交叉弹性模式Ⅱ"，本质是城市化发展权配置从区县为主向市级为主的利益格局重构过程。然而，受利益惯性和路径依赖的影响以及发展权重配过程中利益补偿机制的缺乏，区级乃至街镇政府仍会为延续自身利益而进行"抵抗"。在权威体制下，这种"抵抗"行为通常表现为诸种"非正式"和"异化"行为，如讨价还价、变通、共谋、敷衍甚至违规等（何艳玲、汪广龙，2012）。这些抵抗能在一定范围内发生作用，使得都市区空间秩序建构的实效偏离市级都市区空间发展战略所设定的理想目标。

5.1　不完整的制度性集权

虽然市级政府试图在全市构建交叉弹性模式Ⅱ来协调都市空间秩序与效率的治理矛盾，但由于市区之间的政治妥协，制度性集权难以完整地实现，从而在局部地区形成"强发展、弱秩序"的治理模式。具体体现在，为了减小行政区划调整的阻力，同时保证撤县设区后的平稳过渡，南京市政府与江宁、浦口、六合三个新市区的区政府达成妥协，给予这些新市区3～5年过渡期，过渡期内新三区享受县级经济管理权限。由于利益惯性，新市区一直以各种理由和借口抵制市级对新市区"特权"的全面收编，至今新市区政府仍然享受着大于老市区的财政、项目审批和土地储备经营等权限。

市、区两级政府就城市规划权是否全面回收以及多大程度上回收进行了激烈的博弈,最终在2004年达成了部分回收的妥协。自2004年起,南京市规划局虽然在新市区设立了直属的规划分局,但其管理范围仅限于负责规划审批标准的制定、宏观规划编制、用地审批管理工作以及衔接涉及跨区性的重大项目规划管理工作。在市规划直属分局以外,新三区还存在着区级规划局(办)和住建局,分别承担辖区内由城市总体规划确定的新市区、新市镇及重要功能区和其他外围地区的详细规划编制、日常规划实施管理工作(图2)。规划管理权的碎化,造成了郊区发展诉求与整体空间秩序管控之间的激烈冲突。

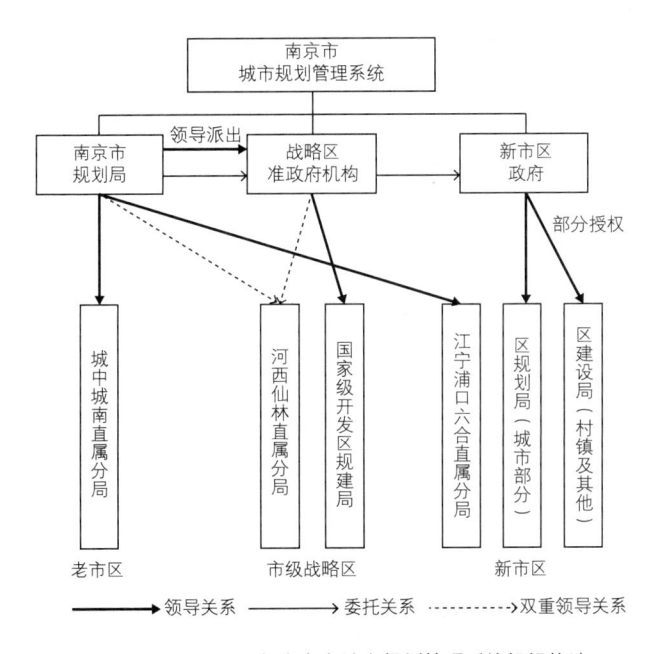

图2 2004~2013年南京市城市规划管理系统组织构造

首先,区级部门总是希望规划的建设用地规模越大越好,而市级规划部门则是从上位规划出发,分配给区和街镇合理的建设用地规模。部分规划管理权的保留为新三区政府"超标准"发展权诉求的实现提供了"空间",如区政府编制的下位规划经常大大超出上位规划分配的建设用地指标,造成上位规划中确定的禁建区(如市级控制的大型绿带)被蚕食以及原有空间布局被打破等问题。区规划管理部门本应该按照批准的上位规划要求,根据《城乡规划法》的程序规范严格依法行政,然而为服务辖区城市化项目的需要,在规划实施管理中采取变通甚至不惜违法审批和疏于监督的办法,满足区级政府和基层政府对于发展政绩的追求(李广斌、王勇,2015)。

其次,掌握部分规划管理权的新三区政府还可根据自身发展诉求,编制辖区城市化发展规划并参照组织性分权办法设立为数众多的区级城市化战略平台。由于区级政府对发展效率的追求有余而对秩序控制的意识不足，因此常常过滥设置各类城市化战略区。这种状况不仅导致新市区内空间秩序的失控，也客观上成为市级战略区的竞争者。据笔者的调研，2014年底南京市区范围内累计存在40余个区级战略平台，其中具有实质性土地开发功能的区级战略区大多分布在江宁、浦口和六合新三区（老市区也存在一些区级战略区，但这些战略区更多是服务业业态发展的政策引导，而没有大规模土地开发功能）。许多区级平台与市级平台空间邻近，发展定位相似，它们通过集中区级权限和资源，同市级平台比拼政策优惠力度，造成过于分散的空间发展格局。

5.2 制度性集权的非正式突破

主城是大都市区的核心功能区，也是展示都市风貌的核心区，集中统一的规划管理对于实现良好的城市功能、科学的城市布局、协调的城市基础设施建设和城市风貌具有重要的意义。因此，世纪之交以来，南京市在主城区一直采取的是"强秩序"治理模式。在"一疏散、三集中"战略和老城历史保护、交通环境压力等多重背景下，老城区的发展权受到严格的限制。然而，即便在这种核心地区，集中统一的规划管理制度仍然可能受到非正式机制的干扰而被突破。

这主要是由于主城的市辖区在经济发展、社会服务、财政分配上仍然基本延续20世纪80年代以来的分权架构，区级政府仍具有强烈的发展动机和压力，而发展权的转移却没有得到相应的补偿，这造成老城区区政府要推动辖区发展，就不得不寻求在部分重要地区突破上级施加的发展权限制。主城区政府为实现自己的发展目标，采取绕过市规划管理部门，从市领导层面公关的方法，包括"诉苦"以寻求上级通融（李芝兰、吴理财，2005）、利用外部机遇。如为推动湖南路传统核心商圈的提档升级，鼓楼区不得不面对由于拆迁成本攀升所导致的巨大资金压力问题。为平衡巨额的拆迁改造成本，同时为开发企业创造一定利润空间，鼓楼区要求提高湖南路商圈改造地块整体的容积率，而市规划局则坚持将片区的容积率严格控制在8.0以内，建筑限高为300米。2012年，借助时任市长多次到湖南路地段视察的机会，鼓楼区政府领导直接"诉苦"，表明在规划局的规划指标管控下，该项目运作难度极大，不可能完成提档升级的目标。在整体追求"保增长"氛围下，市领导支持了鼓楼区的立场，要求市规划部门配合区政府的项目运作。南京市规划局不得不按照区政府的意图修订了地块的详细规划，将开发容积率提高至12.1，建筑高度提高至438米。由此可见，即使在实现规划管理权统一集中行使的主城区，由于非正式政治因素的存在，也会使得整体的秩序管控效果发生局部变形。

5.3 外部环境变化与都市区空间发展战略的顶层偏离

2009年以来，随着全球金融危机的爆发以及中央提出将"保增长"作为未来几年经济工作的头等大事，并推出了四万亿投资刺激计划，要求地方政府在中央投资的基础上配套地方投资计划。这种外部环境变化，很大程度上改变了过去地方紧缩的发展环境，中央放松了对于地方土地指标、投资项目审批的严格控制，同时加大了对地方政府保增长绩效的考核，这较大程度上改变了20世纪90年代末以来地方企业型治理的环境，使地方政府退回至更多追求城市化效率的倾向中。再加上地方党政主要领导的个人意志，南京市坚持近十年的稳健城市化战略转变全面推进的城市化战略。

在新编城市总体规划尚未得到国务院批准的情况下，南京市时任党政领导突破坚持了十余年的"一城三区"战略，实施"十大板块"全面发展的城市化战略，在河西和仙林两大城市化战略区之外，一次性新增了八大战略板块，除了百里外秦淮河风光带和保障房建设项目外，其他六大板块均为城市建设项目。面向这些市级重大的城建项目，南京市政府基本沿用新城新区或参考开发区的准政府治理模式，分别设立了市级派出机构，对这些地区的城市化核心事务——城建开发和产业发展实施专门治理。相应地，这些地区的准政府机构也享受市级管理权限。2012年，南京市委、市政府决定在原有的委托方案基础上，将市级规划编制、审批管理权委托全面扩大至市级重点功能板块。这种全面开花的市级城市化战略平台设置以及通过组织性分权将规划管理权分散的做法，造成了其后一段时期内南京都市区空间发展的失序。

6　南京都市区空间秩序建构的实绩

通过对比2001年修订的城市总体规划中关于2010年南京市建设用地布局方案与2012年南京市建成区实际布局特征（图3），发现实际的城市建成区分布结构基本符合2001年所确定的总体规划布局

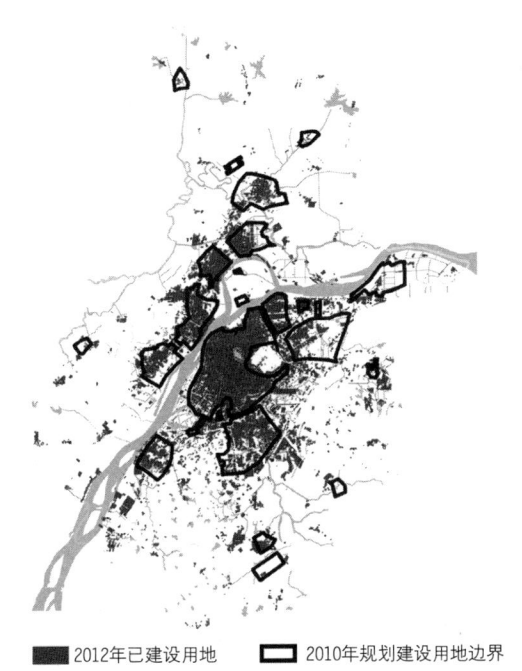

图3　南京市区建设用地规划布局与实际布局比较

结构。但是总体规划的布局之外，仍然生长出来许多规划边界外的发展空间，这些发展空间主要存在于郊区新市区，尤其一些重要生态廊道内的空间蔓延问题比较突出，这说明规划管理权在郊区的非正式妥协机制确实在一定程度上导致了郊区发展秩序突破规划的预期和管控。

南京城市总体规划（2018～2035）研究专题《南京市城市总体规划实施评估报告》（2018）也指出，2007～2015年城镇用地布局总体符合城市总体规划要求，但局部地区有所突破，具体表现为四方面的问题：①城市发展重点是河西新城区和仙林、江北副城，但由于提出了十大板块建设，近年来城市建设出现了重点不聚焦的问题；②在总体规划划定的集中城镇建设用地边界之外仍有少量建设用地，总量约31平方千米，占都市建设用地的3.7%；③部分生态廊道和生态绿楔内存在无序的城镇开发建设现象；④老城疏散未达到预期，2001年起的总体规划历来都强调疏散老城，但由于执行力度不够，老城人口疏散成效并不明显，现状老城人口密度依然偏高，是同期主城区的2倍多。

以上数据基本印证了空间发展秩序得到加强的同时，由于非正式政治的存在，都市区空间发展秩序仍在一定程度上被突破，形成了一些规划外的建设与发展。

7 结论与讨论

21世纪初以来，随着外部发展环境的变化和内部发展转型压力的增大，我国一部分大都市地区面临重新建构空间秩序的需求。在新型的企业型地方治理环境下，南京市在新世纪初做出的都市区发展战略体现了更加战略性地对待空间秩序的倾向。然而，地方政府并非追求严格的空间秩序以致牺牲发展的效率，而是将空间秩序建构作为高效利用有限资源，提升城市发展品质，进而提升城市竞争力的一种手段。因此，企业型地方政府追求的不是效率或秩序最优化的单一目标，而是通过建立弹性交叉治理模式的方法，追求两者相对协调基础上的利益最大化。本文第一个假设——都市区空间治理的企业化转向逻辑得到验证。

纵观南京城市规划的治理结构变迁，不难发现，南京市政府为实施空间发展效率与秩序的协调治理，利用政府组织的柔韧性创造了一种既集权又分权的交叉弹性治理模式Ⅱ，即结构上满足了既加强秩序管理，又不妨碍在战略地区实现较高的发展效率治理。这是关于本文的第二个假设的验证和解答。

然而该案例表明，以市级为主导的交叉弹性治理模式Ⅱ在充分体现市级政府利益与发展诉求的同时，并未充分地表达区级和基层的利益与发展诉求，尤其是那些发展权受到限制的区及基层组织。在市—区—街镇行政发包体制尚未根本改变的环境下，由于缺乏发展权转移的利益补偿机制，单纯依靠上级主导的强制性治理结构，难以根本地协调多层级主体的利益诉求，不可避免地诱发了多种非正式政治和异化行为（何艳玲、汪广龙，2012），并成为下级政府表达发展诉求、突破上级政府主导的秩序管理架构的方式。

应该说，21世纪初以来，以南京市为代表的大城市，在协调城市化效率与秩序方面所做的努力取得了显著的成绩，相比于早期秩序混乱的城市化，这一时期的城市化不仅速度和规模空前，空间秩序也得到明显提升。但仍须清醒地认识到，企业化治理逻辑主导下的空间秩序建构，其根本宗旨还是为发展服务（Wu，2003）。环境变迁、局部政治经济利益都会诱使地方政府放松对于秩序的管控，而导向重发展效率、轻秩序管控的交叉弹性治理模式Ⅰ。

新型城镇化发展战略的实施以及国土空间规划体系改革部署，都更加突出了都市区空间发展秩序的治理要求。空间发展秩序不再是从属的目标，而是维护多元的价值和利益的重要体现，是实现经济、社会、环境协调发展的途径，成为平行于发展效率的政策目标。在新的背景下，寻求实现更高水平、更稳定规范的空间秩序管理机制是推进改革的应有之义。而要实现这一目标，既需要对企业型地方治理模式进行一定约束，也需要探索更加丰富多元的治理手段和方法。本文认为，方向大体上可以包括推进政府科层治理的制度化和规范化，吸纳政府体制外的多元社会力量参与治理。比较重要且紧迫的措施包含以下三方面。

其一，在都市区层次上建立完善的空间发展权管理制度。发展权管理制度在国家区域尺度上已有所应用，但在都市区层次还鲜有实践。从前文分析来看，都市区层次的发展权管理制度也亟待建立，关键点在于确认各地区（辖区或社区）基本发展权，建立因公共利益（生态、历史保护等）需要而进行发展权控制的补偿机制，使得限制发展权的地区也能得到公平补偿，这样就能比较有效地减少为"保卫"发展权而进行的非正式政治。

其二，让国土空间规划管理制度架构更加精细化和因地制宜。在大都市地区，由于管理幅度较大，市级自然资源和规划管理部门行使唯一规划管理权限，确实存在着信息不对称、权责利不对等问题。因此，在坚持国土空间规划权集中统一行使的原则上，可以在法规中设有一定的弹性，允许具有地方立法权的大城市通过地方立法的形式，因地制宜地确定国土空间规划权的组织方式。

其三，让国土空间开发秩序维护变成一种社会共识和公共价值。过去空间秩序建构基本是上级政府管控下级政府组织、进行企业化运作的一个工具，并未为社会各界所认知和认同，由此造成地方政府突破秩序管控的非正式行为缺乏有力的监督和制约。本文认为，对于一些政府难以自我管控的非正式机制，如顶层设计的非正式偏离，政府自我监督效果差的非正式机制（如违规审批和违法建设），可以引入体制外的社会力量进行监督和制约。这就是对本文第三个假设的回答。

致谢

感谢国家自然科学基金委（51608251、51578276）以及中国博士后科学基金委（2016M590439）对本文的资助。

参考文献

[1] ACUTO M. City leadership in global governance[J]. Global Governance, 2013, 19(3): 481-498.

[2] BOYNE G A. Public choice theory and local government: a comparative analysis of the UK and the USA[M]. New York: Macmillan, St. Martin's Press, 1998.

[3] BRENNER N. Global cities, glocalstates: global city formation and state territorial restructuring in contemporary Europe[J]. Review of International Political Economy, 1998, 5(1): 1-37.

[4] HARVEY D. From managerialism to entrepreneurialism: the transformation in urban governance in late capitalism[J]. Geografiska Annaler, 1989, 71(1): 3-17.

[5] HE S, WU F. Property-led redevelopment in post-reform China: a case study of Xintiandi redevelopment project in Shanghai[J]. Journal of Urban Affairs, 2010, 27(1): 1-23.

[6] JESSOP B, SUM N L. An entrepreneurial city in action: Hong Kong's emerging strategies in and for (inter)urban competition[J]. Urban Studies, 2000, 37(12): 2287-2313.

[7] JONAS A E G. City-regionalism as a contingent "geopolitics of capitalism"[J]. Geopolitics, 2013, 18(2): 284-298.

[8] JUDD D R, SWANSTROM T. City politics[M]. 8th ed. New York: Pearson, 2011: 8-9.

[9] LAUERMANN J. Competition through interurban policy making: bidding to host megaevents as entrepreneurial networking[J]. Environment and Planning A, 2014, 46(11): 2638-2653.

[10] OI J C. Fiscal reform and the economic foundations of local state corporatism in China[J]. World Politics, 1992, 45(1): 99-126.

[11] SCHARPF F W. The joint decision trap: lessons from German Federalism and European integration [J]. Public Administration, 2010, 66(3): 239-278.

[12] TIEBOUT C M. A pure theory of local expenditures[J]. Journal of Political Economy, 1956, 64(5): 416-424.

[13] WU F. The (post-) socialist entrepreneurial city as a state project: Shanghai's reglobalisation in question[J]. Urban Studies, 2003, 40(9): 1673-1698.

[14] WALDER A G. Local governments as industrial firms: an organizational analysis of China's transitional economy[J]. American Journal of Sociology, 1995, 101(2): 263-301.

[15] 阿格拉诺夫, 麦圭尔. 协作性公共管理: 地方政府新战略[M]. 李玲玲, 鄞益奋, 译. 北京: 北京大学出版社, 2007.

[16] 曹正汉. 中国上下分治的治理体制及其稳定机制[J]. 社会学研究, 2011, 25(1): 1-40+243.

[17] 陈浩, 王莉莉, 张京祥. 国家空间选择性、新城新区的开发及其房地产化——以南京河西新城为例[J]. 人文地理, 2018, 33(5): 63-70.

[18] 陈浩, 张京祥. 功能区与行政区"双轨制": 城市政府空间管理与创新——以南京市区为例[J]. 经济地理, 2017, 37(10): 59-67.

[19] 顾朝林. 基于地方分权的城市治理模式研究——以新城新区为例[J]. 城市发展研究, 2017, 24(2): 70-78.

[20] 辜胜阻, 曹冬梅, 韩龙艳. "十三五"中国城镇化六大转型与健康发展[J]. 中国人口资源与环境, 2017, 27(4): 6-15.

[21] 何流, 毛克庭. 南京城市空间演变与发展布局研究[R]. 南京: 南京市规划局, 2008.

[22] 何艳玲, 汪广龙. 不可退出的谈判: 对中国科层组织"有效治理"现象的一种解释[J]. 管理世界, 2012(12): 61-72.

[23] 何艳玲, 汪广龙. 中国转型秩序及其制度逻辑[J]. 中国社会科学, 2016(6): 47-65+205.

[24] 康达西, 殷洁. 城市中心区流动人口聚居空间考察——以南京市红庙小区为例[J]. 城市问题, 2018(2): 90-97.
[25] 李广斌, 王勇. 城乡规划管理体制变迁的演化博弈分析[J]. 城市发展研究, 2015, 22(7): 64-70.
[26] 李强, 陈宇琳, 刘精明. 中国城镇化"推进模式"研究[J]. 中国社会科学, 2012(7): 82-100.
[27] 李芝兰, 吴理财. "倒逼"还是"反倒逼"——农村税费改革前后中央与地方之间的互动[J]. 社会学研究, 2005(4): 44-63+244.
[28] 林坚, 许超诣. 土地发展权、空间管制与规划协同[J]. 城市规划, 2014, 38(1): 26-34.
[29] 丘海雄, 徐建牛. 市场转型过程中地方政府角色研究述评[J]. 社会学研究, 2004(4): 24-30.
[30] 陶然, 陆曦, 苏福兵, 等. 地区竞争格局演变下的中国转轨: 财政激励和发展模式反思[J]. 经济研究, 2009, 44(7): 21-33.
[31] 唐静, 耿慧志. 基于委托—代理视角的大城市规划管理体制改进[J]. 城市规划, 2015, 39(6): 51-58.
[32] 汪伟全. 区域合作中地方利益冲突的治理模式: 比较与启示[J]. 政治学研究, 2012(2): 98-107.
[33] 魏后凯. 论中国城市转型战略[J]. 城市与区域规划研究, 2011, 4(1): 1-19.
[34] 吴晓林. 结构依然有效: 迈向政治社会研究的"结构—过程"分析范式[J]. 政治学研究, 2017(2): 96-108.
[35] 夏书章, 王枫云. 中国城市郊区化进程中的无序蔓延: 表征、隐患及政府应对策略[J]. 行政论坛, 2010, 17(1): 1-5.
[36] 叶林, 杨宇泽. 中国城市行政区划调整的三重逻辑: 一个研究述评[J]. 公共行政评论, 2017, 10(4): 158-178.
[37] 叶敏. 增长驱动、城市化战略与市管县体制变迁[J]. 公共管理学报, 2012, 9(2): 33-41.
[38] 殷洁, 罗小龙, 肖菲. 国家级新区的空间生产与治理尺度建构[J]. 人文地理, 2018, 33(3): 89-96.
[39] 赵民, 柏巍, 韦亚平. "都市区化"条件下的空间发展问题及规划对策——基于实证研究的若干讨论[J]. 城市规划学刊, 2008(1): 37-43.
[40] 赵燕菁, 刘昭吟, 庄淑亭. 税收制度与城市分工[J]. 城市规划学刊, 2009(6): 4-11.
[41] 张紧跟. 当代美国地方政府间关系协调的实践及其启示[J]. 公共管理学报, 2005, 2(1): 24-28.
[42] 张京祥, 吴缚龙. 从行政区兼并到区域管治——长江三角洲的实证与思考[J]. 城市规划, 2004(5): 25-30.
[43] 张京祥, 赵丹, 陈浩. 增长主义的终结与中国城市规划的转型[J]. 城市规划, 2013, 37(1): 45-50.
[44] 张莉, 皮嘉勇, 宋光祥. 地方政府竞争与生产性支出偏向——撤县设区的政治经济学分析[J]. 财贸经济, 2018, 39(3): 65-78.
[45] 张三保, 田文杰. 地方政府企业化: 模式、动因、效应与改革[J]. 政治学研究, 2014(6): 97-109.
[46] 张友安, 陈莹. 土地发展权的配置与流转[J]. 中国土地科学, 2005, 19(5): 10-14.
[47] 张振龙, 顾朝林, 李少星. 1979年以来南京都市区空间增长模式分析[J]. 地理研究, 2009, 28(3): 817-828.
[48] 周黎安. 中国地方官员的晋升锦标赛模式研究[J]. 经济研究, 2007(7): 36-50.
[49] 周黎安. 行政发包制[J]. 社会, 2014, 34(6): 1-38.
[50] 周雪光. 权威体制与有效治理: 当代中国国家治理的制度逻辑[J]. 开放时代, 2011(10): 67-85.

[欢迎引用]

陈浩, 汪伟全, 张京祥. 都市区空间秩序建构的治理逻辑: 基于南京的实证研究[J]. 城市与区域规划研究, 2020, 12(1): 120-135.

CHEN H, WANG W Q, ZHANG J X. Ordering the spatial development of China's metropolitan area: a case study of Nanjing[J]. Journal of Urban and Regional Planning, 2020, 12(1): 120-135.

土地利用对公共健康影响的研究进展综述

李经纬 田 莉

Literature Review of the Impact of Land Use on Public Health

LI Jingwei, TIAN Li
(School of Architecture, Tsinghua University, Beijing 100084, China)

Abstract Land use is closely related with the quality of built environment, which has an impact on public health through natural environment, physical activity and social interaction. This paper begins with the literature review of the relationship between land use and public health since 2000, analyzes the spatial scale, index system and research methods, then it summarizes the impact of land use on public health from the following aspects: land use type, land use mix, land use density and land use pattern. We put forward the path and policy recommendations for improving public health through land use at different spatial scales. It concludes with the limits of current studies and proposes the future research topics of China.

Keywords land use; built environment; urban-rural planning; public health

摘 要 土地利用与建成环境的品质密切相关，它通过影响自然环境的品质、居民的体力活动及社会交往环境，从而对公共健康造成影响。文章对2000年以来国际上关于土地利用对公共健康影响的文献进行系统梳理，就研究的空间层次、指标体系和研究方法进行剖析，并从土地利用类型、土地的混合利用、土地利用密度与开发强度以及土地利用形态四个方面对公共健康的影响进行分析总结。在此基础上，提出了在不同空间尺度上通过土地利用优化改善公共健康的路径与政策建议，并对目前研究的不足进行分析，结合我国城乡发展的实际情况提出未来研究的方向。

关键词 土地利用；建成环境；城乡规划；公共健康

1 引言

目前全球有55%的人口居住在城市地区，到2050年这一比例预计达到70%（United Nations, 2018）。城市地区作为人们活动的主要区域，一直备受关注。但城市的快速发展也给公共卫生带来了一系列的挑战，如环境污染、城市突发事件、居民体力活动缺乏等，都会对居民的公共健康造成负担。世界卫生组织估计，24%的全球卫生负担归因于不断变化的城市环境（Romano and Knechtges, 2014）。城乡规划作为一门学科的诞生，本就是为了解决公共卫生问题。城乡规划的对象是建成环境，其中，土地利用是影响建成环境的重要因素，它会作用于自然环境、居民的体力活动和社会交往，从而对公共健康造成影响。

作者简介
李经纬、田莉（通讯作者），清华大学建筑学院。

在过去的 20 多年里，国际上出现了很多关于土地利用和公共健康关系的研究，这些研究选取的研究尺度、方法和指标各不相同，加深了关于土地利用与公共健康关联的了解，但大部分研究缺乏两者之间明确的因果关系路径分析。我国近年来逐步开展了土地利用对公共健康影响的研究，但大多停留于概念、文献的介绍上，系统的实证分析与研究相对较少。

基于此，本文主要介绍国际上土地利用对公共健康影响的最新研究进展，并从土地利用的四个要素（土地利用类型、土地的混合利用、土地利用密度与开发强度以及土地利用形态）出发，分析土地利用特征与公共健康之间的关系及影响路径。他山之石，可以攻玉。笔者希望通过对国际上研究进展的系统梳理，为我国城乡规划与公共健康的跨学科研究提供参考和借鉴。

2 土地利用对公共健康影响的研究

土地利用与公共健康有着长久的渊源。19 世纪的工业革命导致了人口快速增长、基础设施匮乏、居住环境拥挤、城市卫生状况急剧恶化等问题，现代城市规划的诞生也正基于解决这些问题，创造健康城乡环境的需要。20 世纪 70 年代以来，人们从更广泛的角度来分析健康的决定因素，提出环境与遗传因素、生活方式、社会经济因素、生态因素等一起，共同作用于人类健康（Lalonde，1974；Whitehead and Dahlgren，1991；Herskind et al.，1996）。生活方式的改变和城市环境品质的提高，可以对健康起到积极的促进作用。

20 世纪 90 年代以来，国际上关于城市环境与公共健康的研究日益丰富。1996 年美国卫生局报告了健康和体力活动的关系后，引发了学术界的关注。大部分研究表明，缺乏体力活动对公共健康有负面影响（张莹、翁锡全，2014）。在建成环境的测度上，逐步拓展到土地利用混合、土地利用密度、街道连通性、街道美学、城市扩张、设施可达性等，这些因素都或多或少对公共健康产生影响。例如塞伦斯等（Saelens et al.，2003a）的研究发现，在步行可达性、居住密度、土地混合利用、街道连接性、美学和安全性较高的社区，居民有更高的体力活动水平和更低的肥胖发生率；尤因和塞维洛（Ewing and Cervero，2001）、塞伦斯等（Saelens et al.，2003b）、弗兰克等（Frank et al.，2004）发现，提高街道连通性有助于缩短出行距离和提供更多的路径选择，从而有利于促进绿色出行方式，居民会获得更高的体力活动水平；洛佩兹（Lopez，2004）对城市扩张与肥胖之间关系的研究发现，肥胖的风险会随着城市扩张的发生而增加；盖利亚和弗拉索夫（Galea and Vlahov，2005）提出，医疗服务的可达性是影响居民健康的重要因素。

土地利用与公共健康之间关系的研究直到近十多年才被逐步重视，这很大一部分是由各部门之间的职能分工割裂造成的。卫生部门关注的是疾病防治，而不是健康的环境；城市规划部门认为规划的重点在于经济发展和环境保护，而不是促进公共健康（Barton and Beddington，2009）。后来人们意识到现代城市中多种疾病（如心脑血管疾病、哮喘病、糖尿病等）的发生与我们的社会和生活环境息息相关。2009 年，巴顿和贝丁顿（Barton and Beddington，2009）在城市生态系统理论（Barton，2005）

和健康决定因素理论（Whitehead and Dahlgren，1991）的基础上，提出了一个理论模型，构建了土地利用与公共健康研究的框架。该框架认为人体健康受到生活方式、社区环境、社会经济、居民活动、建成环境、自然环境和全球生态系统的影响，而土地利用的变化会作用于以上方面，其中对建成环境的影响最为直接。虽然该框架为研究者提供了初步方向，但仍未对土地利用对公共健康影响的因果关系路径进行分析。

近年来，越来越多的学者希望通过城市规划政策对建成环境进行干预，以达到改善公共健康的目的（Rutt et al.，2008；Hien et al.，2008），而运用跨部门合作促进"健康融入所有政策"（Health in All Policies）的呼声也日益高涨（World Health Organization, Government of South Australia，2010）。大量关于土地利用对公共健康影响的研究开始出现，土地利用因素越来越多地被认为是潜在健康风险的重要指标（Corburn，2007），土地利用变化在对人们健康的影响中也越来越重要（Owrangi et al.，2014）。就相关研究的空间层次、选取的研究指标和研究方法而言，具有如下特点。

（1）研究的空间层次

总体来看，土地利用对公共健康的影响主要在三个空间层次建立了交叉学科的研究：宏观的国家/区域层面（Nielsen and Hansen，2007；Li，2008；Lópezcima et al.，2011；Ebisu et al.，2011；Ghimire et al.，2017；Ouyang et al.，2018）、中观的城市层面（Sarkar et al.，2013；Picavet et al.，2016；Sheela et al.，2017）和微观的社区层面（Factor et al.，2013；Michael et al.，2014；An et al.，2014；Hu et al.，2014；Vaz et al.，2015；Maantay and Maroko，2015；Réquia et al.，2015；Alcock et al.，2015；Wu et al.，2016；Gao et al.，2016；Su et al.，2016）。大多数研究集中在发达国家，对发展中国家的土地利用与公共健康关系的研究较为鲜见，这主要是由于发达国家的健康和土地利用数据库建设比较完善，基于个体的数据可获得性强，为此类研究的开展提供了基础。就研究的空间尺度而言，多集中在社区层面上，而在区域范围内的相关研究远远不足。我国的公共卫生领域建设较晚，基于社区和个体的健康数据很难获取，阻碍了我国城乡规划和公共健康领域的跨学科研究进展。

（2）研究指标

就已有研究而言，不同空间层次上土地利用对公共健康影响的要素有所差异，宏观尺度倾向于探索土地利用变化/覆盖（LUCC）对健康的影响；中微观尺度倾向于城市土地利用特征（如土地利用类型、土地的混合利用、土地利用密度与开发强度、土地利用形态）对健康的影响。土地利用数据的获取主要是基于地图数据、国家相关部门数据库、GIS的空间分析，还有部分通过邻里环境的调查问卷收集。数据的地理范围包括以个体位置为中心的一定距离形成的缓冲区空间尺度上的土地利用特征，以及社区、城市、省份等空间尺度上的土地利用特征。虽然土地利用指标丰富，但没有构建出一套公认的土地利用指标体系来评估土地利用与公共健康之间的关联。

健康数据类型包括主观自评健康与客观健康指标，其中主观自评健康主要使用调查问卷的形式，对居民的心理健康和身体健康进行评分；客观健康指标多来源于医院、诊所等卫生机构的统计调查数据，包括体重指数（BMI）、癌症发病率、慢性病发病率、住院率等指标。主观自评获取健康数据的方式操作简便，但因为个人的主观因素影响容易产生误差，客观数据更为精准，但获取难度及成本更高。

(3) 研究方法

前期的大多数研究仅通过建立回归方程（如多元回归、线性回归、逻辑回归、多层次回归、空间回归、面板回归等）直接分析土地利用与公共健康的关联，回归对个人属性（年龄、性别、受教育水平、收入、吸烟情况等）和区域特征（剥夺指数、人口增长率、人口密度、城市化水平、建成环境特征等）等变量进行控制。后期才有部分研究开始关注土地利用影响公共健康的因果关系通径，多采用结构方程、通径分析等方法探索土地利用对公共健康影响的中介变量（Richardson et al., 2013; Su et al., 2016; Ouyang et al., 2018），为公共政策的制定提供更加准确的依据。

在时间序列上，又分为横截面研究和纵向研究。横截面研究主要是探索某一年内的土地利用对公共健康的影响（Factor et al., 2013; Ghimire et al., 2017; Sheela et al., 2017），事实上土地利用、环境等因素对健康的影响通常有一个10～15年的滞后时间（Zhang et al., 2012; Silverman et al., 2012），这就导致选取相同年份的土地利用、健康数据进行的截面研究存在一定局限性。而纵向研究是追踪一段时间内土地利用变化对健康的影响，这种方法比较了土地利用环境改变前后居民的健康状况差异，能够更准确地判断两者的关系（Alcock et al., 2015; Ouyang et al., 2018）。

3 土地利用影响公共健康的路径与要素

一般来讲，土地利用对公共健康的影响机制主要有以下三种路径（图1）：自然环境品质、体力活动和社会交往。土地利用特征的变化，会引起空气、土壤、水等自然环境的改变，如草地、森林、水体等开放空间被认为对居民健康有积极作用（Ghimire et al., 2017; Sheela et al., 2017; Vaz et al., 2015; Alcock et al., 2015; Factor et al., 2013; Li, 2008），它们会作为环境污染的保护因素，起到

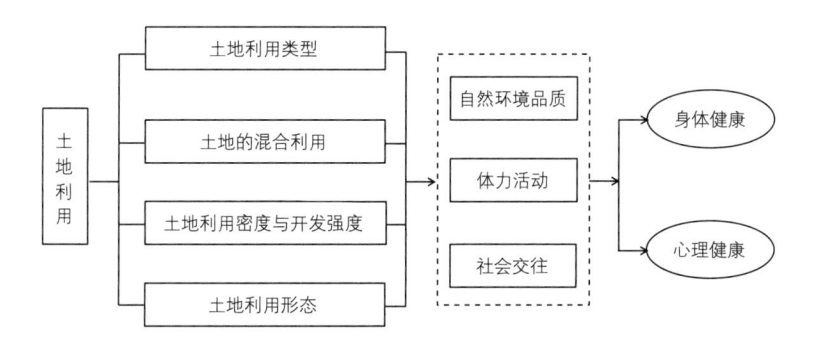

图1 土地利用对公共健康的影响

净化环境的作用。而工业用地的增加和耕地中农药、杀虫剂等引起的环境污染会威胁到居民健康（Vaz et al., 2015; Factor et al., 2013; Lópezcima et al., 2011; Su et al., 2016; Myers and Patz, 2011）。土地利用特征的变化还会引起居民体力活动环境发生改变，如土地利用混合使居民更容易获得满足日常需求的服务和设施，减少居民对私人机动车的依赖，增加体力活动（Wu et al., 2016; Sarkar et al., 2013），还可以增强居民的社会互动、居民之间的交流和归属感，缓解生活压力，促进身心健康（Su et al., 2016; Weng et al., 2017）。

从现有的文献来看，土地利用主要在以下四方面对公共健康产生影响（图1、表1）：①土地利用类型，包括宏观尺度的土地利用变化/覆盖（如建设用地、耕地、绿色空间、水域等）和中微观尺度的城市土地利用类型（如工业用地、商业用地、设施用地等）；②土地的混合利用；③土地利用密度与开发强度；④土地利用形态。

表1 土地利用与公共健康关系研究的相关指标和研究结果

健康指标	土地利用特征指标	结果	资料来源
心理健康评分	a.阔叶林；b.针叶林；c.耕地；d.改良草地；e.半天然草地；f.山、荒地和沼泽；g.海水；h.淡水；i.沿海；j.建成区（包括花园）百分比	+: c、d、e、f、i；-: g	Alcock et al., 2015
A.主观健康状况（D_1_1）；B.生活质量（LQ_VAS）；C.活动限制（EQ5D）；D.体重指数BMI（HE_BMI）	a.土地利用混合指数（熵指数）；b.住宅密度；c.公园面积；d.公园数量；e.地铁站可达性（2km范围内的地铁站数量）	+: A(e), B(e)	An et al., 2014
哮喘发病率	土地利用强度	正相关	Ebisu et al., 2011
A.总调整死亡率；B.调整死亡率（男）；C.调整死亡率（女）；D.恶性肿瘤死亡率；E.心脏病死亡率；F.脑血管病死亡率；G.外部原因死亡率；H.新癌症调整死亡率（男）；I.新癌症调整死亡率（女）；J.流产率；K.道路交通事故；L.婴儿死亡率；M.婴儿先天性异常；N.新生儿体重1 501~2 500 g；O.新生儿体重达1 500 g；P.住院率；Q.心理健康住院	a.医疗用地比例；b.教育用地比例；c.工业用地比例；d.林地比例	+: F(c), G(c), H(c), K(c), J(c), P(a、c、d), Q(c); -: F(d), I(d), N(d)	Factor et al., 2013

续表

健康指标	土地利用特征指标	结果	资料来源
A.身体健康；B.心理健康评分	a.土地利用多样性；b.住宅密度；c.社区可步行性；d.社区可达性；e.安全；f.美学；g.街道连通性	+：A（d、f、g），B（b、c、d、e、f、g）	Gao et al.，2016
BMI	a.人均绿色空间面积；b.人均林地面积；c.人均牧场面积；d.人均农田面积；e.距离国家公园；f.距离州公园；g.县内有州立公园；h.每千人拥有娱乐设施用地	+：e；−：b、f、g、h	Ghimire et al.，2017
肥胖（BMI≥30）	a.住宅密度；b.公交站点密度；c.公交可达性；d.社区有地铁站	−：a、b、d	Hu et al.，2014
A.肺癌；B.乳腺癌；C.子宫癌；D.胃癌；E.结肠癌；F.肾癌；G.前列腺癌	森林覆盖率	−：女性（A、B、C），男性（E、F、G）	Li，2008
A.肺癌；B.鳞状细胞癌；C.腺癌；D.小细胞癌	a.工业区（居住地与工业距离）；b.市区（居住地与城市中心距离）；c.半市区（居住地与城市中心距离）；d.农村地区	+：C（b），D（a）	Lópezcima et al.，2011
焦虑、抑郁或精神病治疗药物的人口比例	空置和遗弃土地密度	正相关	Maantay and Maroko，2015
BMI	a.步行指数（包括土地利用组合、街道连通性、公共交通可达性）；b.绿色空间	不相关	Michael et al.，2014
A.压力指数；B.BMI	a.与绿色空间距离；b.进入私人花园或在住宅区共享的绿地；c.绿色空间的使用次数	+：A（a、b），B（a、b）	Nielsen and Hansen，2007
A.总体癌症发病率；B.肺癌；C.胃癌；D.乳腺癌；E.肝癌；F.结直肠癌；G.食管癌；H.胰腺癌；I.肾及泌尿系统癌	a.建设用地面积百分比；b.开放空间面积百分比；c.城镇建设用地景观形状指数（LSI）；d.香农多样性指数（SHDI）	+：D（c），F（c），H（c），I（c）	Ouyang et al.，2018

续表

健康指标	土地利用特征指标	结果	资料来源
A.健康相关生活质量（0~100）；B.体重：B1BMI、B2超重比、B3肥胖比；C.生物健康：C1心理健康比、C2抑郁症（CESD）、C3抑郁症比；D.血压：D1收缩压、D2高血压比；E.慢性病比：E1心血管疾病、E2糖尿病、E3哮喘病	a.125m半径范围内绿地百分比；b.1km半径范围内绿地百分比；c.城市绿地百分比；d.耕地百分比	+：B3(a)，C3(b、c、d)，D1(b、d)；−：C2(b)，D1(c)	Picavet et al.，2016
呼吸系统疾病入院率	21种城市形态（绿色空间、低密度区、商业区、工业区等）	+：高标准住宅区RH6、低层住宅区RB1、公共建筑PB、混合区域商业住宅C2；−：城市化URB、低密度居住用地RH1、边缘居住用地RH3、高密度居住用地RH4、高层居住区RB3、休闲空间RA	Réquia et al.，2015
BMI	a.土地利用混合（计算方法参考Frank et al.，2004）；b.公交车站密度；c.娱乐休闲设施密度；d.社区服务密度；e.教堂密度；f.零售商店密度	+：a；−：c、e、f	Sarkar et al.，2013
A.疟疾发病率；B.登革热发病率；C.基孔肯雅发病率	a.耕地面积百分比；b.建成面积区百分比；c.林地面积百分比；d.荒地面积百分比；e.水域面积百分比	+：A(a、e)，C(a、e)；−：A(c)	Sheela et al.，2017
A.哮喘；B.心脏病；C.儿童死亡率；D.慢性肝炎；E.慢性肾炎；F.慢性肺炎；G.高血压；H.基础体能（良好）；I.肝癌；J.低出生体重；K.精神健康住院；L.癌症新增发病案例；M.肥胖；N.甲状腺疾病；O.2型糖尿病	a.土地使用类型丰富度；b.土地使用类型形态；c.土地使用类型接近度；d.土地利用混合熵指数；e.土地利用混合多样性指数	+：工业a(A、L)，工业b(B)，工业c(A、F、J)；−：绿地a(A、G、C、F、J、L、K、M、O)，绿地b(A、B、F、K、M)，机构与公共设施用地c(B、D、E、F、I、L)，蓝色空间a(A、B、F、G、J、K、O)，de(A、D、G、H、M、O)	Su et al.，2016

续表

健康指标	土地利用特征指标	结果	资料来源
自评健康	a.商业；b.行政；c.开放空间；d.公园和娱乐；e.居住；f.工业；g.水域	+：c、d； -：a、f	Vaz et al., 2015
年龄组别死亡率	土地利用混合度（计算方法参考 Frank et al., 2004）	-：年龄组 85+	Wu et al., 2016

3.1 土地利用类型

（1）土地利用数量

土地利用数量包括各种类型用地的面积和比例。主要的土地利用类型有两个：一类是宏观层面土地利用变化/覆盖，具体包括耕地、林地、草地、水域、建设用地、未利用地等；另一类为中微观层面的城市土地利用类型，具体包括居住用地、商业办公用地、公共服务设施用地、工业和仓储用地、绿色开放空间用地等。

土地利用变化/覆盖代表人类活动对地表土地利用覆被的改变。耕地、水域中的污染会对健康产生负面影响，荷拉等（Sheela et al., 2017）对印度的研究发现，耕地和水域会加重疟疾发病率与基孔肯雅的发病率，这与皮卡韦等（Picavet et al., 2016）的研究中耕地对抑郁症和血压都有不良影响的结论一致。迈尔斯和帕兹（Myers and Patz, 2011）指出耕地的增加和化肥的使用为疾病提供了媒介与宿主，增加了呼吸系统疾病与心血管疾病的发生。城市建设用地增加也与不良分娩（如小孕龄和低出生体重）（Ebisu et al., 2016）和哮喘症状（Son et al., 2015）的风险增加显著相关。事实上，随着我国城市化和工业化进程的快速推进，城乡建设用地规模不断扩张和耕地急剧减少已经成为土地利用变化的主要特征，建设用地扩张不仅改变了地球表面的空间景观格局，亦对区域生态环境系统产生极大影响；尤其从碳排放源头来看，建设用地是人口、建筑、交通、工业和物流的集中地，亦是高耗能和高碳排放的集中地（顾朝林等，2009），碳排放会产生大量的空气污染，相关研究表明，城镇建设用地的增加不利于大气污染物的扩散（迟妍妍等，2013）；同时，建设用地增加还会导致流域水净化功能的显著衰退，加重水污染（肖楚楚，2013），这些对自然环境的污染会对居民健康产生负面影响。此外，还有更多研究集中在森林、草地、水域等开放空间对居民健康的促进作用上，这类开放空间对体重指数、心理健康、脑血管疾病、低出生体重、各种癌症等有明显的改善作用（Ghimire et al., 2017；Sheela et al., 2017；Alcock et al., 2015；Factor et al., 2013；Li, 2008）。虽然开放空间对健康影响的潜在机制尚未明确，但有研究表明，开放空间通过净化环境、增加居民体力活动和社会交往可以有效促进公共健康（Nielsen and Hansen, 2007；Dadvand et al., 2012；Su et al., 2016）。

在城市土地利用类型方面，研究发现，工业用地对健康有负面影响（Vaz et al., 2015；Factor et al.,

2013；Lópezcima et al.，2011；Su et al.，2016），工业用地导致的空气污染和水中有毒物质的排放，增加了脑血管疾病、新癌症、流产和抑郁症发生的风险（Factor et al.，2013），还会增加哮喘病、心脏病、肺炎、癌症等的发病率（Su et al.，2016）。瓦斯等（Vaz et al.，2015）的研究还发现，工业和商业用地对居民自评健康也产生负面影响。同时，居住在工业用地附近的居民表现出更高的肺癌风险（Lópezcima et al.，2011），工业用地会导致水环境恶化（Zhao et al.，2015）。中国卫生部的数据表明，11%的消化系统癌症与工业水污染密切相关（Cao et al.，2015）。相反，公园、娱乐场所、绿地对健康有积极作用（Vaz et al.，2015；Su et al.，2016）。其他类型用地，如医疗、教育、行政、居住等用地，在研究中与居民的健康指标没有发现显著相关性。

（2）土地利用的空间分布

土地利用的空间分布体现在各种城市土地利用类型及设施的空间分布上，居民到公共设施的距离和可达性都会影响其身心健康。一方面，与公园或绿色空间的距离会对健康产生影响。吉米雷等（Ghimire et al.，2017）、尼尔森和汉森（Nielsen and Hansen，2007）的研究发现，距离公园、绿色空间越远，居民体重指数和压力指数越大。这与科恩等（Cohen et al.，2006）的研究中居住在更多公园附近的青少年可以获得更多非校园体力活动，从而促进健康的影响机制一致。另一方面，在设施可达性上，地铁站可达性高会改善居民的健康状况和生活质量（An et al.，2014），社区有地铁站会减少肥胖的发生率（Hu et al.，2014）。但在迈克尔等（Michael et al.，2014）的研究中，公共交通可达性与体重指数没有显著相关性。

此外，合理的设施布局如公共服务设施、文化休闲设施、基础设施等对居民健康有促进作用。琼斯等（Jones et al.，2010）发现卫生设施用地如医院、诊所的合理分布能提高居民获得医疗服务的可达性，有助于公共健康。莫塔等（Mota et al.，2005）发现社区娱乐设施的合理布局对居民日常出行和促进体力活动有积极影响，因而有益健康。合理的基础设施布局，如给水、排水、垃圾系统等，能在很大程度上保障城乡居民获得清洁的水、清新的空气、有机的健康土壤，垃圾的有效回收利用、暴雨的疏导与雨水收集等，可以减少疾病的流行与传播（Sheela et al.，2017）。

3.2 土地的混合利用

土地的混合利用主要指不同属性的土地混合利用的总体情况，包括城市居住、商业、办公、服务、休闲等用地的融合。土地的混合利用旨在通过空间安排，使多种使用性质不同的土地相互临近甚至功能叠加，在缩短出行距离的同时鼓励慢行交通的出行方式，减少机动车污染并促进居民体力活动。对于土地混合指标的测度有多种方法，主要包括熵指数（Entropy index）（An et al.，2014；Su et al.，2016）、辛普森（Simpson）的土地利用混合多样性指数（Su et al.，2016）、弗兰克的土地利用混合度（Wu et al.，2016；Frank et al.，2004；Sarkar et al.，2013；Lawrence et al.，2006）以及欧氏距离（Michael et al.，2014）等。

土地利用混合度的提高对居民健康有益（Wu et al., 2016；Frank et al., 2004；Su et al., 2016）。相关研究发现，土地混合度的提高有利于降低死亡率、体重指数、哮喘、慢性等疾病的发病率，这是因为较高的土地混合利用可以为居民提供更方便的公共服务、工作和娱乐活动等，减少居民依赖机动车出行，增加居民外出体力活动，有益公共健康。但萨卡尔等（Sarkar et al., 2013）发现，土地的混合利用与体重指数呈正相关关系，其研究对象是一个半城市通勤城镇，土地混合度较低，这可能对结果产生影响。同时，也有研究发现土地利用混合与健康无相关关系（Michael et al., 2014；An et al., 2014；Gao et al., 2016）。

公共服务用地与居住用地的分布会影响居民出行。在居住地附近提供公共服务设施，如社区中心、公园、商业等，实现居住空间和居民生活所需的服务相匹配，减少居民的远距离交通发生量，降低小汽车出行，促进居民步行或者骑行，对居民的健康有益。研究发现，居住在土地混合利用度高的社区中心、商业中心、学校、医院等设施用地混合布局的地方，会让居民有更高的步行休闲水平（Oliver et al., 2011）；居住、商业、娱乐用地的混合与有利于步行、骑行的道路设施也会增加居民的体力活动，促进健康（Aytur et al., 2008）。而居民住宅与公共开放空间（如休闲场所、运动场所）、学校的距离是影响居民体力活动的重要因素（Giles-Corti et al., 2005；Grow et al., 2008）。根据现有研究，适宜步行出行的空间距离为 2 千米以内，适宜自行车出行的空间距离为 4.2 千米以内，适宜公共交通出行的距离为 9.6 千米以内（冯红霞、张生瑞，2014），因此，在一定的空间距离范围内混合布置居住与公共服务用地，有助于鼓励居民更多选择步行和骑行的出行方式，通过增加体力活动改善公共健康。

工作地与居住地的分布也会影响公共健康。职住平衡会减少通勤时间，增加步行和自行车出行的比例，而就业与居住的不平衡会导致长距离通勤的需求，引起交通拥堵等（Cervero, 1989）。有研究表明，土地利用混合度越高，公共交通和步行出行比例就越高，就业中心的土地的混合利用有助于均衡整个都市的交通流分布，减少小汽车使用（Frank, 1994）。合理的居住与就业用地的混合布置，有助于住宅和就业岗位的均衡分布，可将大多数的通勤交通出行控制在短距离出行范围内，减少小汽车使用带来的交通性空气污染和居民的污染暴露风险，增加居民体力活动，有益健康。

3.3 土地利用密度与开发强度

土地利用密度表示单位用地面积内土地利用类型的基底面积与该单位用地总面积的比值，通常包含住宅密度、公共服务设施密度、休闲设施密度等。土地开发强度表示单位土地的使用程度，通常用容积率、建筑密度、绿地率等指标来表示。土地开发强度的高低，直接反映某个区域的建设用地情况、人口密集程度、基础设施配置和经济总量等。

较高的住宅密度会对健康产生积极的效应，有利于心理健康（Gao et al., 2016）以及降低肥胖的发生率（Hu et al., 2014）和呼吸系统疾病的入院率（Réquia et al., 2015）。但也有研究显示住宅密度与健康状况无显著相关关系（An et al.，2014）。事实上，较高的住宅密度与居民体力活动水平的增加有关（Aytur et al.，2008；Kirk et al.，2010），特别在增加步行水平上（Boarnet et al.，2008；Pont et al.，2009），这在一定程度上会对居民健康产生积极影响；而低密度的住宅开发使得公共交通成本过高，引发居民对私人机动车交通的依赖，增加与行车速度、交通总量、汽车排放尾气和缺乏体力活动相关的健康风险（British Medical Association，2012）。娱乐休闲设施、教堂和零售商店密度的提高会减少体重指数，促进居民健康（Ghimire et al.，2017；Sarkar et al.，2013）。曼泰和莫罗克（Maantay and Maroko，2015）发现，空置和遗弃土地密度的增加与精神疾病的增加相关。

此外，在土地利用开发强度上，埃比苏等（Ebisu et al.，2011）发现城市土地开发强度的增高会提高哮喘的发病率，高强度的城市区域（80%或更多不透水表面）更可能包含工业中心，被交通拥堵所包围，而低强度城市区域（具有20%～50%不透水表面）更多可能是住宅、污染较少的地区。由于高强度的建筑开发会减慢气体和颗粒物的分散（Pirjola et al.，2012），使高浓度的空气污染一般都集中在层数高的建筑物周边，影响居民健康。

3.4 土地利用形态

除以上三种学者常使用的土地利用特征指标，也有关于土地利用形态与健康的研究（Su et al.，2016；Ouyang et al.，2018）。土地利用形态指标一般包括斑块面积、斑块周长、斑块密度、斑块形状、斑块邻近指数、斑块丰富度等，用于衡量土地利用形态的规则性和破碎度。现有关于土地利用形态的研究较为鲜见，主要是关于建设用地、绿地、工业用地的斑块面积等形态特征对健康的影响，尚需更多的实证研究进行深入分析。

苏等（Su et al.，2016）的研究发现，绿地形态（如平均斑块面积）会对部分健康指标产生影响，如哮喘病、心脏病、慢性肺炎、心理健康和肥胖症，绿地的平均斑块面积越大，意味着绿地的破碎度越低，即街道内有更多大而完整的绿地会有利于居民健康，而城市居民也更倾向于使用大面积、结构完整的绿色空间（Giles-Corti et al.，2005；Reyes and Figueroa，2010），不规则和小型的绿地在城市发展中更容易被占用。同样，工业用地形态与心脏病呈正相关（Su et al.，2016），在空间上相互连接的工业用地在产生经济集聚效应的同时，也带来更多的污染物（Cheng，2016），对健康产生不良影响。欧阳等（Ouyang et al.，2018）发现，复杂且分散的土地利用形态会增加某些类型癌症的发病率（如乳腺癌、结直肠癌、胰腺癌和肾及泌尿系统癌），分散的城市形态会增加通勤距离，引起过多的能源消耗和交通污染，也会导致水环境的恶化，从而对健康造成负面影响。这些研究都表明土地利用形态特征与公共健康之间存在一定程度的关联。

3.5 研究总结

既有文献发现土地利用会影响公共健康，普遍的结论是，更多的公园和绿色空间、适宜的城市开发强度、混合的土地利用环境、较高的住宅密度、紧凑的土地利用形态，能够达到改善自然环境、增加居民体力活动和社会交往的目标，进而提升居民健康状况。但是土地利用与公共健康之间的关系十分复杂，在这些研究中，部分研究结论也存在不一致，如土地利用混合对体重指数的影响在不同地区得出的结论相左；再如绿色空间，其种类的不同对健康也会产生不同影响，其影响机制如何并没有明确的结论，这些都需要更多的实证研究来总结更具普适性的规律。实际上，这种差异的产生与研究地区的不同有很大关系，影响人体健康的因素众多，除了建成环境，还与遗传因素、家庭等社会因素相关，所以，不同的空间尺度和城市规模不能一概而论，地区的差异也迫使研究人员必须在不同的空间尺度结合当地情况，选取适当的研究方法和构建恰当的指标体系进行具体分析研究，从而凝练出有价值的结论。

4 促进公共健康的土地利用策略

基于现有研究，促进健康的土地利用规划可以从土地利用类型、土地的混合利用、土地利用密度与开发强度、土地利用形态四个方面进行考虑，总体来看存在三种健康干预路径：提高自然环境品质、促进体力活动以及社会交往。本文总结了在不同空间尺度上通过土地利用优化改善公共健康的策略及建议（表2）。

表2 促进公共健康的土地利用要素

土地利用要素			健康促进策略及路径	资料来源
土地利用类型	数量	LUCC	保护森林环境——减少污染，促进体力活动	Ghimire et al.，2017；Sheela et al.，2017
			保护河流、湿地、泉水不受污染、开垦、侵占——减少污染	Sheela et al.，2017
		城市土地利用类型	增加城市绿色空间——减少污染，促进体力活动和社会交往	Picavet et al.，2016；Alcock et al.，2015；Nielsen and Hansen，2007；Su et al.，2016
			增加蓝色空间（水域）——减少污染、促进体力活动和社会交往	Su et al.，2016
			减少工业用地污染暴露——减少污染	Factor et al.，2013
	空间分布		合理的基础设施布局——减少污染	Sheela et al.，2017
			合理的工业用地与居住用地布局——减少污染	Lópezcima et al.，2011
			建立步行友好的社区环境——促进体力活动	An et al.，2014；Hu et al.，2014

续表

土地利用要素	健康促进策略及路径	资料来源
土地利用混合	改善土地利用混合,减少日常活动受限,减少汽车使用,增加步行活动——促进体力活动和社会交往	Wu et al., 2016; Michael et al., 2014; Frank et al., 2004; Su et al., 2016; Weng et al., 2017
土地利用密度与开发强度	增加各种公共服务设施用地的可达性——促进体力活动	Ghimire et al., 2017; Sarkar et al., 2013
土地利用密度与开发强度	合理的住宅密度、公共交通可达性——促进体力活动	Hu et al., 2014
土地利用密度与开发强度	促进废弃土地再利用——减少污染	Maantay and Maroko, 2015
土地利用密度与开发强度	控制城市土地开发强度——减少污染	Ebisu et al., 2011
土地利用形态	促进大面积、结构完整的绿地使用——减少污染,促进社会交往	Su et al., 2016; Giles-Corti et al., 2005; Reyes and Figueroa, 2010
土地利用形态	避免城市土地使用的碎片化——减少污染	Ouyang et al., 2018

在宏观层面,应当通过土地使用政策工具来监管和保护特定的土地利用类型,如保护森林植被、河流湿地不受污染、开垦和侵占,并鼓励人们合理使用这些自然资源,增加体力活动;同时,以紧凑型城市为规划目标,控制建成区的边界,避免城市蔓延,减少小汽车使用;或通过成立生态、农林地保护区,限制土地的开发行为等作为有效的健康干预策略。在中微观层面,城市发展过程中要合理安排居住用地与工业用地的关系,控制工业用地的污染暴露风险,加强对处理废弃物的基础设施投入,减少污水、污泥等带来的环境污染和疾病传播;控制土地利用的开发强度,减少高强度开发对居民健康产生的不利影响(高强度开发的城市区域对污染物分散有抑制作用);保证适当的土地混合利用和公共服务设施、娱乐休闲设施密度,使居民更好地获取满足日常基本需求的服务和设施,促进居民出行方式的转变(从机动车转为步行或者骑行),有效减少居民的通勤距离和避免交通污染暴露的风险。同时,创造更高品质的开放空间供居民进行户外活动。实践中,英国卫生部和美国公共卫生协会发布了关于自然、健康和幸福的政策声明(Alcock et al., 2015),强调增加城市绿色空间的可达性,加强通过优化公园绿地等开放空间内的基础设施设计,如道路无障碍的设计、登山路径、趣味性路径的设计,鼓励居民使用户外休闲资源。在社区层面,建立步行友好的社区环境,促进居民使用主动交通模式(步行、骑行)进行日常活动或到达公共服务,增加公共交通的可达性,并注重社区的美学、安全性和街道连通性等问题的设计,可以改善人体健康。

可见，将改善居民健康的理念纳入土地利用规划的全过程十分重要。土地利用规划决策应考虑建成环境对公共健康的影响，通过建立城乡规划、公共卫生、环境科学等多学科的合作机制，促进健康理念在规划实践中的转化，制定有助于促进公共健康的土地使用政策与规划，加强社区设计，创造健康的城市空间。

5 研究结论与展望

5.1 研究结论

总体而言，西方国家对于土地利用促进公共健康的研究日益关注，有许多城市将实证研究成果落实到实践层面；而我国的研究多为综述型文章，缺乏针对性的实证研究。通过对文献的梳理，总结出以下主要观点：①影响公共健康的因素众多，除了基因、社会经济条件、个人习惯等因素外，建成环境中的土地利用因素——通过改善自然环境品质、促进体力活动和社会交往等干预路径不同程度地影响公共健康，优化土地利用策略可以从本质上改善公共健康；②可以通过合理的用地布局、制定适宜的指标体系等措施，增加开放空间和各类设施的可达性，改善自然环境，增加居民体力活动和社会交往，促进健康；③在通过规划改善公共健康的工作中，应加强多学科、多部门的合作路径，如城市规划部门、公共卫生部门、环保部门等的通力合作，共同制定促进公共健康的土地利用策略。

土地利用与健康之间的关系不仅是发现变量之间的简单相关性，更需要在城乡规划学、公共卫生学、环境科学等多学科的共同努力下，构建一个完善的土地利用与公共健康理论框架来加以指导，识别不同尺度、不同发展阶段和不同地区影响健康的土地利用要素及其作用路径。土地利用环境对健康的影响会随着空间尺度的变化而有所差异，在国家/区域层面，土地利用规划对宏观社会经济、生态环境、气候变化的影响对公共健康的作用非常显著；在城市和社区层面，地方经济和收入、教育、医疗的差异、空间和公服的布局都与土地利用规划相关；而在个体层面，体力活动、饮食环境、社会交往等生活方式也会受土地利用的影响，这些因素都会作用到公共健康。目前大部分研究仍停留在土地利用与健康的直接关系上，对土地利用影响健康的中介变量和路径分析远远不足，亟待开展更多的实证研究探索其影响的中介变量和因果关系路径，并在此框架下提出完善土地利用等方面的对策与建议。

需要指出的是，既有研究也存在一定局限性。从研究内容看，在公共健康方面，对不同类型疾病的环境病理学研究不足，导致选择土地利用指标时缺少必要的环境健康依据支撑；而土地利用指标大部分仅基于地理特征，缺少关于行业和污染排放等信息；在研究的空间尺度上，行政区内部的非均质性特征常常被忽视，且宏观区域层面的环境因素（如空气、水、土壤质量等）对居民健康的影响如何剥离也值得进一步商榷。从研究方法来说，缺乏纵向研究的设计，纵向的研究具有控制个体的偏好习惯、遗传因素等优势，且土地利用、环境因素对居民健康的影响是一个动态过程，存在时间的累积和滞后效应,当前研究大多是基于横截面的数据分析,很少有采用面板数据进行研究,如能采用纵向研究,探索相同人群的土地利用变化和健康结果变化之间的关系,可以得到更为稳健的结论。

5.2 研究展望

各个国家和城市的社会经济背景不同,既有文献可以提供研究思路和方法的借鉴,但我国促进健康的土地利用规划需要更多的本土化实证研究作为基础。相较于国外对于土地利用与公共健康的研究进程,我国在城乡规划与公共卫生的跨学科研究尚未真正起步。根据现有研究,本文对未来相关研究提出以下展望与设想:①在不同空间尺度下,对不同地区进行实证研究,明确多维度土地利用指标对居民健康的影响程度;②探讨在不同空间尺度下,影响居民健康的土地利用指标,提出不同空间尺度下的土地利用优化建议;③通过跨学科研究,进一步识别土地利用指标对居民健康的动态影响路径与机制,挖掘因果关系中可能存在的中介变量,促进土地利用与公共健康理论的完整性,为以健康促进为目标的政策制定提供依据,这些研究将有助于改善我国的建成环境品质和居民的公共健康。

致谢

本之受国家自然科学基金委"'多维度—多尺度'视角下建成环境对老龄健康的影响研究"(51878367)、北京市卓越青年科学家计划项目"北京城乡土地利用优化的理论与规划方法体系研究"(JJWZYJH01201910003010)资助。

参考文献

[1] ALCOCK I, WHITE M P, LOVELL R, et al. What accounts for "England's green and pleasant land"? A panel data analysis of mental health and land cover types in rural England[J]. Landscape & Urban Planning, 2015, 142: 38-46.

[2] AN S, LEE J, SOHN D. Relationship between the built environment in the community and individual health in Incheon, Korea[J]. Journal of Asian Architecture & Building Engineering, 2014, 13(1): 171-178.

[3] AYTUR S, RODRIGEUEZ D, EVENSON K, et al. Urban containment policies and physical activity. A time-series analysis of metropolitan areas, 1990-2002[J]. American Journal of Preventative Medicine, 2008, 34(4): 320-332.

[4] BARTON H. A health map for urban planners: towards a conceptual model for healthy, sustainable settlements[J]. Built Environment (1978-), 2005, 31(4): 339-355.

[5] BARTON H, BEDDINGTON J. Land use planning and health and well-being[J]. Land Use Policy, 2009, 26(12): S115-S123.

[6] BOARNET M G, GREENWALD M, MCMILLAN T E. Walking, urban design, and health-toward a cost-benefit analysis framework[J]. Journal of Planning Education and Research, 2008, 27(3), 341-358.

[7] British Medical Association. Healthy transport = Healthy lives[M]. London: British Medical Association, 2012.

[8] CAO H, FUJII H, MANAGI S. A productivity analysis considering environmental pollution and diseases in

China[J]. Journal of Economic Structures, 2015, 4(1): 1-19.
[9] CERVERO R. Jobs-housing balancing and regional mobility[J]. Journal of the American Planning Association, 1989, 55(2): 136-150
[10] COHEN D A, ASHWOOD J S, SCOTT M M, et al. Public parks and physical activity among adolescent girls[J]. Pediatrics, 2006, 118(5): e1381-e1389. [PubMed: 17079539]
[11] CORBURN J. Urban land use, air toxics and public health: assessing hazardous exposures at the neighborhood scale[J]. Environmental Impact Assessment Review, 2007, 27(2): 145-160.
[12] CHENG Z. The spatial correlation and interaction between manufacturing agglomeration and environmental pollution[J]. Ecological Indicators, 2016, 61: 1024-1032.
[13] DADVAND P, DE NAZELLE A, FIGUERAS F, et al. Green space, health inequality and pregnancy[J]. Environment International, 2012, 40: 110-115.
[14] EBISU K, HOLFORD T R, BELANGER K D, et al. Urban land-use and respiratory symptoms in Infants[J]. Environmental Research, 2011, 111(5): 677-684.
[15] EBISU K, HOLFORD T R, BELL M L. Association between greenness, urbanicity, and birth weight[J]. Science of the Total Environment, 2016, 542(Pt A): 750-756.
[16] EWING R, CERVERO R. Travel and the built environment: a synthesis[J]. Transportation Research Record, 2001, 1780(1): 87-114.
[17] FACTOR R, AWERBUCH T, LEVINS R. Social and land use composition determinants of health: variability in health indicators[J]. Health & Place, 2013, 22(4): 90-97.
[18] FRANK L D. Impacts of mixed used and density on utilization of three modes of travel: single-occupant vehicle, transit, walking[J]. Transportation Research Record, 1994, 1466: 44-52.
[19] FRANK L D, ANDRESEN M A, SCHMID T L. Obesity relationships with community design, physical activity, and time spent in cars[J]. American Journal of Preventive Medicine, 2004, 27(2): 87-96.
[20] GALEA S, VLAHOV D. Urban health: evidence, challenges, and directions[J]. Annu Rev Public Health, 2005, 26(1): 341-365.
[21] GAO M, AHERN J, KOSHLAND C P. Perceived built environment and health-related quality of life in four types of neighborhoods in Xi'an, China[J]. Health & Place, 2016, 39: 110-115.
[22] GHIMIRE R, FERREIRA S, GREEN G T, et al. Green space and adult obesity in the United States[J]. Ecological Economics, 2017, 136: 201-212.
[23] GILES-CORTI B, BROOMHALL M H, KNUIMAN M, et al. Increasing walking: how important is distance to, attractiveness, and size of public open space?[J]American Journal of Preventive Medicine, 2005, 28(Suppl 2): 169-176.
[24] GROW H M, SAELENS B E, KERR J, et al. Where are youth active? Roles of proximity, active transport, and built environment[J]. Medicine & Science in Sports & Exercise, 2008, 40(12): 2071-2079.
[25] HERSKIND A M, MCGUE M, HOLM N V, et al. The heritability of human longevity, a population-based study of 2872 Danish twin pairs born 1870-1900[J]. Hum Genet, 1996, 97(3): 319-323.
[26] HIEN L T T, TAKANO T, SEINO K, et al. Effectiveness of a capacity-building program for community leaders in

a healthy living environment: a randomized community-based intervention in rural Vietnam[J]. Health Promotion International, 2008, 23(4): 354-364.

[27] HU H H, CHO J, HUANG G, et al. Neighborhood environment and health behavior in Los Angeles area[J]. Transport Policy, 2014, 33(4): 40-47.

[28] JONES A P, HAYNES R, SAUERZAPF V, et al. Geographical access to healthcare in Northern England and post-mortem diagnosis of cancer[J]. Journal of Public Health, 2010, 32(4): 532-537.

[29] KIRK S F L, PENNEY T L, MCHUGH T L F. Characterizing the obesogenic environment: the state of the evidence with directions for future research[J]. Obesity Reviews, 2010, 11(2): 109-117.

[30] LALONDE, M. A new perspective on the health of canadians[J]. Health and Welfare, Canada, Ottawa, 1974.

[31] LAWRENCE D F, JAMES F S, TERRY L C, et al. Many pathways from land use to health: associations between neighborhood walkability and active transportation, body mass index, and air quality[J]. Journal of the American Planning Association, 2006, 72(1): 75-87.

[32] LI Q. Relationships between percentage of forest coverage and standardized mortality ratios (SMR) of cancers in all prefectures in Japan[J]. Open Public Health Journal, 2008, 1(1).

[33] LOPEZ R. Urban sprawl and risk for being overweight or obese[J]. American Journal of Public Health, 2004, 94(9): 1574-1579.

[34] LÓPEZCIMA M F, GARCÍAPÉREZ J, PÉREZGÓMEZ B, et al. Lung cancer risk and pollution in an industrial region of Northern Spain: a hospital-based case-control study[J]. International Journal of Health Geographics, 2011, 10(1): 10.

[35] MAANTAY J, MAROKO A. "At-risk" places: inequities in the distribution of environmental stressors and prescription rates of mental health medications in Glasgow, Scotland[J]. Environmental Research Letters, 2015, 10(11): 115003.

[36] MICHAEL Y L, NAGEL C L, GOLD R, et al. Does change in the neighborhood environment prevent obesity in older women?[J] Social Science & Medicine, 2014, 102(2): 129-137.

[37] MOTA J, ALMEIDA M, SANTOS P, et al. Perceived neighborhood environments and physical activity in adolescents[J]. Prev Med, 2005, 41(5-6): 834-836. [PubMed: 16137754]

[38] MYERS S, PATZ J. Land use change and human health-reference module in earth systems and environmental sciences/encyclopedia of environmental health[J]. Encyclopedia of Environmental Health, 2011: 396-404.

[39] NIELSEN T S, HANSEN K B. Do green areas affect health? Results from a Danish survey on the use of green areas and health indicators[J]. Health & Place, 2007, 13(4): 839-850.

[40] OLIVER L, SCHUURMAN N, HALL A, et al. Assessing the influence of the built environment on physical activity for utility and recreation in suburban metro Vancouver[J]. BMC Public Health, 2011, 11(9): 1085-1089.

[41] OUYANG W, LI J W, TIAN L, et al. Examining the impacts of land use on cancer incidence through structural equation modeling: a case of the Pan-Yangtze river delta, China[J]. Cities, 2018, 83(DEC): 11-23.

[42] OWRANGI A M, LANNIGAN R, SIMONOVIC S P. Interaction between land-use change, flooding and human health in Metro Vancouver, Canada[J]. Natural Hazards, 2014, 72(2): 1219-1230.

[43] PICAVET H S, MILDER I, KRUIZE H, et al. Greener living environment healthier people? Exploring green space,

physical activity and health in the doetinchem cohort study[J]. Preventive Medicine, 2016, 89: 7-14.

[44] PIRJOLA L, LÄHDE T, NIEMI J V, et al. Spatial and temporal characterization of traffic emissions in urban microenvironments with a mobile laboratory[J]. Atmospheric Environment, 2012, 63(63): 156-167.

[45] PONT K, ZIVIANI J, WADLEY D, et al. Environmental correlates of children's active transportation: a systematic literature review[J]. Health & Place, 2009, 15(3): 827-840.

[46] REYES S, FIGUEROA I M. Distribución, superficiey accesibilidad de las áreas verdes en Santiago de Chile[J]. EURE 2010, 36(109): 89-110 (in Spanish).

[47] RÉQUIA JÚNIOR W J, ROIG H L, KOUTRAKIS P. A novel land use approach for assessment of human health: the relationship between urban structure types and cardiorespiratory disease risk[J]. Environment International, 2015, 85: 334-342.

[48] RICHARDSON E A, PEARCE J, MITCHELL R, et al. Role of physical activity in the relationship between urban green space and health[J]. Public Health, 2013, 127(4): 318-324.

[49] ROMANO J A, KNECHTGES P L. Global public health and toxicology[J]. Encyclopedia of Toxicology (Third Edition) 2014: 746-750.

[50] RUTT C, DANNENBERG A L, KOCHTITZKY C. Using policy and built environment interventions to improve public health[J]. Journal of Public Health Management & Practice, 2008, 14(3): 221-223.

[51] SAELENS B E, SALLIS J F, BLACK J B, et al. Neighborhood-based differences in physical activity: an environment scale evaluation[J]. American Journal of Public Health, 2003a, 93(9): 1552-1558.

[52] SAELENS B E, SALLIS J F, FRANK L D. Environmental correlates of walking and cycling: findings from the transportation, urban design, and planning literatures[J]. Annals of Behavioral Medicine, 2003b, 25(2): 80-91.

[53] SARKAR C, GALLACHER J, WEBSTER C. Built environment configuration and change in body mass index: the caerphilly prospective study (CaPS)[J]. Health & Place, 2013, 19: 33-44.

[54] SHEELA A M, GHERMANDI A, VINEETHA P, et al. Assessment of relation of land use characteristics with vector-borne diseases in tropical areas[J]. Land Use Policy: The International Journal Covering All Aspects of Land Use, 2017, 63: 369-380.

[55] SILVERMAN D T, SAMANIC C M, LUBIN J H, et al. The diesel exhaust in miners study: a nested case-control study of lung cancer and diesel exhaust[J]. J Natl Cancer Inst, 2012, 104(11): 855-868.

[56] SON J Y, KIM H, BELL M L. Does urban land-use increase risk of asthma symptoms?[J] Environmental Research, 2015, 142(3): 309-318.

[57] SU S, ZHANG Q, PI J, et al. Public health in linkage to land use: theoretical framework, empirical evidence, and critical implications for reconnecting health promotion to land use policy[J]. Land Use Policy, 2016, 57: 605-618.

[58] United Nations. World urbanization prospects: the 2017 revision[M]. New York, NY: United Nations, Population Division, 2018.

[59] VAZ E, CUSIMANO M, HERNANDEZ T. Land use perception of self-reported health: exploratory analysis of anthropogenic land use phenotypes[J]. Land Use Policy, 2015, 46: 232-240.

[60] WENG M, PI J, TAN B, et al. Area deprivation and liver cancer prevalence in Shenzhen, China: a spatial

approach based on social indicators[J]. Social Indicators Research, 2017: 133(1): 317-332.
[61] WHITEHEAD M, DAHLGREN G. What can be done about inequalities in health?[J] Lancet, 1991, 338(8774): 1059-1063.
[62] World Health Organization, Government of South Australia. The Adelaide statement on health in all policies: moving towards a shared governance for health and well-being[J]. Health Promotion International, 2010, 25: 258-260.
[63] WU Y T, MATTHEW P A, ANDY J, et al. Land use mix and five-year mortality in later life: results from the cognitive function and ageing study[J]. Health & Place, 2016, 38: 54-60.
[64] ZHANG J, DHAKAL I B, ZHAO Z, et al. Trends in mortality from cancers of the breast, colon, prostate, esophagus, and stomach in East Asia: role of nutrition transition[J]. European Journal of Cancer Prevention, 2012, 21(5): 480-489.
[65] ZHAO J, LIN L, YANG K, et al. Influences of land use on water quality in a reticular river network area: a case study in Shanghai, China[J]. Landscape & Urban Planning, 2015, 137: 20-29.
[66] 迟妍妍, 张惠远, 饶胜, 等. 珠江三角洲土地利用变化对特征大气污染物扩散的影响[J]. 生态环境学报, 2013, 22(10): 1682-1687.
[67] 冯红霞, 张生瑞. 基于元分维理论的土地利用混合度研究——以榆林空港生态城控规为例[J]. 西安建筑科技大学学报(自然科学版), 2014, 46(6): 882-887.
[68] 福赛思, 孙文尧, 王兰. 健康城市的循证实践: 变化世界中的挑战[J]. 城市与区域规划研究, 2018, 10(4): 1-15.
[69] 顾朝林, 谭纵波, 刘宛, 等. 气候变化、碳排放与低碳城市规划研究进展[J]. 城市规划学刊, 2009(3): 38-45.
[70] 冷红, 李姝媛. 城市绿色空间规划健康影响评估及其启示[J]. 城市与区域规划研究, 2018, 10(4): 35-47.
[71] 孙斌栋, 尹春. 建成环境对居民健康的影响——来自拆迁安置房居民的证据[J]. 城市与区域规划研究, 2018, 10(4): 48-58.
[72] 肖楚楚. 密云水库流域建设用地扩张对生态系统水质净化功能的影响[D]. 长沙: 湖南农业大学, 2013.
[73] 张莹, 翁锡全. 建成环境、体力活动与健康关系研究的过去、现在和将来[J]. 体育与科学, 2014, 35(1): 30-34.

[欢迎引用]
李经纬, 田莉. 土地利用对公共健康影响的研究进展综述[J]. 城市与区域规划研究, 2020, 12(1): 136-154.
LI J W, TIAN L. Literature review of the impact of land use on public health[J]. Journal of Urban and Regional Planning, 2020, 12(1): 136-154.

小城市建成环境对居民体力活动的影响研究
——以江苏赣榆为例

胡 洋 何仲禹 翟国方

The Impact of Built Environment on Physical Activities in Small Cities–A Case Study of Ganyu, Jiangsu

HU Yang[1], HE Zhongyu[2], ZHAI Guofang[2]
(1. Faculty of Geosciences, Utrecht University, 3584CB, Utrecht, Netherlands; 2. School of Architecture and Urban Planning, Nanjing University, Nanjing 210092, China)

Abstract It is believed that lack of physical activities is one of the factors that result in public health problems in the modern society. Studies show that the improvement of built environment can promote the level of physical activities. A case study was carried out in Ganyu, a small city in Jiangsu Province. After controlling the effect of self-selection of residents, the study combined the data from questionnaire survey, GIS land use data, and POI data crawling from Autonavi Map, and employed multinomial logit and ordered logit models to examine how the objective built environment (including residential density, degree of mixed land use, density of commercial facilities, green land accessibility, street connectivity, and so on) and the subjective built environment (such as community environmental quality, safety, and convenience) can influence residents' physical activities for both commuting and recreation purposes. Results show that: (1) the impact of built environment is significant to certain group of people; (2) the subjective built environment has statistical significance on recreational physical activities; (3) for objective built environment variables, the density of commercial facilities, green land accessibility, street connectivity, and walkability are correlated with the mode and intensity of physical activities.

作者简介
胡洋，荷兰乌特勒支大学地球科学学院；
何仲禹（通讯作者）、翟国方，南京大学建筑与城市规划学院。

摘 要 缺乏体力活动是导致现代社会公共健康问题的重要因素之一，而建成环境的改善被认为是增加体力活动的有效方式。文章以江苏赣榆为研究对象，基于429份居民调查问卷、GIS土地利用现状和高德地图POI等数据，在控制居民自选择效应的基础上，分别利用多项Logistic和有序Logistic模型，探讨了客观建成环境（包括居住密度、土地混合度、商业设施密度、绿地可达性、街道连通性等要素）及主观建成环境（包括社区环境品质、安全性、便利性等要素）对居民的交通性体力活动和休闲性体力活动的影响，分析结果显示：①建成环境仅对特定人群体力活动的影响是显著的；②主观建成环境主要对休闲性体力活动有统计意义的影响；③客观建成环境中的商业设施密度、绿地可达性、街道连通性、可步行性与体力活动的方式及水平具有相关性。

关键词 体力活动；主观建成环境；客观建成环境；自选择；小城市

1 引言

生活节奏的加快和生活方式的转变正在给我国城市居民带来潜在的健康危机。研究表明，长期静坐、运动匮乏、依赖机动车出行等行为习惯是诸多慢性病（如肥胖、心血管疾病、中风和糖尿病等）高发的主要原因（Jackson，2003）。随着人们对生活质量的要求不断提高，"健康城市"的理念日渐受到关注，如何通过恰当的空间资源配置更大

Keywords physical activity; objective built environment; subjective built environment; self-selection; small city

程度地提升居民的健康水平成为城市规划领域研究的热点。目前，对土地利用与交通政策等建成环境的干预被认为是增加体力活动与活跃性交通出行的有效方式（Cao，2015）。

人们体力活动的类型是多样的，同时，建成环境对行为活动的影响也受到客观环境要素和主观环境感知双方面共同作用。本文研究建成环境与居民体力活动之间的关系，探讨不同建成环境要素对各类人群不同体力活动的差异性影响，以期通过适当的规划手段改善建成环境，提高居民体力活动的参与度，进而提升公众健康水平。

2 文献综述

2.1 相关概念界定

建成环境指有别于自然的人为建设和改造的各种建筑物及空间场所，主要由土地利用模式、城市设计和交通系统等要素构成（Frank and Engelke，2001；Handy et al.，2002；Saelens and Handy，2008），包括客观测量的建成环境（简称客观建成环境）和对于建成环境的主观感知（简称主观建成环境）（Brownson et al.，2009）。前者主要采用 GIS 等测量手段定量获得，相关要素指标有用地密度、混合度、设计、可达性、可步行性等（曹新宇，2015）。主观建成环境一般通过问卷调查获取，主要了解受访者对于周边各种建成环境要素的满意程度及感知状态，相关的要素指标有邻里环境感知、便利度感知和安全性感知等。

体力活动是指"任何由骨骼肌收缩引起并导致能量消耗的身体运动"（Low，1996）。体力活动的水平通常由持续时间、频率、强度、类型或者模式来描述（Katzmarzyk and Tremblay，2007）。根据行为目的的不同，体力活动可划分为四类：①与家务相关的体力活动行为；②与工作相关的体力活动行为；③与娱乐或休闲相关的体力活动行为；④与交通出行相关的体力活动行为（Lee and Moudon，2004）。

从现有研究看，主观建成环境主要对休闲性体力活动产生影响，而客观建成环境则与交通性体力活动有较为密切的关系，因此，本文将这两类体力活动作为研究对象。

除建成环境外，体力活动还受到个人行为偏好的影响。例如，一个喜欢步行的人，更有可能选择居住在一个步行友好的社区，从而可以更多地步行出行（Cao，2015）。因此，我们需要厘清建成环境对居民体力活动的影响究竟是来源于建成环境本身，还是具有某种行为倾向的群体根据自身偏好选择了特定的居住区位，从而表现出特定的体力活动行为。后一种现象被称为居民自选择，自选择的结果由行为偏好和个人社会经济属性共同决定（Mokhtarian and Cao，2008）。忽视自选择效应，可能会夸大建成环境的作用，从而导致错误的土地利用与交通政策（曹新宇，2015）。实际的居住选择过程还会受到住房价格、面积、公共设施等诸多因素影响，从而出现行为偏好与实际居住区位的不匹配。

2.2　相关研究进展

多数研究发现，客观建成环境中的密度、土地利用混合程度、设计、可达性和可步行性等指标与居民体力活动有着显著的正相关关系。密度是衡量区域内活动数量的重要指标，密度较高，土地利用较为紧凑，出行起点与目的地的距离就越短，对机动车的依赖就越低。另外，高密度的建成环境更能增强街道生活活力，支撑邻里商业，从而促进居民更多地选择步行或自行车出行（Feng et al.，2010）。土地利用混合程度通常由土地利用熵指数来表示；一般而言，土地利用混合度越高，区域内居住与就业岗位越平衡，居民越有可能采用主动式交通方式。设计方面主要包括道路的密度、形态、连通性、步行环境等。研究表明，随着道路形态的改善（如道路交叉口密度的提升），更多的居民采用步行或骑自行车出行。可达性用来衡量居住地到非居住目的地（如公园、商店、公交站台等）的可达程度，包括目的地的吸引力与出行的时间及距离成本（Handy，1992）；一般而言，可达性越高，居民越倾向于选择非机动交通出行。可步行性是个拟合了土地混合利用、道路交叉口密度、居住密度与商业设施密度的综合指标（Frank et al.，2006），可步行性高的地区将有助于激发居民的体力活动。

主观建成环境也在一定程度上影响居民的体力活动，但其影响机制尚不明确。有研究指出，良好的邻里环境感知有助于促进居民的休闲体力活动（Rhodes et al.，2006）。便利度方面，有研究表明，对于居住区周边商业的便利度感知与体力活动水平及步行强度正相关（Lin and Moudon，2010）。安全性感知主要指居民对于邻里犯罪与安全的感知，已有研究发现，社区道路环境安全与体力活动水平呈正相关（Booth et al.，2000；Boarnet et al.，2005）；女性对于邻里交通的安全感知与其步行水平呈正相关，而男性则呈负相关（Humpel et al.，2004）。

客观建成环境和主观建成环境对居民体力活动影响的相对强弱尚未形成一致结论。有学者认为，相较客观建成环境，主观建成环境对体力活动有着更强的解释力度（曹新宇，2015）；另有一些研究则表明，相较主观建成环境，客观建成环境与步行体力活动关系更大（Lin and Moudon，2010）；还有研究发现，休闲性活动与主观建成环境及客观建成环境都有关系（Hoehner et al.，2005）。因此，两类建成环境对于居民体力活动的影响机制及二者影响的相对重要程度还需进一步探究。

对于居民自选择，西方学者已经进行了一定研究，控制自选择效应的方法有以下九种：直接询问、统计控制、工具变量、样本选择、倾向得分匹配、联合离散选择模型、结构方程模型、人工离散选择模型和纵向设计（Mokhtarian and Cao, 2008）。其中，统计控制方法有两种操作方式：一是将反映个人偏好的变量直接引入模型；二是依据样本个人偏好及其实际居住的建成环境特征将其分为居住匹配/不匹配群体，通过比较不同群体的行为差异从而能够分别判断偏好与建成环境的各自影响。施瓦恩和默克赫塔里安（Schwanen and Mokhtarian, 2005）在美国旧金山的实证研究中最早使用了第二种方法，并发现对于居住在城市中的样本，尽管匹配群体（即偏好城市环境）的机动车出行量小于不匹配群体（即偏好郊区环境），说明个人偏好具有一定影响，但两个群体均显著小于居住在郊区样本的机动车出行量，说明建成环境对交通出行量和交通模式选择的影响大于个人偏好。弗兰克等（Frank et al., 2007）的后续研究则发现，相较建成环境，个人偏好的影响更加显著。

国内对于建成环境与体力活动关系的研究仍处于起步阶段，主要进行了相关理论的介绍、文献综述（鲁斐栋、谭少华，2015），实证研究较少。冯建喜等（2017）以南京为例，探究客观和主观建成环境对于老年人体力活动的影响机制，发现建成环境对于休闲体力活动影响更大。何晓龙等（2017）基于GIS的客观测量，探究了影响青少年群体体力活动的建成环境要素，发现居住区周边运动场地、设施密度和街道交叉路口密度的增加，有助于提升青少年群体的高强度体力活动量。在居民交通方式选择影响机制方面，周素红、闫小培（2006）以广州八个街区为案例，发现自行车出行方式与其所处的建成环境关系最大，其次是步行，同时发现居住人口密度和公共服务水平较低的地区居民倾向于公交出行，且通勤距离较长。孙斌栋、但波（2015）在对上海的研究中发现，居住地人口密度、土地利用混合度与十字路口比重的提高对减少小汽车通勤的选择具有显著影响，就业地的建成环境对居民通勤方式的影响不是很大。关于自选择效应的研究，仅有一些基于中国实证的英文文献（Wang et al., 2014; Cao and Yang, 2017; Huang et al., 2017; Wang and Lin, 2017），就居民自选择及建成环境对人们出行方式的影响进行了探讨。

国内现有实证研究均聚焦北京、上海、广州、南京等大城市，对人口众多的中小城市尚未给予足够关注。小城市尺度小，用地功能简单，居民体力活动特征可能与大城市有所差异；同时，小城市房价水平低且城市内部差异不大，居民自选择的制约因素较少；本文以小城市为研究对象。

3 实证研究

3.1 研究区域与数据获取

研究区域。选择江苏省连云港市赣榆区为研究对象，赣榆在2014年由县改区，仍具备县级小城市空间特征。研究区域为赣榆中心城区，面积为93.1平方千米，2016年常住人口20.6万人。整个城区分为三部分：①中心老城区，人口密度较高，土地利用较为集约；②东部新城区，人口密度较低，处于发展阶段且城市空间尺度比老城区大；③南部工业开发区，人口密度低，土地利用较为单一。

数据获取。体力活动和主观建成环境数据来源于2018年1月实施的问卷调查，委托赣榆实验幼儿园、赣榆实验小学、赣榆实验中学和赣榆高中四所教育机构，共计发放问卷1 800份。问卷采用自愿回答的方式，由老师交给学生，由其父母中一方完成。由于研究区域限于主城区，故只采集居住地址在主城区的居民的数据信息。根据回收情况来看，1 800份问卷中主城区问卷600份，其中有效问卷429份。客观建成环境数据基于2010年赣榆土地利用现状图和高德地图POI（Point of Interest，兴趣点）抓取。

问卷构成。问卷包括五部分内容：①样本个人社会经济属性；②样本对建成环境的主观感知（主观建成环境），主要了解居民对其居住区邻里环境、便利度和安全性三个方面的评价；③样本出行偏好，意在了解居民对于各种交通方式（小汽车、电动车、步行、自行车和公交出行）的偏好程度；④样本休闲体力活动，记录样本一周内步行、中等强度体力活动、高强度体力活动的频率和时间；⑤居民日常交通出行方式。此外，问卷还获取了居民居住区地址，以便计算居住区附近的客观建成环境属性。

3.2 初步分析

（1）可步行性计算

可步行性能够综合衡量多种建成环境要素的影响，本文采用国际上通用的算法：可步行性=住房密度（Z值）+商业设施密度（Z值）+道路交叉口密度（Z值）+用地混合程度（Z值）（Frank et al.，2007）。其中：①住房密度=样本居住地周边1千米范围内居住用地占比；②商业设施密度=居住地周边1千米范围内商业设施POI的数量；③道路交叉口密度=居住地周边1千米范围内十字交叉口的数量；④土地利用熵指数计算居住地周边1千米范围内土地利用的熵指数，具体计算公式如下（Cervero and Kockelman，1997）：

$$s = -\sum_j \frac{\left[P_{jk} \times \ln(P_{jk})\right]}{\ln(J)}$$

其中，s是土地利用熵指数，j是用地类型（$j = 1,2,\cdots,J$），k代表某一样本居住地周边1千米范围的缓冲区（$k = 1,2,\cdots,K$），P_{jk}是第k个缓冲区中j类用地的占比。熵指数范围从0（单调的土地利用）到1（高度混合的土地利用）。各类现状用地的类型与面积依据《赣榆县县城总体规划（2010~2030）》中的土地利用现状图并结合实地调研情况加以修正。

在得到每个样本居住位置1千米范围内的可步行性值后，采用克里金（Kriging）插值法进行空间差值，得到研究区内可步行性的分布情况（图1）。可以看到，街区的可步行性呈现从老城区向外围递减的单中心结构。南部工业开发区发展较早，可步行性较高。东部新城是城市近年新的拓展方向，公共服务设施尚不完善，可步行性较低。这一结果反映了赣榆作为小城市其建成环境的基本特征。

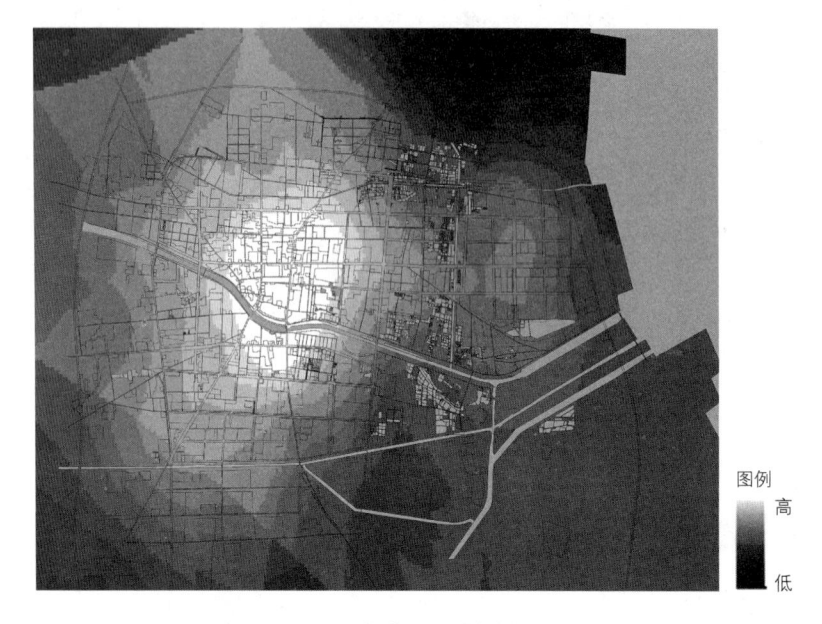

图 1 赣榆可步行性分布

（2）样本分组

参考前文统计控制的方法，分别针对交通性体力活动和休闲性体力活动，根据居民体力活动偏好与其居住区步行性高低的匹配程度划分为四个群体（表 1）。如样本居住地的步行性得分高于全体样本的算术平均值，则划分为高步行性地区；反之，则为低步行性地区。调查采用李克特量表询问样本对开车和运动的态度，同样，依据样本打分与全体算术平均值的关系，对体力活动偏好进行分组。

表 1 样本分组

体力活动偏好	交通性体力活动		休闲性体力活动	
居住区类型	喜欢开车	不喜欢开车	喜欢运动	不喜欢运动
高步行性地区	高步行性—喜欢开车（不匹配群体）	高步行性—不喜欢开车（匹配群体）	高步行性—喜欢运动（匹配群体）	高步行性—不喜欢运动（不匹配群体）
低步行性地区	低步行性—喜欢开车（匹配群体）	低步行性—不喜欢开车（不匹配群体）	低步行性—喜欢运动（不匹配群体）	低步行性—不喜欢运动（匹配群体）

(3) 交通性体力活动特征

居民的日常通勤方式中电动车出行比例最高，其次是小汽车出行，体力型交通出行方式（步行、自行车）比例较低（图2）。通勤时间分布中，0~10分钟、11~20分钟占比较高（图3）。由此可见，小城市居民通勤出行的基本特点：以电动车为主要方式，通勤时间较短且集中分布在20分钟以内。

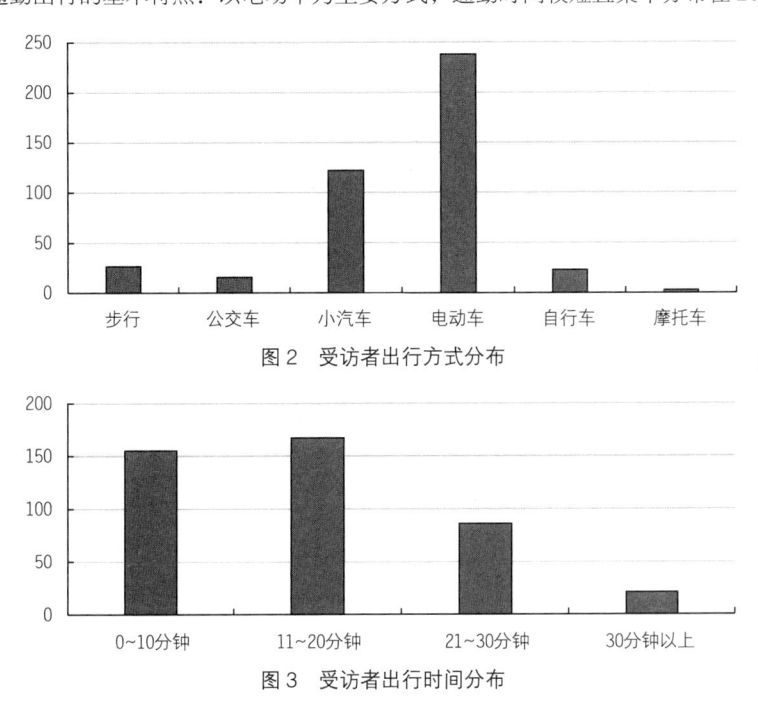

图 2　受访者出行方式分布

图 3　受访者出行时间分布

依据表 1 划分的四个群体，统计每个群体各类出行方式占比（表2）。数据显示，居住在低步行性地区的居民采用电动车或公交出行的比例高于居住在高步行性地区的居民。除居住在高步行性且喜欢开车群体采用机动交通通勤的比例较高外（42.6%），其他各群体的体力型交通出行与机动交通出行所占比例无明显差异。这一结果显示，作为一种必需的功能性活动，通勤出行交通方式的选择可能更多受到通勤距离、成本、经济能力等因素影响，主观偏好和建成环境的影响不占据主导地位。

表 2　各群体交通出行方式占比及样本数

出行方式	高步行性—不喜欢开车	高步行性—喜欢开车	低步行性—不喜欢开车	低步行性—喜欢开车
体力型交通出行	11.2%（12）	12.0%（13）	10.0%（10）	13.2%（15）
电动车、公交出行	65.4%（70）	45.4%（49）	64.0%（64）	62.3%（71）
小汽车、摩托车出行	23.4%（25）	42.6%（46）	26.0%（26）	24.6%（28）
总数	100%（107）	100%（108）	100%（100）	100%（114）

（4）休闲性体力活动特征

根据国际体力活动问卷（International Physical Activity Questionnaire）中对于体力活动的测度，将居民休闲性体力活动分为三类：步行，中等强度体力活动（如轻微的锻炼、体操、广场舞），高强度体力活动（跑步、游泳、健身、打篮球等剧烈的体育活动）。通过问卷获取每位受访者每种体力活动的活动频率与时间，分别计算受访者每周每种体力活动的代谢当量（MET），各种体力活动的代谢当量参考国际体力活动问卷的计算标准（表3）。其中，总的休闲性体力活动代谢当量（MET分钟/周）为三种类型体力活动之和。根据该问卷的划分标准，结合国内居民体力活动状况，将 0～32MET 分钟/周划为低水平，33～500MET 分钟/周划为较低水平，501～1 500MET 分钟/周划分为中等水平，1 500MET 分钟/周以上为高水平，得到居民总体力活动代谢当量的分布图（图4）。总体来看，超过75%的受访者体力活动水平在1 500MET 分钟/周以下，处于中低水平。

表3　体力活动代谢当量计算方法

类型	代谢当量（MET 分钟/周）
步行活动	3.3×平均每次步行时长（分钟）×每周步行次数
中等强度体力活动	4×平均每次中等强度体力活动时长（分钟）×每周中等强度体力活动次数
高强度体力活动	8×平均每次高强度体力活动时长（分钟）×每周高强度体力活动次数
总体体力活动	步行+中等强度体力活动+高强度体力活动

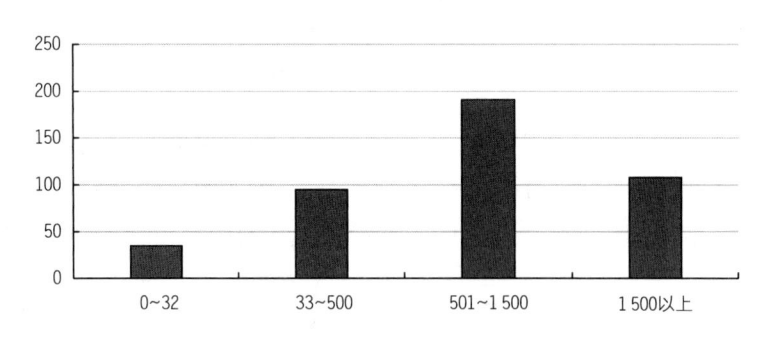

图4　样本体力活动总体代谢当量分布（MET 分钟/周）

表4依据样本所在居住地域的可步行性和运动偏好，对四个群体的总体体力活动水平分别进行统计。可以看出，在居住地域的可步行性一定的情况下，喜欢运动人群的中高强度体力活动大都高于不喜欢运动人群；而在运动偏好一定的情况下，居住地域步行性的高低与体力活动水平的关系没有表现出任何规律。

表 4 各群体总体体力活动水平占比及样本数

总体体力活动水平	高步行性—喜欢运动	高步行性—不喜欢运动	低步行性—喜欢运动	低步行性—不喜欢运动
0～32MET 分钟/周	5.9%（6）	11.5%（12）	7.0%（7）	8.1%（10）
33～500MET 分钟/周	22.5%（23）	24.0%（25）	18.0%（18）	23.6%（29）
501～1 500MET 分钟/周	48.0%（49）	39.4%（41）	48.0%（48）	43.1%（53）
1 500MET 分钟/周以上	23.5%（24）	25.0%（26）	27.0%（27）	25.2%（31）
总数	100%（102）	100%（104）	100%（100）	100%（123）

3.3 统计模型分析

（1）变量选取

统计分析中可供纳入的解释变量分为四类：①客观建成环境要素，包括居住密度、土地利用熵指数、商业设施可达性、道路交叉口密度、可步行性、绿地可达性六个变量；②主观建成环境要素，包括邻里绿化环境评价、整洁状况评价、公交设施便利度、夜晚照明安全性等十个变量；③交通出行偏好变量；④居民个人社会经济属性，包括年龄、性别、家庭年收入、受教育程度、家庭人口数、是否有驾照、汽车拥有数量七个变量。各变量具体的定义见表5。

表 5 各解释变量定义

变量分类与名称		变量定义
客观建成环境要素	居住密度	居住区半径 1km 缓冲区内居住用地占比
	土地利用混合度	居住区半径 1km 缓冲区内用地混合熵指数
	商业设施可达性	居住区半径 1km 缓冲区商业设施 POI 数量
	街道连通性	居住区半径 1km 范围内缓冲区道路交叉口数量
	绿地可达性	居住区距离最近绿地公园 0～500m =1
		居住区距离最近绿地公园 500～1 000m =2
		居住区距离最近绿地公园 1 000～1 500m =3
		居住区距离最近绿地公园 1 500～2 000m =4
		居住区距离最近绿地公园 2 000m 以上 =5
	可步行性	可步行性计算方法见前文

续表

变量分类与名称		变量定义
主观建成环境要素	邻里环境（绿化环境）	李克特5级量表打分（1表示很差，5表示很好）
	邻里环境（整洁状况）	
	邻里环境（自行车道环境）	
	邻里环境（步行道环境）	
	生活便利度（到公交站点便利性）	
	生活便利度（到购物场所便利性）	
	生活便利度（到公园广场便利性）	
	居住区周边安全性（夜晚照明）	
	居住区周边安全性（周边治安）	
	居住区周边安全性（步行安全性）	
交通方式偏好	汽车方面（喜欢开车出行）	李克特5级量表打分（1表示很不同意，5表示很同意）
	汽车方面（开哪种牌子车都行）	
	汽车方面（汽车仅是代步工具）	
	汽车方面（汽车是身份地位象征）	
	自行车/步行（喜欢自行车出行）	
	自行车/步行（喜欢步行出行）	
	电动车/摩托车（喜欢电动车出行）	
	电动车/摩托车（喜欢摩托车出行）	
	电动车/摩托车（电动车出行方便）	
	公交车（喜欢公交出行）	
	公交车（公交服务评价）	李克特5级量表打分（1表示很差，5表示很好）
居民社会经济属性	性别	男性=1，女性=2
	年龄	受访者的实际年龄
	受教育程度	初中及以下=1，高中/中专=2，大专=3，本科及以上=4
	家庭年收入	5万以下=1，5万~10万=2，10万~20万=3，20万以上=4
	家庭人口数量	受访者家庭人口数量
	驾照拥有状况	拥有驾照=1，没有驾照=2
	家庭汽车拥有情况	没有=1，1辆=2，2辆=3，3辆及以上=4

由于主观建成环境要素包含的十个变量相关性较强，因此，对各变量进行主成分分析，根据旋转成分矩阵（表6），最终划分为三个主成分：主成分1（邻里环境感知）、主成分2（安全性）、主成

分 3（便利度）。采用同样的方法，将交通方式偏好各变量划分为四个主成分：主成分 1（体力型交通出行偏好）、主成分 2（半机动交通出行偏好）、主成分 3（小汽车客观认知）、主成分 4（机动交通出行偏好）。

表 6 主观建成环境要素各变量旋转成分矩阵

变量	成分		
	主成分 1 邻里环境感知	主成分 2 安全性	主成分 3 便利度
小区周边绿化环境	0.767*	0.192	0.091
小区周边道路环境整洁状况	0.812*	0.206	0.107
小区周边步行环境设施	0.860*	0.074	0.133
小区周边自行车道路设施	0.816*	0.074	0.195
从家到最近的公交站台	0.121	0.206	0.753*
到周边的大型商场/超市	0.034	0.025	0.867*
到周边的公园/广场等	0.290	0.122	0.720*
小区周边道路夜晚照明状况	0.128	0.632*	0.078
小区周边治安状况	0.061	0.782*	0.070
在小区周边步行活动很安全	0.368	0.561*	0.337

注：提取方法为主成分分析法；旋转法为具体 Kaiser 标准化的正交旋转法；*即荷载系数在 0.5 以上。

（2）交通性体力活动影响因素分析

小城市居民的出行方式有机动车、公交、电动自行车、自行车和步行等，其中电动车出行占比较大。根据这一特点，将小城市居民的出行方式划分为三类：体力型交通出行（包括步行、骑自行车出行）；半机动交通出行（包括电动车和公交出行）；机动交通出行（包括机动车与摩托车出行）。

以上述三类出行方式为被解释变量，对表 2 划分的四个群体分别进行多元 logit 回归，其中，解释变量选取居住密度、土地利用熵指数、商业设施可达性、道路交叉口密度、邻里环境感知、便利度、安全性、体力型交通出行偏好、半机动出行偏好、小汽车客观认知、机动出行偏好、年龄、性别、家庭年收入、受教育程度、家庭人口数量、家庭汽车拥有情况等变量。各个模型最终纳入显著性水平在 0.1 以下的变量，得到回归结果。

从回归分析的结果来看（表 7），主观建成环境对各群体交通出行方式的选择均无影响。对于居住在高步行性地区且不喜欢开车的群体而言，客观建成环境中的道路交叉口密度在所有解释变量中对其出行方式选择有最大的影响：随着道路交叉口密度的增加，人们选择机动车出行的概率降低，选择

表7 多元logit回归分析结果

解释变量		模型1:高步行性—不喜欢开车		模型2:高步行性—喜欢开车		模型3:低步行性—不喜欢开车		模型4:低步行性—喜欢开车	
		β	Sig.	β	Sig.	β	Sig.	β	Sig.
体力型交通出行=1	年龄	—	—	—	—	–0.237	0.054	—	—
	学历	–0.169	0.567	–0.421	0.224	—	—	–0.169	0.527
	家庭人口数量	—	—	0.372	0.465	–3.298	0.013	—	—
	家庭的汽车拥有量	–1.607	0.025	–2.859	0.001	–5.553	0.001	–1.356	0.035
	成分1（体力型交通出行偏好）	—	—	—	—	2.415	0.003	—	—
	成分2（半机动出行偏好）	–0.015	0.967	0.575	0.173	–0.097	0.866	–0.037	0.908
	成分3（小汽车客观认知）	—	—	—	—	1.732	0.059	—	—
	成分4（机动出行偏好）	—	—	–0.822	0.190	–3.579	0.020	—	—
	道路交叉口密度（ln值）	3.625	0.037	—	—	—	—	—	—
	商业设施密度（Z值）	—	—	–0.271	0.489	—	—	—	—
半机动出行=2	年龄	—	—	—	—	0.017	0.771	—	—
	学历	–0.586	0.017	–0.710	0.014	—	—	–0.569	0.012
	家庭人口数量	—	—	0.904	0.043	0.242	0.604	—	—
	家庭的汽车拥有量	–2.182	0.001	–2.653	0.000	–1.999	0.002	–1.889	0.001
	成分1（体力型交通出行偏好）	—	—	—	—	0.465	0.164	—	—
	成分2（半机动出行偏好）	0.823	0.017	0.919	0.009	1.224	0.001	0.649	0.037
	成分3（小汽车客观认知）	—	—	—	—	–0.210	0.570	—	—
	成分4（机动出行偏好）	—	—	–0.859	0.093	0.261	0.671	—	—
	道路交叉口密度（ln值）	4.196	0.007	—	—	—	—	—	—
	商业设施密度（Z值）	—	—	0.574	0.054	—	—	—	—
机动出行=3（参照）									
Nagelkerke		0.400		0.490		0.640		0.304	
样本数		107		108		100		114	

体力型交通的概率增加，选择半机动出行方式的概率增加得更加显著。对于居住在高步行性地区但喜欢开车的群体而言，商业设施密度与选择半机动出行方式呈现正相关关系，但这一结果从逻辑上并无法解释，我们推测这样一种相关性不具有因果关系。客观建成环境要素对低步行性地区的样本出行选择均无影响。个人属性中，随着学历的提高，样本选择半机动出行的几率降低；随着家庭汽车拥有量的增加，样本选择机动车出行的概率增加。对某一种交通方式的态度也会影响样本实际交通工具的选择。

（3）休闲性体力活动影响因素分析

以体力活动水平的 MET 值为被解释变量，根据其高低水平划分为四个等级：0～32MET 分钟/周=1，33～500MET 分钟/周=2，501～1 500MET 分钟/周=3，1 500MET 分钟/周以上=4。对表3 划分的四个群体分别进行有序 logit 回归，其中解释变量包括可步行性、绿地可达性、邻里环境感知、便利度、安全性、年龄、性别、家庭年收入、受教育程度、家庭人口数量。各个模型最终纳入显著性水平在 0.1 以下的变量。

从回归分析的结果来看（表8），主观建成环境对各群体的休闲性体力活动水平均有着显著影响：样本对邻里环境、安全性和便利性的感知越正面，其体力活动水平就越高。对于喜爱运动的群体而言，样本居住地越靠近公园绿地，其休闲体力活动水平就越高。对于喜爱运动且居住在高步行性地区的群体而言，随着街区可步行性的提高，样本的休闲体力活动也会增强。喜爱运动但居住在低步行性地区的群体中，男性的休闲体力活动水平高于女性；其他个人属性变量均不显著。

表8 有序 logit 回归分析结果

解释变量	高步行性—喜爱运动 β	高步行性—喜爱运动 Sig.	低步行性—喜爱运动 β	低步行性—喜爱运动 Sig.	高步行性—不爱运动 β	高步行性—不爱运动 Sig.	低步行性—不爱运动 β	低步行性—不爱运动 Sig.
性别：男=1	—	—	0.767	0.059	—	—	—	—
主成分1(邻里感知)	0.599	0.013	—	—	1.222	0.000	—	—
主成分2(安全性)	—	—	—	—	—	—	0.449	0.014
主成分3(便利度)	—	—	0.549	0.014	0.490	0.030	—	—
可步行性	0.255	0.022	—	—	—	—	—	—
绿地可达性	−0.345	0.071	−0.603	0.006	—	—	—	—
Nagelkerke	0.193		0.155		0.191		0.054	
样本数	102		100		104		123	

4 结论与讨论

本文以江苏赣榆为例，揭示了小城市建成环境与居民体力活动的基本特征：建成环境要素的空间结构简单，街区可步行性呈现从老城区中心向新城区、工业区递减的单中心结构；居民交通性体力活动的主要方式为电动车出行；休闲性体力活动总体处于中低水平，近40%居民未能达到WHO推荐的600MET分钟/周的体力活动最低标准，且低于上海等大城市平均水平。《2016年上海全民健身发展报告》显示，上海居民经常参加体力活动[①]人口比例为42.2%，而据本文调查并计算得出赣榆居民这一比例仅为17%。

通过对研究样本依据其居住区位与体力活动偏好进行分组，本文控制了自选择效应，并且发现，在消除自选择因素后，建成环境对体力活动仍具有影响，但仅存在于特定群体中。休闲性体力活动首先受到个人偏好影响：对于喜欢运动的居民而言，无论其居住区位如何，建成环境的改善均会导致体力活动的增加。这与美国部分实证研究的结论较相似，即喜欢步行且居住在步行性较高社区中的居民，步行更多，不喜欢步行的人群，不论他们住在哪儿，他们的步行活动都很少（Frank et al., 2007）。交通性体力活动则需在个人偏好和居住地类型均满足一定条件后，建成环境变量的影响才显著：在街区步行性达到一定水平的前提下，改善建成环境能促进偏好体力型交通的人群更多选择步行或骑行。这一结果也印证了一些既有研究的结论，即个人偏好、经济社会属性等是决定体力活动的主要因素，建成环境的影响是次要的。但这并不意味着通过改善建成环境干预体力活动是没有意义的，因为建成环境将作用于全体人口，所以，对于个体而言即使只是微小的改进，整体社会获得的健康效应也是巨大的。

研究发现，客观建成环境和主观建成环境对体力活动的影响是不同的。没有证据显示主观建成环境对交通性体力活动具有影响，但居民对邻里环境、便利性和安全性的感知则与休闲性体力活动水平具有显著的正相关关系；这一结论与大多数既有研究是一致的。本文没有发现客观建成环境中的用地混合性和密度对居民体力活动具有影响，这与部分既有研究的结论不一致，其原因可能是由于我国城市特别是小城市中，用地混合性、密度、步行基础设施的空间差异并不特别明显；而根据可步行性对样本分组进一步导致这些自变量没有足够的变化域反映其对体力活动的影响；本文的回归分析显示提升街道连通性有助于居民选择体力型交通出行方式，而提高绿地邻近性和街区可步行性则可能是各类客观建成环境改善方式中对提升居民休闲性体力活动相对有效的手段。

本文的研究还有一些局限之处。首先，本文得到的研究结论更多揭示了建成环境与体力活动的一种相关性，无法解释两者的因果关系；如果需要更深入地研究前者对后者的作用机制，还需要开展纵向研究，这也是目前国内此类研究比较缺乏的。其次，受数据获取手段限制，本文对体力活动的测度只是一种估算，这也对研究结论的科学性带来一定影响，而测量精度的提高则需借助专业仪器实现。本文问卷的发放对象均为学生家长，样本代表性有一定问题，难以全面反映不同社会阶层的特征。最后，本文参考前人研究，对建成环境的测度基于1千米缓冲区；然而对于不同尺度的城市，其建成环境发生作用的空间范围可能是有差异的，而分析单元大小的不同，也必然会对研究结论造成影响。总而言之，建成环境与公共健康相互关系的研究方兴未艾，上述局限也为后续研究的深化完善指明了方向。

致谢

本文受国家自然科学基金"高龄社会背景下建成环境对中老年人群健康的主动干预研究"（51678288）和中央高校基本科研业务费专项资金（090214380004）资助。本文问卷发放受到赣榆相关学校王秀兰、孙健、吴尚芳、李家鹤、李秀萍等老师的协助；数据处理得到清华大学范晨璟以及南京大学鲁钰雯、秦艺帆的帮助。

注释

① 每周体育锻炼频率3次及以上，每次持续时间30分钟及以上，每次运动强度达到中等及以上。

参考文献

[1] BOARNET M G, DAY K, ANDERSON C. California's safe routes to school program: impacts on walking, bicycling, and pedestrian safety[J]. Journal of the American Planning Association, 2005, 71 (3): 301-317.

[2] BOOTH M L, OWEN N, BAUMAN A, et al. Social-cognitive and perceived environment influences associated with physical activity in older Australians[J]. Preventive Medicine, 2000, 31(1): 15-22.

[3] BROWNSON R C, HOEHNER C M, DAY K, et al. Measuring the built environment for physical activity[J]. American Journal of Preventive Medicine, 2009, 36(4): S99-S123.

[4] CAO X. Examining the impacts of neighborhood design and residential self-selection on active travel: a methodological assessment[J]. Urban Geography, 2015, 36(2): 236-255.

[5] CAO X, YANG W. Examining the effects of the built environment and residential self-selection on commuting trips and the related CO_2 emissions: an empirical study in Guangzhou, China[J]. Transportation Research Part D: Transport & Environment, 2017, 52(SI): 480-494.

[6] CERVERO R K, KOCKELMAN K. Travel demand and the 3Ds: density, diversity, and design[J]. Transportation Research Part D: Transport & Environment, 1997, 2(3): 199-219.

[7] CHO G H, RODRÍGUEZ D A. The influence of residential dissonance on physical activity and walking: evidence from the Montgomery County, MD, and Twin Cities, MN, areas[J]. Journal of Transport Geography 2014, 41: 259-267.

[8] FENG J, GLASS T A, CURRIERO F C, et al. The built environment and obesity: a systematic review of the epidemiologic evidence[J]. Health & Place, 2010, 16(2): 175-190.

[9] FRANK L D, ENGELKE P O. The built environment and human activity patterns: exploring the impacts of urban form on public health[J]. Journal of Planning Literature, 2001, 16(2): 202-218.

[10] FRANK L D, SAELENS B E, POWELL K E, et al. Stepping towards causation: do built environments or neighborhood and travel preferences explain physical activity, driving, and obesity?[J] Social Science &

Medicine, 2007, 65(9): 1898-1914.
[11] FRANK L D, SALLIS J F, CONWAY T L, et al. Many pathways from land use to health: associations between neighborhood walkability and active transportation, body mass index, and air quality[J]. Journal of the American Planning Association, 2006, 72(1): 75-87.
[12] HANDY S L. Regional versus local accessibility: neo-traditional development and its implications for non-work travel[J]. Built Environment (1978-), 1992, 18(4): 253-267.
[13] HANDY S L, BOARNET M G, EWING R, et al. How the built environment affects physical activity: views from urban planning[J]. American Journal of Preventive Medicine, 2002, 23(2): 64-73.
[14] HOEHNER C M, RAMIREZ L K, ELLIOTT M B, et al. Perceived and objective environmental measures and physical activity among urban adults[J]. American Journal of Preventive Medicine, 2005, 28(2): 105-116.
[15] HUANG X, CAO X, Yin J, et al. Effects of metro transit on the ownership of mobility instruments in Xi'an, China[J]. Transportation Research Part D: Transport & Environment, 2017, 52(SI): 495-505.
[16] HUMPEL N, OWEN N, LESLIE E, et al. Associations of location and perceived environmental attributes with walking in neighborhoods[J]. American Journal of Health Promotion, 2004, 18(3): 239-242.
[17] JACKSON L E. The relationship of urban design to human health and condition[J]. Landscape & Urban Planning, 2003, 64(4): 191-200.
[18] KATZMARZYK P T, TREMBLAY M S. Limitations of Canada's physical activity data: implications for monitoring trends[J]. Applied Physiology Nutrition and Metabolism, 2007, 32(1): S122-S134.
[19] LEE C, MOUDON A V. Physical activity and environment research in the health field: implications for urban and transportation planning practice and research[J]. Journal of Planning Literature, 2004, 19(2): 147-181.
[20] LIN L, MOUDON A V. Objective versus subjective measures of the built environment, which are most effective in capturing associations with walking?[J] Health & Place, 2010, 16(2): 339-348.
[21] LOW. Physical activity and health. A report of the surgeon general[J]. Clinical Nutrition Insight, 1996, 23(8): 294.
[22] MOKHTARIAN P L, CAO X. Examining the impacts of residential self-selection on travel behavior: a focus on methodologies[J]. Transportation Research Part B: Methodological, 2008, 42(3): 204-228.
[23] RHODES R E, BROWN S G, MCINTYRE C A. Integrating the perceived neighborhood environment and the theory of planned behavior when predicting walking in a canadian adult sample[J]. Am J Health Promot, 2006, 21(2): 110-118.
[24] SAELENS B E, HANDY S L. Built environment correlates of walking: a review[J]. Med Sci Sports Exerc, 2008, 40 (7 Suppl): S550-S566.
[25] SCHWANEN T, MOKHTARIAN P L. What if you live in the wrong neighborhood? The impact of residential neighborhood type dissonance on distance traveled[J]. Transportation Research Part D: Transport and Environment, 2005, 10(2): 127-151.
[26] WANG D, LIN T. Residential self-selection, built environment, and travel behavior in the Chinese context[J]. Journal of Transport & Land Use, 2014, 7(3): 5-14.
[27] WANG D, LIN T. Built environment, travel behavior, and residential self-selection: a study based on panel data from Beijing, China[J]. Transportation, 2019, 46(1): 51-74.

[28] 曹新宇. 社区建成环境和交通行为研究回顾与展望：以美国为鉴[J]. 国际城市规划, 2015, 30(4): 46-52.
[29] 冯建喜, 黄旭, 汤爽爽. 客观与主观建成环境对老年人不同体力活动影响机制研究——以南京为例[J]. 上海城市规划, 2017(3): 17-23.
[30] 福赛思. 健康城市的循证实践：变化世界中的挑战[J]. 孙文尧, 王兰, 译. 城市与区域规划研究, 2018, 10(4): 1-15.
[31] 何晓龙, 庄洁, 朱政, 等. 影响儿童青少年中高强度体力活动的建成环境因素——基于GIS客观测量的研究[J]. 体育与科学, 2017(1): 101-110.
[32] 鲁斐栋, 谭少华. 建成环境对体力活动的影响研究：进展与思考[J]. 国际城市规划, 2015, 30(2): 62-70.
[33] 苗丝雨, 李志刚, 肖扬. 社会联系对保障房居民心理健康的机制影响研究[J]. 城市与区域规划研究, 2018, 10(4): 59-72.
[34] 孙斌栋, 但波. 上海城市建成环境对居民通勤方式选择的影响[J]. 地理学报, 2015, 70(10): 1664-1674.
[35] 孙斌栋, 尹春. 建成环境对居民健康的影响——来自拆迁安置房居民的证据[J]. 城市与区域规划研究, 2018, 10(4): 48-58.
[36] 周素红, 闫小培. 基于居民通勤行为分析的城市空间解读——以广州市典型街区为案例[J]. 地理学报, 2006, 61(2): 179-189.

[欢迎引用]

胡洋, 何仲禹, 翟国方. 小城市建成环境对居民体力活动的影响研究——以江苏赣榆为例[J]. 城市与区域规划研究, 2020, 12(1): 155-171.

HU Y, HE Z Y, ZHAI G F. The impact of built environment on physical activities in small cities–a case study of Ganyu, Jiangsu[J]. Journal of Urban and Regional Planning, 2020, 12(1): 155-171.

转型期中国城市外来人口的身心健康特征与地方差异性机制探析

程晗蓓　李志刚

Characteristics and Local Mechanism of Migrants' Health in Transitional China

CHENG Hanbei, LI Zhigang
(School of Urban Design, Wuhan University, Wuhan 430072, China)

Abstract With a database of the "2014 Migrant Dynamic Monitoring Survey" of China, this study examined the spatial dynamics of migrants' physical and mental health in China from an analysis of 8 cities. The study showed that: (1)The health condition of migrants in so-called "second-tier" cities was relatively better than that of the "first-tier" cities. The physical and mental health of migrants in Shenzhen were both weaker than those of other cities. (2)Migrants' health fluctuated along with their migration processing. Notably, in the first decade of migration, the status of their mental health improved, yet that of the physical health deteriorated. Migration time and distance, administrative district factors were more closely related to migrants' health than individual factors. For instance, getting married can promote one's mental health. The economic position perception had profound effects on migrants' health, instead of the real income did not. Moreover, people with shorter migration distance would exhibit higher mental health. As to the administrative district factors, per capita disposable income (PCDI) and consumption expenditure (CONSP), showed strong associations with migrants' physical health. However, these two factors would influence the migrants' mental health rightly through the pathway of education,

摘　要　文章采用 2014 年中国流动人口动态监测调查数据，聚焦北京、深圳、成都、青岛、郑州、厦门、嘉兴和中山八市调研现状，运用描述统计、趋势分析和多层线性模型等计量方法，探讨转型期中国城市外来人口的身心健康水平差异和变化轨迹特征，解析其影响因素与机制。研究表明：第一，中国城市外来人口的身心健康水平具有显著的空间差异，健康轨迹随流动时间变化表现出波动性特征；第二，外来人口的身心健康受个体特征、时空特征和城市行政区（县）特征等共同影响，尤其时空特征和城市行政区（县）特征作用较为突出。例如，建立家庭对外来人口心理健康水平的提高有积极作用；在老家成员中的社会经济地位通过社会比较心理显著影响其身心健康水平，但实际月收入与个体身心健康状况无关。需要注意的是，流动时间与心理、生理健康水平均呈正相关；而迁移距离仅与心理健康水平呈负相关，但与生理健康无直接关联。地区特征中，人均可支配收入和人均消费支出分别对外来人口的生理健康水平产生直接的正面和负面影响。而地区经济特征经过个体受教育水平、户籍类型以及迁移距离等变量的调节作用后，间接影响其心理健康状况。为实现"健康"城市建设，地方政府应着力破除户籍壁垒、消除城乡收入差异，同时倡导短距离迁移下的就近城镇化，提高外来人口的身心健康水平。

关键词　外来人口；身心健康；多层线性模型；中国流动人口动态监测调查

作者简介
程晗蓓、李志刚（通讯作者），武汉大学城市设计学院。

Hukou and migration distance. Thus, we suggest the government should take measures to eliminate the income difference between urban and rural areas, and articulate the nearby urbanization for improving migrants' health for the sake of healthy urbanization.

Keywords migrants; health; multilevel linear regression; CMDS

1 引言

世界卫生组织将健康定义为："一种在身体上、精神上的完美状态以及良好的适应力，而不仅仅是没有疾病和衰弱"（Brundtland，2002），主要涉及身心健康两个维度。中国正处于城市化、市场化、国际化和信息化多重转型时期，"移民化"也是这一阶段的核心特征。我国城市外来人口的健康问题具有一定独特性。第一，外来人口在不同迁移范围内（跨省流动、省内跨市和市内跨县）的频繁流动，重塑了中国人口的健康格局，出现明显的地区差异和城乡差异。第二，随着城镇化深入推进，外来人口的身心健康水平在不同城市发展阶段、不同地理尺度下表现出一定的空间异质性。例如，东部及沿海经济发达地区人口的健康水平高于中部和西部地区（程明梅、杨朦子，2015）。这一结果不仅与多尺度[省、市、行政区（县）、社区/邻里]、多维度（人口、社会经济、政策与制度、地理空间）的地区特征息息相关，也与迁移行为的时空特征密不可分。

目前，中国城镇化率已超过50%（弗里德曼、刘合林，2008），外来人口与本地居民的收入差距正日益缩小。然而，关于外来人口的身心健康，尚缺乏系统而全面的实证（国家卫生和计划生育委员会流动人口司，2015）。健康问题的出现，反映了转型期中国城镇化质量不高的现实。此外，我国"人口红利"正在消失，需要大力提高劳动力的身心健康水平，即所谓的"健康红利"。在此背景下，国家在2016年印发《"健康中国2030"规划纲要》并在十九大中将"健康中国"上升为国家优先发展战略。因此，开展城市外来人口身心健康有关问题的研究，一方面可以明晰我国外来人口的身心健康现状及变化趋势，另一方面可以为政府制定更合理的健康优化策略提供指导依据。

2 文献综述和研究假设

2.1 文献综述

20世纪80年代以来，中国农村向城市迁移的群体一直是国内外研究热点（弗里德曼、刘合林，2008）。关于中国城市外来人口公共健康议题，近年亦引起学界广泛关注（Mou et al., 2015；凌莉等, 2015）。田莉等（2016）将城市规划和公共卫生学科相结合，在区域、城市及社区层面构建了从"个体健康"到"城乡健康"的理论模型，试图探讨各类环境对身心健康的影响因素。对于移民或外来人口这一特殊群体而言，区域或城市环境、身心健康和流动性三者是相互联结的，每一种联结关系都会延展出不同的研究方向（凌莉等, 2015）。

城市外来人口的身心健康发展是一个随时空动态变化的过程，个体健康水平具有空间和时间双重属性。在健康的空间效应方面，个体健康水平不仅与宏观层面的城市生态环境和社会经济环境联系紧密，也与中观层面的地理区位特征、邻里环境等表现出显著相关性，且二者相互作用带来不同的环境影响和健康风险集合（凌莉等, 2015）。例如，陈娟等（Chen et al., 2013）结合2009年全国住户调查数据和各种产业、环境统计数据，发现城市人口密度、工业产值、废水和废气（PM10、SO_2、NO_2）浓度等与外来人口身心健康水平呈显著负相关。波尔等（Poel et al., 2012）利用中国卫生与营养调查（CHNS）的纵向数据（1993/1997/2000/2004），进一步证实了城市化水平与自评健康的负向关联。陈宏胜等（Chen et al., 2017a）发现，区位条件引致的空气污染暴露以及绿地公共空间和淡水资源的可及性差异，是影响外来人口自评健康分异的主要因素。而邻里社会环境（如社会网络、社会支持和邻里剥夺）以及物理环境（邻里安全和设施监管）与个人身心健康和幸福感联系更为紧密（Liu et al., 2017）。

在健康的时间轨迹方面，利兹格德（Lysgaard, 1955）发现，移民在人口迁移进程中，其心理波动呈现出"U"形特征（从高到低再到高），心理变化涉及三个阶段：最初调整阶段、危机阶段和恢复适应阶段。格拉洪等（Gullahorn et al., 2010）则针对留学生和访问学者实施追踪调查，用"W"曲线描述了跨国文化适应到归国再适应整个过程的心理轨迹。李加莉（2015）聚焦武汉印度留学生，发现其心理变化经历了"沮丧—调整—适应"，从谷底慢慢攀升至一个稳定的平台期这一过程。不同的是，金（Kim, 2001）证实，个体在跨文化过程中心理变化表现出"螺旋上升"的动态成长特征，且随着时间的推移，个体心理波动幅度逐渐减弱。由此可见，移民或外来人口的健康轨迹因不同人群和不同迁移路径而有所差异。

目前，针对中国城市外来人口健康问题的研究仍不充分，尤其缺乏基于不同城市地理情景的比较分析。事实上，区域或城市特征对外来人口健康具有直接或间接的影响（Lin et al., 2017；Chen, 2011；程明梅、杨朦子, 2015；凌莉等, 2015；周彬、齐亚强, 2012），但已有研究多围绕自然生态或建成环境，少部分涵盖了城市经济和城市化水平特征，详细考察地区人口结构、经济和地理区位的研究较少，也缺少对个体特征、时空特征等的交互分析。此外，大部分多聚焦于省级或市级尺度（程明梅、杨朦子，2015），较少关注城市行政区（县）级层面。为此，本文拟定研究框架（图1），认为中国城市外来人口的身心健康受个体特征、时空特征和城市行政区（县）特征（人口结构、社会经济、地理区位、政策与制度等）多方共同影响。政策与制度亦是影响外来人口身心健康的主要环境因素，但本文主要聚焦于人口结构、社会经济和地理区位三方面，故对其他因素不予以过多论述。

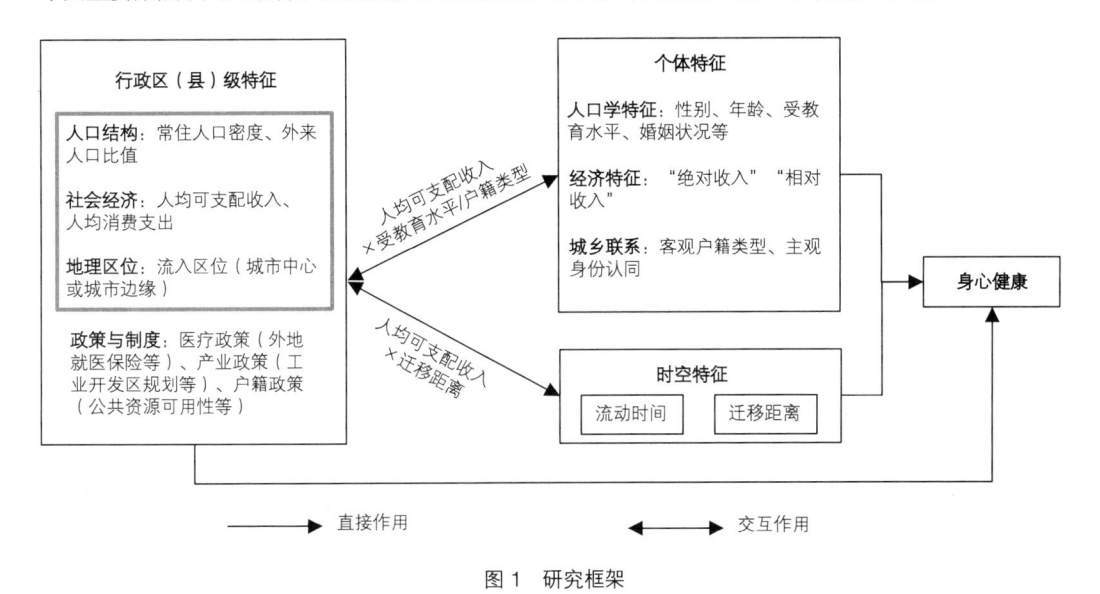

图 1 研究框架

基于上述框架，本文将采用2014年全国流动人口动态监测调查（CMDS）数据，以北京、深圳、成都、青岛、郑州、厦门、嘉兴和中山八市为例，对转型期中国城市外来人口的身心健康问题展开研究。下文第三部分介绍数据来源、研究方法和变量，第四部分进入实证，首先对八市外来人口的基本特征和身心健康状况予以描述性分析；其次解析外来人口身心健康的时空变化趋势；之后，借助多层线性模型分析个体特征、时空特征和城市行政区（县）特征对外来人口身心健康的影响；最后进行总结和讨论。

2.2 研究假设

a. 个体特征相关假设

个体特征对外来人口的身心健康具有显著影响。例如，性别角色和社会分工被证实是影响个体健康的关键因素（Borrell et al., 2008）。研究表明，中国城市外来人口中女性心理健康水平显著低于男性（曹谦，2016）。森等（Sen et al., 2010）认为："性别不平等及社会性别规范和期望对影响男女的健康状况发挥强有力的作用。"刘杨等（2013）发现，配偶的陪伴和家庭情感功能对外来人口的心理健康具有积极的调节作用。周彬等（2012）认为，个人"绝对收入"（实际收入）会直接影响个体健康，而"相对收入"（与同伴群体相比）会通过"社会比较心理"间接影响个体健康。据此，提出研究假设a1和a2：

a1. 男性身心健康水平显著高于女性，已婚外来人口身心健康水平显著高于未婚个体；

a2. 调查样本中个体的"绝对收入"（个人实际月收入）和"相对收入"（与老家亲戚、朋友和同事相比）均对其身心健康水平产生显著性影响。

b. 时空特征相关假设

流动过程中的时空特征包括流动时间和迁移距离。研究表明，居留时间越短，抑郁症患病概率越高（凌莉等，2015）。林等（Lin et al., 2016）对中山市的外来人口展开研究，发现流动时间越长，外来人口的自评生理健康值越高，感知压力越少。相反，李晓铭等（Li et al., 2009）基于1 006名北京外来人口样本数据，发现流动时间越长，外来人口焦虑水平越高。可见，流动的时空特征对外来人口的健康影响因不同城市背景而有所差异。据此，提出研究假设b1和b2：

b1. 外来人口身心健康水平随流动时间变化表现出波动性，并在不同城市间呈现差异性；

b2. 流动时间与身心健康水平呈正相关，迁移距离与身心健康水平呈负相关。

c. 城市行政区（县）特征相关假设

外来人口迁入新的城市，其身心健康受流入地的社会经济、文化、制度和地理等多种环境因素的影响（Evans and Baldwin, 1987）。陈宏胜等（Chen et al., 2017b）发现，城市化水平与外来人口健康呈现倒"U"形关系。区域收入水平（基尼系数衡量）与外来人口健康呈负相关（Lin et al., 2017）。另外，王文卿等（2008）认为，移民或外来人口在城市社会或经济上的边缘化、地理空间上的隔离化以及城市政策上的削弱控制和规范脱离等均会引起健康问题。据此，提出研究假设c1、c2和c3：

c1. 城市行政区（县）经济发展水平与外来人口身心健康具有相关性；

c2. 居住在城市边缘区的外来人口身心健康水平显著低于居住在城市中心区；

c3. 一些关键性个体和时空特征与城市行政区（县）特征产生交互作用，共同影响外来人口的身心健康水平。

3 数据来源与研究方法

3.1 数据来源

本文聚焦北京、深圳、成都、郑州、青岛、厦门、嘉兴和中山八个城市展开实证，基础数据来源于"2014年流动人口动态监测调查（社会融合专项调查）"数据库，这一数据已被多项研究所采用（Lin, Qi et al., 2017; Lin, Zhang et al., 2016）。需要强调的是，此项研究的目的在于通过案例对比识别不同等级城市外来人口的身心健康水平差异,并不强调案例的典型性或统计意义。

案例城市选取的考虑因素有:北京和深圳分别是我国东部与东南沿海的超大城市,流动人口占常住人口的50%以上;成都和郑州地处中西部,均为国家中心城市,近年发展势头强劲,吸引了大批农民工流入;青岛是北方港口城市,也是大型国有企业和日韩企业的集中地;厦门是东南沿海重要的中心城市、开放型港口城市;嘉兴则是以个体和民营经济为主的东部中小城市;中山是珠三角西岸快速发展的中等城市。所选八个城市共涵盖64个主要行政区(县),样本总量为15 797,各城市样本量均在1 944~1 989,分布相对均衡,行政区(县)抽样信息统计如表1。

表1 样本抽样信息

城市	抽样行政区(县)数	各行政区(县)统计						总抽样数
		外来人口占常住人口比		抽样样本数				
		均值	标准差	均值	标准差	最小值	最大值	
北京	1	0.540	—	1 988	—	—	—	1 988
深圳	10	0.732	0.189	197	156.500	39(大鹏新区)	476(宝安区)	1 968
成都	17	0.263	0.149	117	95.219	38(大邑县)	356(武侯区)	1 944
青岛	11	0.274	0.127	169	148.669	39(平度市)	479(市北区)	1 988
郑州	11	0.418	0.139	202	163.140	39(新密市)	636(金水区)	1 989
厦门	6	0.555	0.181	328	164.530	117(翔安区)	633(湖里区)	1 969
嘉兴	7	0.240	0.079	242	60.068	199(海盐县)	317(海宁市)	1 971
中山	1	0.510	—	1 980	—	—	—	1 980
合计	64							15 797

注:北京仅抽取了朝阳区;中山为市直辖乡。

3.2 研究方法

线性趋势分析:趋势分析是将不同时间点/时期的相同指标或比率进行比较,观察其增减变动情况及变动幅度,考察其发展(Porter et al., 2002)。研究采用线性趋势分析,用流动时间相同的所有样本的心理和生理健康平均值 $\bar{y}_{MCS}$ 和 $\bar{y}_{PCS}$ 作为因变量,时间(t)作为自变量,进行线性回归分析,公式为:

$$\bar{y}_{MCS/PCS} = a + bt \quad (1)$$

其中:b 为变化系数,a 为截距项,而 b 值的统计学显著性作为趋势判断的标准。

多层线性模型(Multilevel Linear Model):采用多层线性模型分析影响外来人口身心健康水平的

主要因素。由于CMDS2014在初级抽样单元[城市行政区（县）]中抽取次级抽样单元（居委会或村委会），在次级抽样单元内抽取个体/家庭，因此所收集的数据具有多层嵌套结构，即个体/家庭嵌套在居委会或村委会中，居委会或村委会嵌套在城市行政区（县）中。同一抽样单元内的样本，其人口学特征、经济状况、城乡联系和身心健康具有"组内同质，组间异质"的特点（王济川等，2008）。采用多层回归模型，以期更准确地解释不同城市间外来人口身心健康的影响机制（Raudenbush and Bryk，2002；王济川等，2008）。鉴于因变量（心理、生理健康水平）为连续变量，采用多层线性回归模型进行分析，公式为：

$$y_i = \beta_0 + \alpha X_{ij} + \beta Z_j + \gamma X_{ij}Z_j + \mu \tag{2}$$

其中：y_i是流入至城市行政区（县）j的受访对象i的心理和生理健康水平值；X_{ij}是受访对象i的个体层次的变量；Z_{ij}是城市行政区（县）j的地区层次变量（包括人口结构、社会经济和地理区位）；$X_{ij}Z_{ij}$是个体层次与城市行政区（县）层次变量的交互项；α、β和γ分别为各项的系数；β_0是截距项；μ是城市行政区（县）的随机误差项。

3.3 变量说明

因变量是外来人口身心健康水平，其测度采用心理成分分值（Mental Components Summary，MCS）和生理成分分值（Physical Components Summary，PCS）两个指标予以描述。MCS以症状程度和持续时间的乘积测度，PCS以三项自评结果求和测度，二者均以极大值标准化至区间[0, 1]，分值越高，表示心理和生理健康状况越好。具体而言：问卷中的心理健康部分以K6（Kessler 6 Psychological Distress Scale）心理健康量表为基础（Cronbach's alpha coefficient = 0.80），调查负面情绪症状程度和症状持续时间，即"您过去四周内是否存在以下情绪？（紧张=6，不安或焦躁=5，沮丧=4，无力=3，绝望=2，无价值=1）其频率如何？（从来没有=5，偶尔会有=4，一部分时间=3，大部分时间=2，完全处于=1）"。生理健康则基于普适性简明健康SF-36量表（Cronbach's alpha coefficient = 0.72），调查生理自评状况，即"总体健康状况如何？与周围人相比？与过去相比？（Likert scale 1～5，差—非常好）"。K6曾被用于《澳大利亚国家心理健康和幸福感普查》（Furukawa et al.，2003）。个人健康自评数据与死亡率等客观指标高度相关，可有效预测生理健康状况（Jylhä，2009）。王桂新等（2011）证实了上述心理和生理测度方法对于中国人口健康科学研究的信度与效度。

本文自变量的选取依据研究框架和假设分为三类：个体特征（人口学因素、社会经济和城乡联系）、时空特征以及城市行政区（县）特征（人口结构、社会经济和地理区位）。

（1）个体特征

人口学特征，包括性别、年龄、受教育水平和婚姻状况。经济特征，包括"绝对收入"（以月收入实际值衡量）和"相对收入"（收入位置之与您老家亲戚、朋友和同事相比）。城乡联系，包括客观户籍类型和主观身份认同（认为自己是哪里人？老家人、城市人）。

（2）时空特征

时空特征，包括在本市的流动时间（年）和迁移距离（千米）。需要注意的是，由于CMDS2014仅提供样本户籍地所在的省级代码以及流入地城市行政区（县）级代码，故以户籍地所在省的质心至流入地城市行政区（县）质心的欧式距离描述迁移距离，以GIS手段测度。根据问卷调查，样本中近一半为跨省流动（57.5%）（此外，省内跨市为39.1%，市内跨县为3.4%），而流入地精确到城市行政区（县），相比于以"跨省流动、省内跨市和市内跨县"三个标度，用质心点欧式距离测度更能反映外来人口迁移路径的真实差异，深入刻画影响机制。

（3）城市行政区（县）层次

城市行政区（县）特征，包括人口结构[常住人口密度（人/平方千米）和外来人口比值（%）]、社会经济[人均可支配收入（元）和人均消费支出（元）]以及地理区位（城市中心或城市边缘）三方面。变量数据均来源于八个城市2015年统计年鉴和各区（县）统计年鉴或社会经济发展公报。

本文同时设定"人均可支配收入×受教育水平""人均可支配收入×户籍类型"和"人均可支配收入×迁移距离"三类交互项，考察个体层次与城市行政区（县）层次（社会经济特征）的交互作用（Jaccard et al., 2003）对因变量产生的不同强度影响。个体作为城市行政区（县）的一分子，其身心健康不可避免地受到当地人口结构、社会经济条件和地理区位的影响，表现出跨层交互效应。

4 实证结果

4.1 样本基本特征及身心健康现状

表2报告了样本的基本特征。①外来人口男女性别结构比例接近1∶1。②19~45岁为主要年龄群体，占85%。③未婚与已婚比例接近1∶3。④在文化程度方面，大多数为初中及以下学历（60%），且学历特征在户籍上表现出较大差异，外来人口中城市户籍的文化程度普遍高于农村户籍（农村户籍：初中及以下66%，高中及专科32%，本科及以上2%，城市户籍：初中及以下22%，高中及专科54%，本科及以上24%）。⑤在经济状况方面，外来人口月收入均值为3 800元左右，且城市户籍月人均收入（均值5 100元）高于农村户籍（均值3 700元）。"相对收入"主观评价均值为5.79，略高于中值（5.00），说明外来人口认为自己的收入地位相对于老家亲戚、朋友和同事总体偏高。⑥外来人口中农村户籍占87%，城市户籍占13%。虽定居城市，但78%仍认为自己是老家人，仅有22%具有城市身份认同感。

图2报告了城市外来人口的身心健康水平，证实了不同城市间群体健康表现出较大差异。在心理健康方面，青岛外来人口心理健康水平最高，厦门位居第二，排名最末的是深圳。这一结论与相关研究保持一致，深圳外来人口的心理健康状况较为严峻，移民压力、社交能力、就业风险是造成这一现

象的主要原因（Wong and Chang，2010）。生理健康方面，嘉兴与青岛位于前两名，而中山位于最末，这与其以制造业为主的城市性质相呼应。

表2 样本基本特征

变量		定义	均值/百分比	标准差
身心健康	MCS	K6心理健康量表，情绪症状程度和持续时间	0.866	0.110
	PCS	SF-36量表，健康自评之身体总体、与周围人相比、与过去相比？	0.774	0.129
个体特征	性别	女	45.0	
		男	55.0	
	年龄	18岁以下（少年）	0.1	
		19~35岁（青年）	54.1	
		36~45岁（中青年）	30.4	
		46~59岁（中年）	14.7	
		60岁及以上（老年）	0.6	
	受教育水平	初中及以下	60.1	
		高中及专科	35.1	
		本科及以上	4.8	
	婚姻状态	未婚	25.4	
		曾结过婚	74.6	
	"绝对收入"	个人月收入（千元）	3.888	4.023
	"相对收入"	收入位置之与您老家亲戚、朋友和同事相比，项目打分，由低到高1~10	5.790	1.635
	客观户籍类型	农村（"乡→城"）	87.1	
		城市（"城→城"）	12.9	
	主观身份认同	城市人	21.9	
		老家人	78.1	
时空特征	流动时间	在本市流动年限实际值（年）	4.250	4.432
	迁移距离	GIS测度户籍所在省质心至流入地城市行政区（县）质心的空间直线距离（取对数）（km）	5.985	1.040
样本数			15 797	

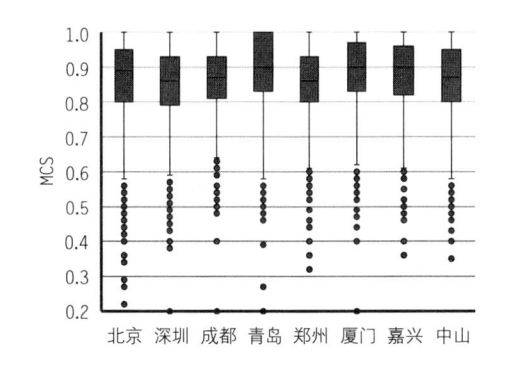

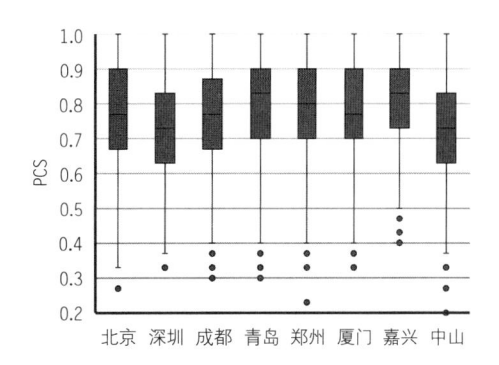

图2 八城市外来人口MCS（左）和PCS（右）健康水平对比

注："·"表示与四分位数值的距离超过1.5倍。

4.2 身心健康的时空趋势特征

为更客观考察身心健康随流动时间的变化特征，将外来人口在流入地城市的流动时间进行分组求解，计算每组MCS和PCS平均值，结果如图3所示。案例地的外来人口身心健康随流动时间表现出波动性。①在流动时间为10年以内，外来人口的身心健康呈现出"此消彼长"特征，即外来人口的心理健康和幸福感维持是以身体健康损耗为代价的；这一现象，在心理学中称为"蜡烛效应"（蜡烛燃烧，烛光越亮，耗蜡越多）。在迁移初期这种代价交换和生理损耗速度尤其显著。②在流动时间为10~20年，外来人口在流入地工作和居住基本稳定，生活质量的提高会实现心理和生理水平的"同步上升"，但生理恢复极为缓慢。③在流动时间超过20年之后，又呈现出"此消彼长"特征，但此时心理上升和生理下降速度明显放缓，生理下降的主要原因是前期长期劳累和高压积累导致慢性病显征，这一情况不同于迁移初期由工作和居住风险等条件带来的直接生理损耗（牛建林等，2011）。

此外，对比初始健康值（流动时间=0年）和后期健康值（流动时间=25年）（25年之后样本量均少于100，考虑到小样本的统计偏误，故不纳入分析），发现随流动时间延长，生理最终是下降，而心理是上升，胡晓江等（Hu et al., 2008）将此现象描述为"挖掘青春"（"youth mining"），即中国的农村输出健康工人，最后带病携伤返回或低健康状态留在城市。值得注意的是：首先，心理变化趋势始终为上升，且随着时间推移，社会适应的增强和社会冲突的减弱将导致上升速率逐渐变小，最终可能实现平稳状态（图3）；其次，不同群体因其背景（或文化特色）及迁移目的（比如求学、经商等）的差异，其身心健康轨迹中的高、低位时间点以及过程特征均存在显著区别；最后，结合本文的研究发现，对比利兹格德（Lysgaand, 1955）（"U"形）、格拉洪等（Gullahorn et al., 2010）（"W"曲线）和金（Kim, 2001）（"螺旋上升"）学者的观点，可推断出跨国迁移造成的心理波动远大于国内迁移。

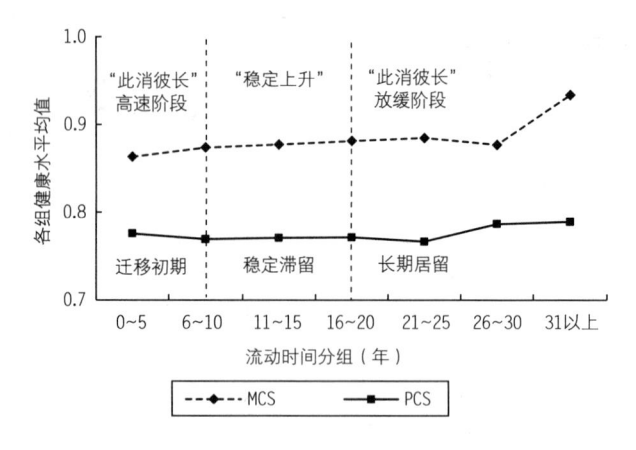

图3 外来人口身心健康随流动时间变化的趋势特征（全样本）

根据迁移前的不同户籍类型，划定"乡→城"型（从农村迁移到城市）和"城→城"型（从原有城市迁移到新城市）两类外来人口。图4证实在不同城市中，不同性质的外来人口的健康变化轨迹差异显著。在一线城市（北京、深圳），"乡→城"型身心健康随居留时间的延长而上升，而"城→城"型表现出下降趋势。不同的是，在二三线城市（青岛、厦门和嘉兴等），无论"乡→城"型或"城→城"型，流动人口在流入地的流动时间与其身心健康水平均保持同步增长趋势，假设b1得到证实。这一结论与部分研究保持一致，陈娟（Chen, 2011）于2009年5~10月针对北京外来人口展开调查（N=1 474），发现分别在农村、乡镇和小城市长大的外来人口，其身心健康轨迹具有差异性；伴随流动时间的延长，来自小城市的外来人口，其生理健康优势开始明显减少，而农村和乡镇外来人口则在心理健康风险上明显上升。

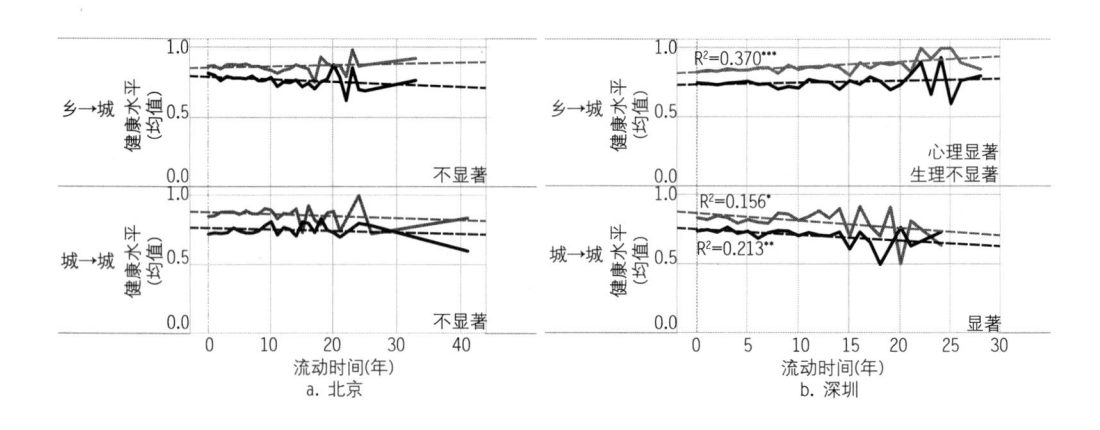

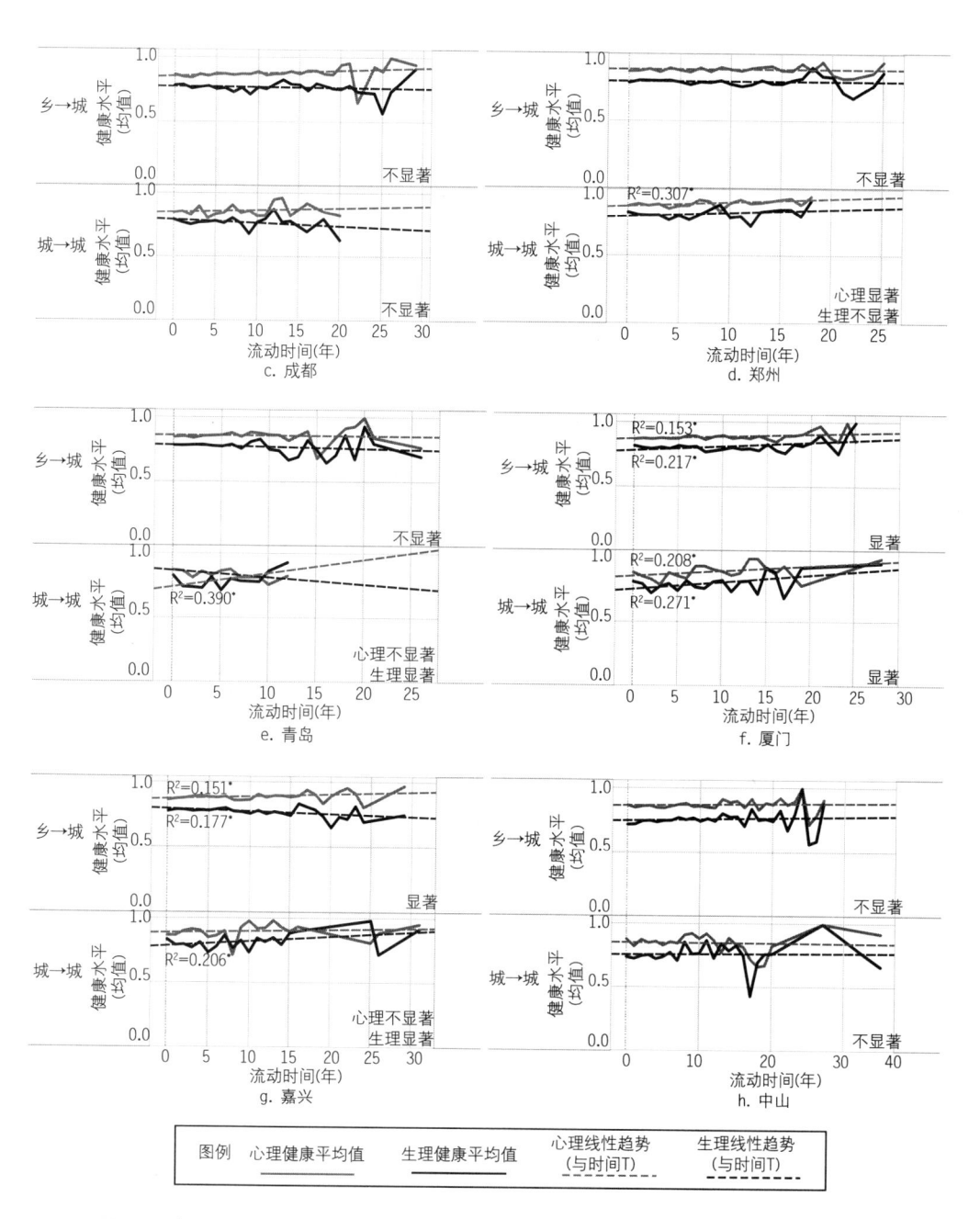

图4 八市不同性质外来人口（"乡→城"型和"城→城"型）身心健康随流动时间变化趋势

注：*表示 $p<0.05$，**表示 $p<0.01$，***表示 $p<0.001$。

4.3 机制分析

本文首先对数据进行标准化预处理和共线性检测；而后构建零模型，以组内相关系数（ICC）考察因变量的组间差异，判断多层线性模型的适用性；最后建立多层线性模型，并采用对数似然比值（−2log likelihood）度量模型拟合程度，该值越小，代表模型的拟合效果越好（王济川等，2008）。

以心理健康（MCS）为因变量（表3），当不加入任何自变量时（零模型），模型1的组内相关系数为0.202，表明同一城市行政区（县）内部的个体在心理健康上具有相似性，不同城市行政区（县）间的群体心理健康具有差异性，城市行政区（县）特征对健康分异的解释度在20.2%（超过10.0%设定标准）（图5），需要构建多层线性模型。在模型2中加入个体特征和时空特征，模型3和模型4中依次加入城市行政区（县）特征以及二者的跨层交互项。模型4具有高度显著性（$p<0.01$），且−2log likelihood值最小，证实模型4的解释力最强、拟合效果最好，故后文对模型4的结果予以重点解说。

表3 影响外来人口心理健康水平的因素

变量	模型1 β_{MCS}	模型2 β_{MCS}	S.E.	模型3 β_{MCS}	S.E.	模型4 β_{MCS}	S.E.
个体特征							
性别（Ref=女）							
男		0.035 2**	0.016 7	0.034 4*	0.016 7	0.034 4**	0.016 7
年龄		0.007 3	0.010 7	0.007 4	0.010 7	0.007 7	0.010 7
受教育水平（Ref=初中及以下）							
高中及专科		−0.065 0***	0.018 7	−0.063 5***	0.018 7	−2.656 5***	0.933 1
本科及以上		−0.129 2***	0.042 6	−0.125 6***	0.042 7	−5.322 7***	1.871 9
婚姻状况（Ref=未婚）							
曾结过婚		0.075 5***	0.024 3	0.071 9***	0.024 3	0.068 9***	0.024 3
"绝对收入"（实际月收入对数）		−0.008 4	0.017 4	−0.007 0	0.017 4	−0.007 3	0.017 4
"相对收入"（经济地位与老家成员比）		0.145 8***	0.008 2	0.145 3***	0.008 2	0.145 1***	0.008 2
客观户籍类（Ref=农村/"乡→城"）							
城市/"城→城"		−0.031 0	0.027 1	−0.032 5	0.027 2	3.350 0*	1.731 8
主观身份认同（Ref=城市人）							
老家人		−0.109 9***	0.020 2	−0.106 6***	0.020 3	−0.106 2***	0.020 3
时空特征							
本市流动时间		0.022 1**	0.008 8	0.022 2**	0.008 9	0.022 5**	0.008 9
迁移距离		−0.007 9	0.008 7	−0.009 9	0.008 7	−2.123 1***	0.583 0

续表

变量	模型1 β_{MCS}	模型2 β_{MCS}	模型2 S.E.	模型3 β_{MCS}	模型3 S.E.	模型4 β_{MCS}	模型4 S.E.
行政区（县）特征							
人口密度				0.002 8	0.030 4	0.002 0	0.030 0
外来人口比值				−0.253 2*	0.158 0	−0.218 7	0.155 9
人均可支配收入				1.768 3*	1.066 5	0.545 8	1.115 9
人均消费支出				−1.898 1	1.331 5	−1.914 1	1.313 7
流入区位（Ref=城市边缘）							
城市中心				0.004 2	0.022 3	0.003 7	0.022 3
交互项							
人均可支配收入×受教育水平						0.247 7***	0.089 1
人均可支配收入×户籍类型						−0.322 2*	0.164 8
人均可支配收入×迁移距离						0.201 8***	0.055 7
constant	−0.002 8	0.152 3	0.150 0	0.780 8	2.969 3	14.530 8***	4.585 5
μ	0.982	0.961		0.960		0.959	
Wald chi2	—	444.75		455.79		479.45	
Prob>chi2	—	0.000		0.000		0.000	
−2log likelihood	−22 196.575	−20 170.224		−20 165.077		−20 153.776	
Df	3	14		19		22	
N	15 797	15 797		15 797		15 797	

注：*表示 $p<0.10$，**表示 $p<0.05$，***表示 $p<0.01$，β 为系数，S.E.为标准误。

采用同样方法，对外来人口生理健康（PCS）进行模型估计，结果如表4。当模型5中不加入任何自变量时，得到组内关系系数为0.242，即城市行政区（县）特征对健康分异的解释度在24.2%（图5）；可见仍有必要使用多层线性模型估计生理健康效应。在模型5基础上，依次加入各类特征项，分别建立三个嵌套模型。结果发现，−2log likelihood逐步变小，模型的解释力逐渐增强，模型8拥有最好的拟合效果，因此，重点解释模型8的回归系数。

4.3.1　个体特征机制

就人口学特征而言，性别、受教育水平和婚姻状况是影响外来人口心理健康最为显著的因素（模型4），而性别和年龄与外来人口生理健康联系最为紧密（模型8）。具体而言，男性身心健康水平显著高于女性（模型4：β_{MCS}=0.034 4，$p<0.05$）（模型8：β_{PCS}=0.125 8，$p<0.01$），假设a1得到

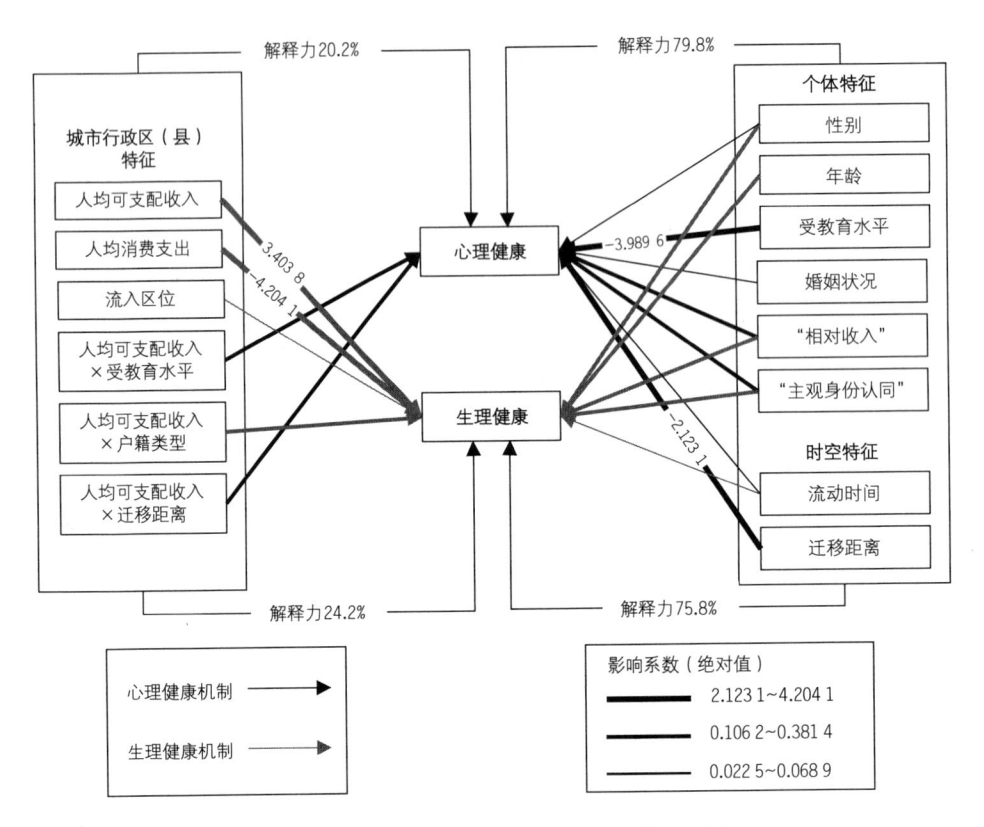

图 5　各因素对外来人口身心健康影响的解释比例

表 4　影响外来人口生理健康水平的因素

变量	模型 5 β_{PCS}	模型 6 β_{PCS}	S.E.	模型 7 β_{PCS}	S.E.	模型 8 β_{PCS}	S.E.
个体特征							
性别（Ref=女）							
男		0.128 0***	0.016 4	0.126 4***	0.016 4	0.125 8***	0.016 4
年龄		−0.131 8***	0.010 6	−0.133 0***	0.010 6	−0.132 9***	0.010 6
受教育水平（Ref=初中及以下）							
高中及专科		−0.036 9**	0.018 4	−0.033 7*	0.018 4	−1.441 9	0.919 4
本科及以上		−0.236 9***	0.041 9	−0.227 6***	0.042 0	−3.044 0*	1.844 3
婚姻状况（Ref=未婚）							
曾结过婚		0.007 9	0.023 9	0.004 7	0.024 0	0.004 5	0.024 0

续表

变量	模型5	模型6		模型7		模型8	
	β_{PCS}	β_{PCS}	S.E.	β_{PCS}	S.E.	β_{PCS}	S.E.
"绝对收入"（实际月收入对数）		−0.021 1	0.017 1	−0.016 9	0.017 1	−0.016 9	0.017 1
"相对收入"（经济地位与老家成员比）		0.146 8***	0.008 1	0.146 4***	0.008 1	0.146 2***	0.008 1
客观户籍类（Ref=农村/"乡→城"）							
城市/"城→城"		−0.071 1***	0.026 7	−0.065 0**	0.026 8	3.941 1*	1.706 3
主观身份认同（Ref=城市人）							
老家人		−0.171 0***	0.019 9	−0.170 4***	0.020 0	−0.169 8***	0.020 0
时空特征							
本市流动时间		0.022 0**	0.008 7	0.024 4***	0.008 7	0.024 5***	0.008 7
迁移距离		−0.003 5	0.008 6	−0.007 2	0.008 6	0.128 7	0.574 9
行政区（县）变量							
人口密度				0.012 1	0.030 8	0.012 1	0.030 8
外来人口比值				−0.124 9	0.159 7	−0.120 1	0.160 0
人均可支配收入				3.133 3***	1.075 2	3.403 8***	1.135 8
人均消费支出				−4.237 3***	1.343 6	−4.204 1***	1.344 9
流入区位（Ref=城市边缘）							
城市中心				−0.055 8**	0.022 0	−0.055 6**	0.022 0
交互项							
人均可支配收入×受教育水平						0.134 4	0.087 8
人均可支配收入×户籍类型						−0.381 4**	0.162 4
人均可支配收入×迁移距离						−0.013 0	0.054 9
constant	0.050 7	0.333 2**	0.149 2	10.081 7***	3.004 9	9.500 1**	4.604 0
μ	0.973	0.946		0.945		0.945	
Wald chi2	—	718.40		753.69		760.43	
Prob>chi2	—	0.000		0.000		0.000	
−2log likelihood	−22 077.111	−19 953.327		−19 939.944		−19 936.700	
df	3	14		19		22	
N	15 797	15 797		15 797		15 797	

注：*表示$p<0.10$，**表示$p<0.05$，***表示$p<0.01$，β为系数，S.E.为标准误。

证实。这一结论与诸多研究保持一致（Sen and Östlin，2010；Borrell et al.，2008；曹谦，2016；凌莉等，2015），说明流动过程中女性的性别化职责（母职和家庭照料）将对其身心健康和幸福感造成一定的负面影响。此外，年龄越大，生理健康水平越低（模型8：$\beta_{PCS}=-0.1329$，$p<0.01$）。受教育水平与个体生理健康无关；但本科及以上学历的外来人口的心理健康水平显著低于初中及以下学历者（模型4：$\beta_{MCS}=-5.3227$，$p<0.01$），可能的原因是高学历者往往对城市期望更大，随着迁移意义的实践，未来期望和现实差距将导致心理落差，追求目标的压力也将进一步引致心理问题（Sellers and Neighbors，2008）。此外，已婚外来人口的心理健康水平高于未婚个体（$\beta_{MCS}=0.0689$，$p<0.01$），假设a1得到证实。个人实际收入（"绝对收入"）与身心健康无显著相关性，但是对于自己在老家人中经济富有程度的主观判断（"相对收入"）会直接影响身心健康水平。在老家中自评经济地位越高，身心健康水平越好（模型4：$\beta_{MCS}=0.1451$，$p<0.01$）（模型8：$\beta_{PCS}=0.1462$，$p<0.01$），假设a2部分成立。在流动过程中，认为自己是城市人的外来人口身心健康水平显著高于认为自己是外来人者（模型4：$\beta_{MCS}=-0.1062$，$p<0.01$）（模型8：$\beta_{PCS}=-0.1698$，$p<0.01$），说明较低的身份认同会导致外来人口的心理边缘化，容易产生游离感和不安感；社会排斥也间接影响社会交往活动的公平参与，不利于身心健康的发展（Li and Rose，2017）。

4.3.2 时空特征机制

就时空特征而言，流动时间与身心健康水平呈正相关（排除年龄对生理的直接影响）（模型4：$\beta_{MCS}=0.0225$，$p<0.05$）（模型8：$\beta_{PCS}=0.0245$，$p<0.01$）。可能的解释是，流动时间越长，"文化适应过程"越稳定，社会融合度越高（Lin，Zhang et al.，2016；陈宏胜等，2015），同时，物质资源可获得性以及就业、居住条件的改善也将促进外来人口身心健康水平的提高。另外，迁移距离与生理健康水平无显著相关，却与心理健康水平呈强烈负相关，假设b2得到部分证实。迁移距离越短，心理健康水平越高（$\beta_{MCS}=-2.1231$，$p<0.01$），主要原因是地理上的空间邻近性，会导致区域在多个维度，如社会、经济、政治和文化等具有同质性，尤其是语言和文化的相似性有利于加强社会交往和地方归属感，促进心理健康水平的提高（Sawrikar and Hunt，2005）。

4.3.3 城市行政区（县）特征机制

在城市行政区（县）特征中，未发现直接影响外来人口心理健康水平的因素；而人均可支配收入、人均消费支出和流入区位在1%和5%显著性水平上显著影响生理健康。具体而言，生理健康水平与人均可支配收入呈正相关（模型8：$\beta_{PCS}=3.4038$，$p<0.01$），与人均消费支出呈负相关（模型8：$\beta_{PCS}=-4.2041$，$p<0.01$），且影响系数远高于其他影响因子，说明城市经济发展水平是决定外来人口身心健康水平的关键因素，尤其是消费水平；假设c1得到证实。此外，流入城市边缘区位的外来人口的生理健康水平显著高于处于城市中心区位的同类群体（模型8：$\beta_{PCS}=-0.0556$，$p<0.05$），这与区（县）内部外来人口构成有关。调查样本中，城市边缘社区内部农村户籍与城市户籍人口比值约为16:1，而在城市中心这一比例为5:1；外来人口中农村户籍群体的生理健康水平普遍高于城市

户籍。与预期相悖的是，流入区位对心理健康未产生显著影响（模型4），假设c2得到部分证实。

4.3.4 交互作用

在模型3中，城市行政区（县）特征对心理健康的直接影响并不显著（表3），但是交互项后（模型4），估计结果十分显著，说明城市行政区（县）特征更多的是通过与其他因素的交互作用间接影响心理健康。具体而言，受教育水平与人均可支配收入的交互项对外来人口心理健康水平存在显著正向影响（模型4：β_{MCS} =0.247 7，$p<0.01$），说明与经济欠发达地区的外来人口相比，受教育水平对经济发达区（县）的外来人口心理健康的正向影响更加显著。理论上，拥有较高教育程度的外来人口通常更容易在城市获取就业机会，而经济发达区（县）的就业资源更加丰富；两者结合，使受教育程度高的外来人口在发达地区的回报率更高，从而其心理获得感更加强烈。类似地，迁移距离与人均可支配收入的交互项对外来人口心理健康也存在显著正向影响（模型4：β_{MCS} =0.201 8，$p<0.01$），说明城市区（县）间经济发展水平越高，外来人口远距离迁移的可能性越大（迁移吸引力越强），而来源地与流入地的经济差异，会进一步影响心理健康。

对比模型7和模型8（表4），发现城市行政区（县）特征更多的是直接影响生理健康而非交互影响，尤其是经济方面（人均可支配收入和人均消费支出）。但是户籍类型与人均可支配收入的跨层交互项系数为负（模型8：β_{PCS} =−0.381 4，$p<0.05$），表明与经济欠发达的地区相比，城市户籍外来人口在经济发达区（县）的生理健康损耗更加显著。总体而言，城市行政区（县）特征对身心健康存在影响，尤其是经济水平直接影响生理健康，而与其他一些关键性个体和时空因素交互作用共同影响心理健康，假设c3得到证实。

5 结论与讨论

中国正以前所未有的速度、深度和广度推动城市化进程。流动性劳动群体在为中国经济发展做出巨大贡献的同时，也普遍面临复杂的健康问题。本文基于2014年全国流动人口的监测专题数据，采用多层线性模型，分析了外来人口的身心健康变化特征，并探索了个体层级和城市层级对其身心健康影响的主要因素。

研究发现以下三点。①转型期中国城市外来人口的身心健康在不同城市之间表现出一定差异。在心理健康方面，青岛外来人口的心理健康水平最高，厦门位居第二，排名最末的是深圳。生理健康方面，嘉兴与青岛位于前两名，中山位于最末。②外来人口的身心健康随流动时间变化表现出波动性：在流动的前10年，外来人口的心理和生理健康具有"此消彼长"特征（心理健康上升，生理健康下降）。在流动的10～20年区间内，工作和居住环境基本稳定，心理和生理表现为"同步上升"，但生理恢复极为缓慢。在流动时间超过20年之后，心理健康持续缓慢上升；因前期长期劳累和高压积累引致的生理病症开始显现，生理发生下滑，但速度相对于迁移初期的生理损耗明显放缓。③个体的人口与社会经济特征、流动行为的时空特征以及城市的行政区（县）特征共同影响外来人口的身心健康，其中时空特征和城市行政区（县）特征影响较为突出。具体而言，男性身心健康显著高于女性；建立家庭对案例地外来人口的心理健康有正向作用；在老家成员中的社会经济地位（"相对收入"）通过"社会比较心理"显著影响身心健康，但实际月收入（"绝对收入"）对外来人口身心健康影响不显著。流动时间与心理和生理均呈正相关，但在不同城市中作用表现不一致；迁移距离与心理健康呈负相关，较远的迁移距离提高了外来人口的社会融入难度，不利于心理健康的促进；但与其生理健康无直接关联。城市行政区（县）特征中经济水平（人均可支配收入和人均消费支出）会直接影响外来人口的生理健康；而地区经济变量与个人受教育水平、户籍类型以及迁移距离交互作用共同影响心理健康。可见，外来人口的心理健康不仅与外部地方资源优势有关，也与内部个体资源获取能力联系紧密。

本文研究证实，社会经济与迁移距离是影响外来人口身心健康水平的关键因素（图 5）。不过，外来人口的健康还受到诸如区域与城市空间管治策略、公共资源分配方式等一系列难以量化的政策和制度因素影响。例如在不同城市，城市产业政策会影响经济机会、人口迁移甚至引致外来人口的空间隔离（如工业开发区等特殊区域），从而引发潜在的环境与健康风险。因此，探讨包含政策在内的多维因素对外来人口身心健康的影响将是未来研究的关注重点。同时，依据本文研究结果，地方政府在破除户籍壁垒和消除收入差异的同时，应提倡就近城镇化，大力推进区域经济平衡，建立新的经济增长点，引导人口有序流动和迁移，才能促进中国城市持续健康发展。

致谢

本文受国家自然科学基金项目（41771167，41422103）资助。感谢评审专家的批评和指导。

参考文献

[1] BORRELL C, MUNTANER C, SOLÈ J, et al. Immigration and self-reported health status by social class and gender: the importance of material deprivation, work organisation and household labour[J]. Journal of Epidemiology & Community Health, 2008, 62(5): e7.

[2] BRUNDTLAND G H. World health report 2002: reducing risks, promoting health life[M]. Switzerland: World Health Organization, 2002.

[3] CHEN H, LIU Y, ZHU Z, et al. Does where you live matter to your health? Investigating factors that influence the self-rated health of urban and rural Chinese residents: evidence drawn from Chinese General Social Survey data[J]. Health & Quality of Life Outcomes, 2017a, 15(1): 78-89.

[4] CHEN H, LIU Y, LI Z, et al. Urbanization, economic development and health: evidence from China's labor-force dynamic survey[J]. International Journal for Equity in Health, 2017b, 16(1): 207-215.

[5] CHEN J. Internal migration and health: re-examining the healthy migrant phenomenon in China[J]. Social Science & Medicine, 2011, 72(8): 1294-1301.

[6] CHEN J, CHEN S, LANDRY P F. Migration, environmental hazards, and health outcomes in China[J]. Social Science & Medicine, 2013, 80: 85-95.

[7] EVANS J, BALDWIN W. Migration and health[J]. The International Migration Review, 1987, 21(3): v-491-486.
[8] FURUKAWA T A, KESSLER R C, SLADE T, et al. The performance of the K6 and K10 screening scales for psychological distress in the Australian National Survey of Mental Health and Well-Being[J]. Psychological medicine, 2003, 33(2): 357-362.
[9] GULLAHORN J T, GULLAHORN J E. An extension of the U-curve hypothesis[J]. Journal of Social Issues, 2010, 19(3): 33-47.
[10] HU X, COOK S, SALAZAR M A. Internal migration and health in China[J]. Lancet, 2008, 372(9651): 1717-1720.
[11] JACCARD J, TURRISI R, WAN C K. Interaction effects in multiple regression[M]. Newbury Park, California: Sage Publications, 2003.
[12] JYLHÄ M. What is self-rated health and why does it predict mortality? Towards a unified conceptual model[J]. Social Science & Medicine, 2009, 69(3): 307-316.
[13] KIM Y Y. Becoming intercultural: an integrative theory of communication and cross-cultural adaptation[M]. Newbury Park, California: Sage Publications, 2001.
[14] LI J, ROSE N. Urban social exclusion and mental health of China's rural-urban migrants: a review and call for research[J]. Health & Place, 2017, 48: 20-30.
[15] LI X, STANTON B, FANG X, et al. Mental health symptoms among rural-to-urban migrants in China: a comparison with their urban and rural counterparts[J]. World Health Population, 2009, 11(1): 24-38.
[16] LIN Y, QI Z, WEN C, et al. The social income inequality, social integration and health status of internal migrants in China[J]. International Journal for Equity in Health, 2017, 16(1): 139-150.
[17] LIN Y, ZHANG Q, CHEN W, et al. Association between social integration and health among internal migrants in Zhongshan, China[J]. PloS ONE, 2016, 11(2): e0148397.
[18] LIU Y, ZHANG F, WU F, et al. The subjective wellbeing of migrants in Guangzhou, China: the impacts of the social and physical environment[J]. Cities, 2017, 60: 333-342.
[19] LYSGAAND S. Adjustment in a foreign society: Norwegian Fulbright grantees visiting the United States[J]. International Social Bulletin, 1955, 7: 45-51.
[20] MOU J, GRIFFITHS S M, FONG H F, et al. Defining migration and its health impact in China[J]. Public Health, 2015, 129(10): 1326-1334.
[21] POEL E V, ODONNELL O, DOORSLAER E V. Is there a health penalty of China's rapid urbanization? [J] Health Economics, 2012, 21(4): 367-385.
[22] PORTER P S, RAO S T, HOGREFE C. Linear trend analysis: a comparison of methods[J]. Atmospheric Environment, 2002, 36(27): 4420-4421.
[23] RAUDENBUSH S W, BRYK A S. Hierarchical linear models: applications and data analysis methods[M]. Newbury Park, California: Sage Publications, 2002.
[24] SAWRIKAR P, HUNT C J. The relationship between mental health, cultural identity and cultural values in non-English speaking background (NESB) Australian adolescents[J]. Behaviour Change, 2005, 22(2): 97-113.
[25] SELLERS S L, NEIGHBORS H W. Effects of goal-striving stress on the mental health of black Americans[J]. Journal of Health and Social Behavior, 2008, 49(1): 92-103.

[26] SEN G, ÖSTLIN P. Gender equity in health: the shifting frontiers of evidence and action[M]. London: Routledge, 2010.
[27] WONG D F K, CHANG Y-L. Mental health of chinese migrant workers in factories in Shenzhen, China: effects of migration stress and social competence[J]. Social Work in Mental Health, 2010, 8(4): 305-318.
[28] 曹谦. 基于结构方程模型的城市流动人口心理健康影响因素分析[J]. 统计与信息论坛, 2016, 31(10): 70-75.
[29] 陈宏胜, 刘振东, 李志刚. 中国大城市新移民社会融合研究——基于六市抽样数据[J]. 现代城市研究, 2015(6): 112-119.
[30] 程明梅, 杨朦子. 城镇化对中国居民健康状况的影响——基于省级面板数据的实证分析[J]. 中国人口·资源与环境, 2015, 25(7): 89-96.
[31] 弗里德曼, 刘合林. 中国城市化研究中的四大论点[J]. 城市与区域规划研究, 2008, 1(2): 148-160.
[32] 国家卫生和计划生育委员会流动人口司. 2015 中国流动人口发展报告[M]. 北京: 中国人口出版社, 2015.
[33] 李加莉. 文化适应研究的进路[M]. 北京: 社会科学文献出版社, 2015.
[34] 凌莉, COOK S, 张术芳, 等. 中国人口流动与健康[M]. 北京: 中国社会科学出版社, 2015.
[35] 刘杨, 陈舒洁, 林丹华. 歧视与新生代农民工心理健康: 家庭环境的调节作用[J]. 中国临床心理学杂志, 2013, 21(5): 807-810.
[36] 牛建林, 郑真真, 张玲华, 等. 城市外来务工人员的工作和居住环境及其健康效应——以深圳为例[J]. 人口研究, 2011, 35(3): 64-75.
[37] 田莉, 李经纬, 欧阳伟, 等. 城乡规划与公共健康的关系及跨学科研究框架构想[J]. 城市规划学刊, 2016(2): 111-116.
[38] 王桂新, 苏晓馨. 社会支持/压力及其对身心健康影响的研究——上海外来人口与本市居民的比较[J]. 人口与发展, 2011, 17(6): 2-9.
[39] 王济川, 谢海义, 姜宝法. 多层统计分析模型: 方法与应用[M]. 北京: 高等教育出版社, 2008.
[40] 王文卿, 潘绥铭. 人口流动对健康的影响[J]. 西北人口, 2008, 29(4): 55-58.
[41] 周彬, 齐亚强. 收入不平等与个体健康——基于 2005 年中国综合社会调查的实证分析[J]. 社会, 2012, 32(5): 130-150.

[欢迎引用]

程晗蓓, 李志刚. 转型期中国城市外来人口的身心健康特征与地方差异性机制探析[J]. 城市与区域规划研究, 2020, 12(1): 172-192.

CHENG H B, LI Z G. Characteristics and local mechanism of migrants' health in transitional China[J]. Journal of Urban and Regional Planning, 2020, 12(1): 172-192.

北京城市体检评估机制的若干创新探索与总结思考

伍毅敏 杨明 彭珂 邱红 边雪

Innovative Exploration and Suggestions on the Examination & Evaluation Mechanism for Beijing Urban Development

WU Yimin[1], YANG Ming[1], PENG Ke[2], QIU Hong[1], BIAN Xue[2]

(1. Beijing Municipal Institute of City Planning & Design, Beijing 100045, China; 2. Beijing Municipal Commission of Planning and Natural Resources, Beijing 101160, China)

Abstract "City Examination & Evaluation" is a mechanism innovation for better monitoring and evaluating the implementation of Beijing's new master plan. Through timely diagnosis and dynamic feedback, the flexibility of the implementation process control was enhanced, and the orderly implementation of the master plan was promoted. This mechanism both enriches the planning theory and is the first to carry out practice in Chinese cities. Beijing's examination and evaluation project has formed an organizational mode combining self-assessment and third-party assessment, work content of five core content monitoring and key special research, technical method of laying equal emphasis on multi-source data integration, multi-dimensional and multi-level analysis, outcomes from thematic researches to general report, and guarantee mechanisms of responsibility division and legalization. This paper proposes and reviews its innovation in terms of organization, work content, technical methods and application of examination reports.

Keywords spatial planning; implementation evaluation; monitoring; Beijing

作者简介
伍毅敏、杨明、邱红，北京市城市规划设计研究院规划研究室；
彭珂、边雪，北京市规划和自然资源委员会总体规划处。

摘 要 城市体检评估机制是北京市建立完善新版总体规划实施动态评估工作的机制创新，通过及时诊断和动态反馈加强规划实施过程弹性管控，促进总规有序实施，具有规划理论的创新价值和在全国城市中的先行实践意义。北京城市体检评估形成了自评估与第三方评估结合的组织方式、"五个一"核心内容监测与重点专项研究结合的工作内容、多源数据融合与多维度多层次分析诊断并重的技术方法、由分到总逐渐深化的成果体系以及主体责任化和法制化的保障机制，在工作组织、工作内容、技术方法、成果应用方面提出了创新模式并形成总结反思。

关键词 空间规划；实施评估；动态监测；北京

规划目标与实施结果落差大是城市规划面临的突出问题。北京市在上一版总体规划实施过程中，主要表现出人口规模等部分指标突破预期，各区县同质竞争突出而整体效益不高，各部门与各种规划之间统筹协调不足，规划建设管理全过程中的公众参与不够深入等问题（施卫良，2012）。为在新时期将"一张蓝图"真正"绘到底"，需要进行一系列的规划改革，包括模式上从静态蓝图向规建管全周期的动态调控过程转变，制度上建立健全规划实施督查、考核的约束与激励机制，技术上强化"多规合一"的空间规划管控绩效评估等（杨保军等，2016；席广亮、甄峰，2017；张永姣、方创琳，2016）。由此，《北京城市总体规划（2016年~2035年）》（以下简称北京新总规）提出，建立"一年一体检、五年一评估"的城市体检评估机制，对总体规划实施情况进行实时监测、定期评估、动态维护，确保总体规划确定的各项目标指标得到有序落实。本文对城市体检评估机制的内涵进行剖析，并基于北京市开展的前期理论研究和2017年度实践工作，总结城市体检评估的若干模式方法创新以及下一步改进重点。

1 基于总体规划实施动态评估的体检评估机制创建

1.1 国内外城市总体规划实施动态评估开展现状

当前总体规划实施评估主要分为结果评估和过程评估两类，结果评估是总规修编前对实施情况的终期评估，过程评估又分为间隔五年左右的中期评估和每1~2年的动态评估。国外大城市较早开展相关实践，如纽约市2007年发布2030发展规划后，自2008年开始"每年一次进展评估、每四年一次规划修编"（魏开等，2013）。英国自2004年起规定地方规划当局应向中央政府规划主管部门提交针对地方发展框架实施进度的年度监测报告，该报告成为城市政府衡量规划表现和未来政策发力点的核心依据（苏建忠、杨成韫，2015）。

在我国城市，总体规划修编前进行终期评估这一程序已被广泛应用，然而动态评估的实践还较少，这与评估理论不成熟、未纳入现有规划体系、缺乏内源性的评估动机、数据更新不及时等多种原因有关（廖茂羽、罗震东，2015；马璇等，2017；席广亮等，2017）。既有实践中，广州市自2001年起较早地开展总规实施年度评估，从对规划文件的回顾逐渐发展到定性与定量分析结合来认知规划实施状况（吕萌丽、吴志勇，2010）；深圳市通过制订近期建设规划年度实施计划，促进近期建设规划的动态调校和滚动实施（刘永红、刘秋玲，2011）。

1.2 总体规划实施动态评估的发展趋势

正如北京新总规所反映出的规划期限延长、指标去时限化的变化趋势，不少学者认为，随着城市发展阶段由高速增长转向高质量发展，规划编制内容由静态蓝图转向"规划蓝图—实施策略—行动计划"体系，规划工作主线由实施前的编制和审批向实施后的城市治理延伸，对实施结果的评估频率将会下降，而以动态维护为目的的实施过程评估重要性将会提升（何灵聪，2013；周艳妮等，2016；施卫良等，2019）。为了更好地维护总体规划的严肃性和权威性，提高规划实施的有效性，未来应朝着提升总规控制性目标的可监测性、完善动态评估框架并加强制度化建设、畅通评估结果反馈渠道以促进动态规划等方向发展（吕萌丽、吴志勇，2010；丁国胜等，2013）。当前北京、上海、广州等地均在结合新一轮总体规划和国土空间规划体系改革，积极探索规划实施动态评估的机制创新。

1.3 城市体检评估机制创建的背景与意义

根据《城乡规划法》要求，北京在2004版总规实施过程中形成每五年开展一次实施评估的机制，并分别于2009、2014年两次组织开展了评估工作。在此基础上，2016版新总规提出"实时监测—年度体检—五年评估"的动态评估框架，即实时监测规划核心指标和城市运行要素、每年开展总体规划实施情况体检、每五年进行总体规划实施全面评估。该框架明确了既有的五年评估和新增的年度体检的不同作用：年度体检侧重问题聚焦，及时反馈动态变化；五年评估侧重系统全面，综合研判长期趋势（表1）。2019年，北京市通过了修订版的《北京市城乡规划条例》，确立了体检评估机制的法定地位①。

表1 北京城市体检评估机制中年度体检与五年评估的比较

	年度体检	五年评估
评估类型	过程评估	阶段性结果评估
评估周期	每年一次	每五年一次
既有实践	无	2009、2014年两次开展
主要目的	动态监测规划实施过程，及时调整完善实施机制、配套政策	全面评估规划实施进展，系统总结经验得失，调整阶段性实施方向、重点、策略
重点内容	总体规划指标体系和重点任务实施进展监测，年度关键问题分析，有针对性的实施建议	总体规划阶段性实施效果综合分析评价，分领域、分区域发展比较，对下一实施阶段的趋势研判和对策建议
主要特点	侧重问题聚焦，突出灵活性 侧重及时反馈，适应短期变化 侧重动态过程，探究机制	侧重系统全面，突出综合性 侧重问题积累，适应长期趋势 侧重静态结果，探究状态
相互关系	为五年评估积累数据、提供线索	为年度体检梳理脉络、研判方向
成果应用	指导年度实施计划编制	指导近期建设规划编制
成果上报和公开	报北京市委、市政府审定，报北京市人大常委会、住房和城乡建设部备案，向首都规划建设委员会全会进行报告，酌情向社会公告	由北京市委、市政府、北京市人大常委会审定，报首都规划建设委员会全会审议，报住房和城乡建设部备案，向社会公告

1.4 城市体检评估与既有实施评估的主要区别

与既有的总规实施终期评估和定期评估相比，城市体检评估的特点在于四个方面。

（1）从侧重单一的"结果评判"转向关注多元的"过程检测"（田莉等，2008）。增加评估的过程维度，形成"发现实施结果偏差—分析认知原因和机理—评估调整实施措施和政策—反馈优化规划目标"的良性循环。在发现问题的同时，强调机理探究，包含了对具体实施措施和配套政策的评析，并可对总规预设目标指标进行动态优化，从评估"合规性"走向评估"合理性"。

（2）从规划部门业务视角转向政府运行全局视角。既有的总规实施评估侧重评估城市物质空间建设情况，而"多规合一"背景下的北京新总规具有统筹各级各项规划、实施任务全覆盖的特点，其实施是由市委市政府统筹、各部门分工协作的，因此，对其评估也必须是"全局体检"而非"部门体检"，从而使得北京城市体检兼有"体检总规"和"体检城市"的双重作用。

（3）从执行规定动作、有功利性目的的被动评估转向积极暴露问题、结论支撑决策的主动评估。与应付上级要求或为修改规划而进行的评估不同，城市体检评估的目的是对规划实施进行动态反馈和及时纠偏，因此，需要客观分析问题，主动找寻短板，为国土空间规划与治理提供科学依据。

（4）从滞后性明显的定期评估到强调即时性的监测体检评估体系。强化常态化监测的基础性作用，通过高频、持续的城市运行信息反馈及时发现新问题，并建立监测评估预警的动态反馈机制，提升应对规划与实施管理过程不确定性的能力。

2 关于城市体检评估工作组织的探索经验与启示

2.1 引入第三方评估机制

2.1.1 自评估与第三方评估结合，保障体检客观公正

为避免政府进行自我评估倾向于保持宽松自我裁量权的问题（马璇等，2017），北京城市体检评估采用自评估与第三方评估结合的模式，以评估主体的多元化、社会化，推动实现体检全过程的客观公正、公开透明。评估工作由北京市与相关国家部委共同组织开展。北京市开展自评估的同时，由部委有关职能部门牵头，确定第三方评估技术统筹机构，遴选和委托多家第三方技术团队开展专题评估工作（图1）。此外，公众参与也得到强化，通过全市居民满意度调查和部分街道、社区深入调研，点面结合收集公众意见，纳入体检报告。

2.1.2 持续推进第三方评估的路径探索，促进多元共治

第三方评估机制的引入反映了城市体检在评估理念上的进步，与此同时，在首次年度实践中也遇到了一些挑战。一是由于政府各部门数据开放度不足，尽管由市统计局出面大力协调，部分第三方团队所能获取的基础资料仍不够充分。二是由于对地方动态和政策内情的掌握有限，部分研究难以在短时间内深入挖掘现象背后的机理。例如，2017年度体检中有第三方团队提出北京市瞪羚企业数量增速下降，反映中小企业生长环境有所退化，后经多方研讨，厘清增速下降主因是中关村调整瞪羚企业认定标准以及将认定和统计重点向独角兽企业倾斜，而非削减对中小企业支持力度。三是第三方团队选择上，若每年固定不变则缺乏多样视角，若频繁更换则缺乏长期研究积累。

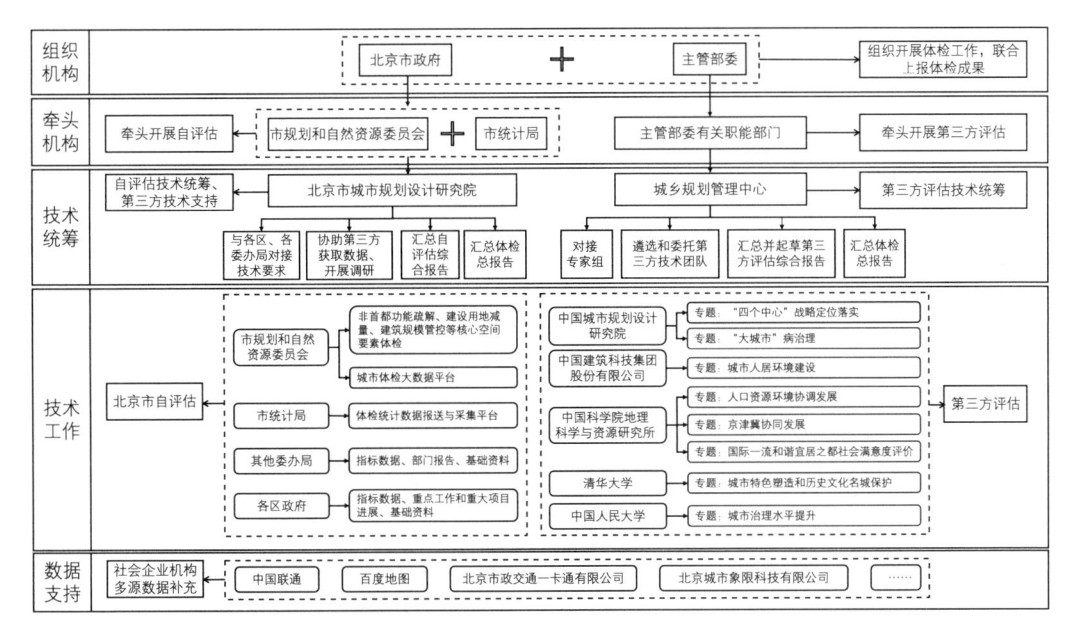

图1 2017年度北京城市体检工作组织

就今后一段时期来看，北京城市体检评估工作仍需自评估与第三方评估互为补充、优势互补，同时，逐渐优化政府工作和公共事务接受第三方评估的大环境建设。未来还应促进学界、企业、社会组织、市民等多主体在体检中充分表达意见，丰富参与方式，促进多元共治。

2.2 各区各部门全面参与自评估

2.2.1 规划与统计部门共同牵头，全市参与

北京市的自评估工作由市规划和自然资源委员会及市统计局共同牵头开展，各部门、各区政府根据要求开展自评，提交年度体检指标数据、体检报告及相关基础资料，由市规划和自然资源委员会汇总形成自评总报告。

2.2.2 推动树立主动自检理念，提升自评主体积极性

2017年度城市体检由于还处在探索期，对各区各部门自评估给予了较高自由度。从体检结果来看，规划和自然资源委员会对自己负责的城市空间布局、减量实施路径等问题剖析最为深入，其他各部门提交的体检成果则深度不一，一些部门报告仍存在明显的扬长避短倾向。而各区报告较多存在面面俱到、特色不足或关注重点与功能定位不匹配的问题。例如一些位于生态涵养区的区级体检报告十分关注非首都功能疏解、产业园区建设进展，反而对生态保护和修复工作着墨不多。这一方面客观反映了区里的年度工作重点，另一方面揭示了体检报告的检视和纠偏作用还有待加强。

未来城市体检工作应进一步强化部门横向支撑和各区纵向衔接，对各区和各部门成果标准提出更高要求，拓展分析深度，避免应付式完成。其中最重要的是转变部门和各区将自己视为被评价对象的认知，使之树立"体检是向上反馈问题和诉求通道"的观念，从而更加积极主动参与体检工作。

3 关于城市体检评估工作内容的探索经验与启示

3.1 "五个一"核心内容监测

3.1.1 确立"一张表、一张图、一清单、一调查、一平台"的体检核心内容

北京城市体检形成了"核心内容监测—重点专项体检—年度结论建议"的内容框架。核心内容监测主要包括"指标体系全面量化观测、各空间圈层发展全面检视、实施任务清单全面梳理、居民满意度全面调查、多源数据全面校核"。

（1）指标体系"一张表"。对总体规划中"建设国际一流的和谐宜居之都评价指标体系"（42项）、"北京城市总体规划实施指标体系"（60项）及其他文本中提出明确要求的指标（43项）组合形成的117项（去除交叉重复指标后）指标开展持续监测（表2）。

表2 2017年度指标体系"一张表"体检结果

2017年度实施情况	数量统计（项）	指标举例
提前完成或达到年度进度要求	49	全社会劳动生产率、单位地区生产总值水耗/能耗
按照目标方向取得新进展，后期需进一步加快实施进度	39	千人养老机构床位数、集中建设区道路网密度
进展相对较慢，需要重点推进	7	城乡建设用地规模、中心城区步行出行比例
年度不可体检或因首年体检而缺乏评价标准	22	城乡职住用地比例、建设用地拆占比
合计	117	—

（2）空间发展"一张图"。在确定分圈层差异化的评价标准基础上，研判首都功能核心区、中心城区、北京城市副中心、平原"多点"地区、生态涵养区的年度发展情况，主要涵盖各圈层功能定位实现情况、"人—地—房—业"核心指标变化、落实总规的各项分区规划和详细规划编制情况、重大项目和大事件进展、重点功能区建设情况等。

（3）重点任务"一清单"。按照《北京城市总体规划实施工作方案（2017年～2020年）》（以下简称《2020年实施方案》）确定的规划编制、重点功能区和重大项目、专项工作、政策机制四个方面102项重点实施工作任务，对照完成时限判断进展情况。

（4）居民满意度"一调查"。在2005、2009、2013年已开展过三次的"宜居北京"问卷调查基础上，设计"国际一流和谐宜居之都社会满意度年度调查"，获取北京市民对总规实施和城市工作的年度评价，并通过数据库长期建设，跟踪记录市民满意度变化脉络。

（5）体检大数据"一平台"。广泛收集城市运行大数据，形成多源数据互为支撑、互为补充、互为校核的工作平台。

3.1.2 加强过程调控，侧重机理探究

"五个一"核心内容监测是城市体检的基础性、持续性工作内容，通过将总规长远规划目标转化为量化指标并在时间维度上进行分解，加强对年度实施进展的监督，为总规实施提供清晰的线索。在实践中，值得注意的是避免"唯指标论"，即将体检工作重心放在年度指标是否达标的绩效考核上，而忽略了结果变化背后的作用机理探究。实际上规划目标的实现往往是一个动态过程，将目标值按照剩余期限均分成年度任务只是一种可供参考的评价方法，年度体检不应仅关注当年指标达标与否，而应综合判断变化趋势，建立动态反馈机制，加强对规划实施过程的路径指导和弹性调控。

例如，2017年度体检提出：中心城区常住人口规模减量虽然实现年度目标，但由于"疏解整治促提升"工作已完成大半，预判未来两年实施难度将会增大，需有新的政策措施支持方能推动。又如，虽然全市人口总量已进入下降拐点，但2011~2015年年均40余万的新增常住人口将带来延迟性的学前和小学学位增长需求，应在基础教育设施用地投放和机构建设上提前做准备。这些分析体现了城市体检在"体征诊断"之外也可发挥"健康预警"作用。

3.2 年度重点专项研究

3.2.1 结合年度重点问题，设置必选与自选体检专项

在核心内容监测基础上，北京城市体检每年设置若干必选专项与自选专项，以深度剖析重点问题。2017年度体检开展了优化提升首都功能、疏解非首都功能、人口资源环境协调发展、城市人居环境建设、空间管制与刚性边界管控、历史文化名城保护、提升城市治理水平、京津冀协同发展八个专项研究。各专项研究形成专题报告的同时，重要数据、观点和分析纳入年度体检总报告（图2）。

3.2.2 聚焦总规改革创新、重大变化要素、政府工作主线

设置可灵活调整的重点专项有助于提高年度体检的时效性和实用性。在专项内容的选择上，应遵循以下原则。

必选专项主要聚焦总规改革创新和重大变化要素两方面内容。本次北京新总规提出的长期改革创新方向，包括强化底线约束、减量发展转型、功能疏解重组、加强城市治理等，应作为今后每年体检重点关注、持续跟踪的主题。同时，应聚焦对城市发展产生重大影响的规划管控要素，深入分析人口与就业、建设用地与建筑规模、"两线三区"等方面的变化动态。

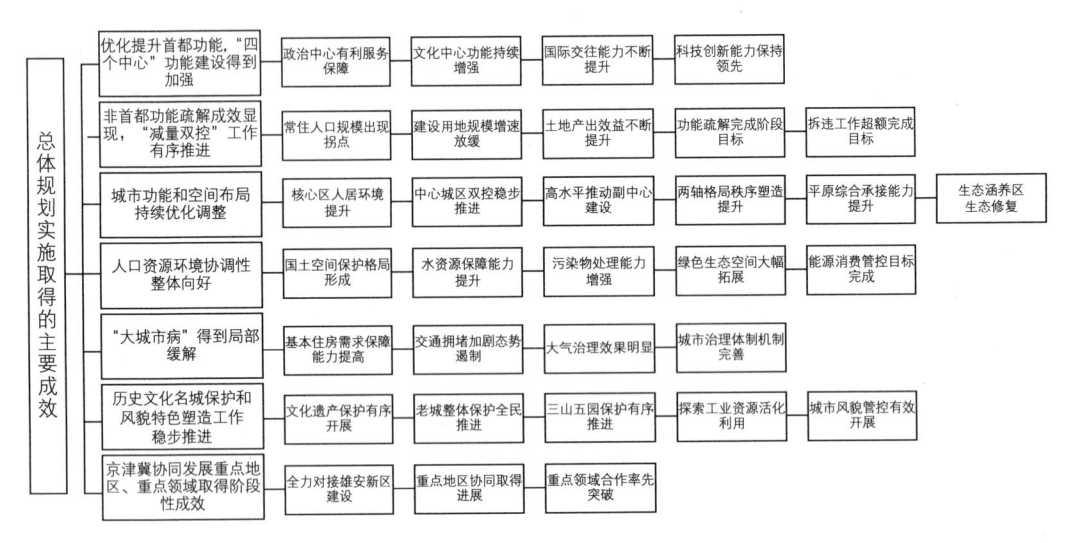

图2 2017年度北京总体规划实施主要成效梳理

注：主要分析结论数与专题数不一定一致，一个专题可能形成若干分析结论。

自选专项与年度政府工作重点紧密结合。汇总政府工作报告和相关政策文件，依据其中的重点行动、专项政策、大事件、投资建设取向等，梳理总规实施脉络。例如，针对2019年北京市政府工作报告中突出高精尖产业发展和改善营商环境的内容，计划在2018年度体检中增设产业发展状况专项研究。

4 关于城市体检评估技术方法的探索经验与启示

4.1 基础数据平台建设

4.1.1 建设基础信息平台和数据监测系统

北京针对城市体检工作建设了城市空间基础信息平台和城市数据监测系统，形成多来源、多尺度、多时相、多规融合的，能够全面反映总体规划实施和城市管理运行现状的数据资源体系，为定量、客观、科学开展城市体检评估奠定基础。

（1）城市空间基础信息平台。主要汇总集成四部分数据：一是规划实施数据，包括全市经济社会发展统计数据、人口经济普查数据、各部门各区报送数据等；二是建设管理数据，包括城市建设现状数据、各级规划和审批数据、空间规划控制性边界等；三是地理信息数据，包括基础测绘、地理国情普查、管线普查、三维模型数据等；四是城市运行大数据，2017年度体检综合交通流量、灯光遥感、公交刷卡、POI、手机信令、企业信息、点评文本等社会大数据资源，对城市建设、人口和就业、交通与通勤、公共服务设施配置等进行了分析。

（2）城市数据监测系统。综合收集到的基础数据，对城市各领域管理和运行现状进行动态监测和更新，主要包括对总规重要指标进展情况实时运算更新，为各专项研究提供数据调用和处理接口，多规数据层级联动及可视化展示等。

4.1.2 扩展数据来源，形成长期积累

种类多样、高频更新的大数据和开放数据，良好契合了城市体检评估尤其是年度体检的即时性、精细化分析要求。未来一是要坚持多源数据相互校验的科学方法。重视市级数据与区级数据、整体概况数据与精细调研数据、传统数据与大数据的相互补充、多重校核。例如，为考察人口规模变化，当前已集成了统计调查数据、社区抽样数据、居民用水用电用气量数据、手机信令数据、智能设备定位数据等，以供年度体检对比校验，未来还将不断扩充数据源和完善分析方法。二是不断完善数据库建设。保证"五个一"体检核心监测数据的连续性，为中长期评估积累基础；同时不断完善细分领域数据，便于抽取组合，满足多样化的分析需求。

4.2 构建多维度多层次综合分析方法

4.2.1 多种技术手段并用，多维度分析校验

常见的总规实施评估方法包括构建评价指标体系、GIS空间分析、建立综合评估模型等。北京体检评估重点强调多种技术手段的综合运用、多维度多层次的分析视角以及重思辨重验证的科学思维。

（1）定量与定性结合。定量评估包括指标量化评估、GIS空间叠置分析、遥感识别分析等。针对部分规划目标为定性描述、部分指标年度变化不明显以及机制和政策无法量化评估等问题，引入定性评估方法，例如通过典型案例分析来评价政策有效性。

（2）问题与机理并重。分析导致问题的多方面原因，从而寻求解决问题的深层路径。例如针对城乡建设用地未能实现年度减量目标，分析总结了实施模式单一、缺乏区域统筹、短期债务时限、土地出让收入用于土地整理比例低等主因，为未来实施方式改革提供参考。

（3）全要素交叉分析。关注生态、经济、社会、文化等城市发展全要素在空间上的变化趋势和特征，将关联性强的要素进行交叉分析，如"人—地—房—业"匹配关系、人口资源环境发展协调性评价等。

（4）纵向历史比较与横向城市比较结合。虽然年度变化是体检关注焦点，但部分问题需要从历史发展脉络来判断其所处阶段和未来趋势，如产业转型、城市功能重组等。同时注重加强对国内外大城市的同尺度数据对比分析、同发展阶段经验借鉴。

（5）形成市—区—街乡—区域"三级一协同"体检层次。市级体检以检查全市层面总规实施状况为主体；同时主要指标和实施任务分解到区，与区级体检相衔接；重点指标包括人口、用地、公共服

务设施等以街道和乡镇为单元；考虑与城市周边地区在用地、环境、基础设施等方面的区域协调。

4.2.2 构建体检技术体系，加强即时监测预警

未来应加强新技术方法在体检评估中的应用，如基于遥感影像图自动判定建设用地变化和"两线三区"管控情况，基于人工智能分析街景图片对街道空间品质进行比较排序等。作为一项今后长期开展的常规年度工作，城市体检应该逐渐形成一系列自动分析模块，避免主观判断的干扰和分析人员变化带来的扰动，同时也使研究人员能将更多精力投入到作用机理、政策机制、规划策略的研究中去。除了年度体检的分析方法优化，也应加快推进动态监测和实时预警的技术支撑。

5 关于城市体检评估成果应用的探索经验与启示

5.1 形成"1+5+3"成果体系

5.1.1 形成多样化输出成果，有针对性地发挥作用

北京城市体检形成了涵盖技术成果和输出成果的成果体系。根据各部门各区自评报告及自评估综合报告、各专题评估报告及第三方评估综合报告，汇总形成包括体检总报告及"一张表、一张图、一清单、一调查、一平台"的技术成果集。在此基础上，根据面向的对象不同，形成上报中共中央、国务院，反馈北京市委、市政府，以及面向社会公开的三个版本成果输出文件（图3）。

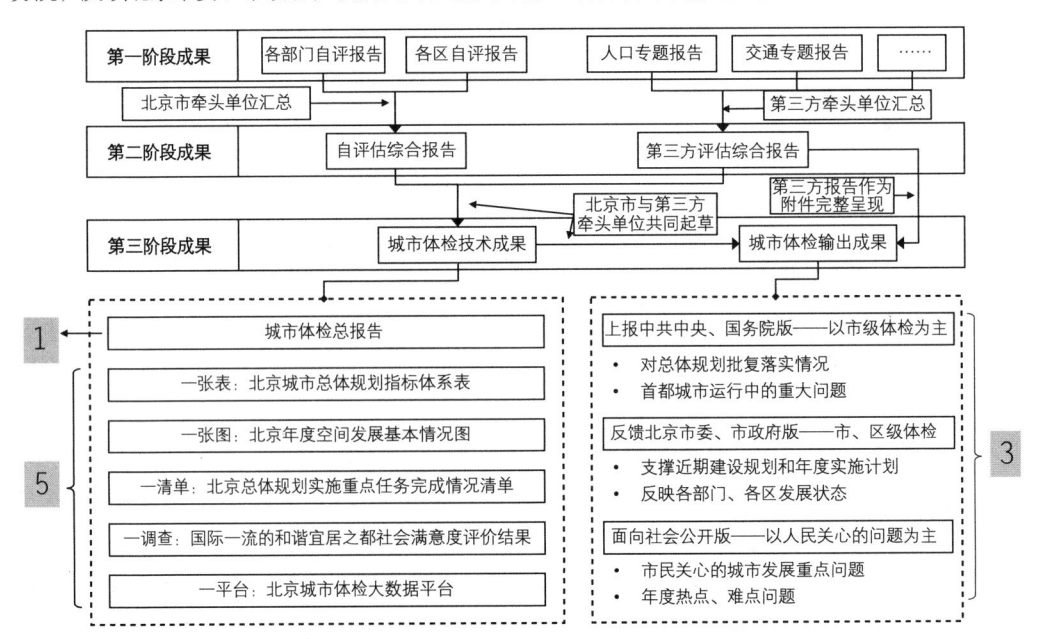

图3 北京城市体检评估成果体系

2017年度体检在反馈北京市委市政府方面发挥了尤其重要的作用。一是体检报告暴露的问题，例如进展缓慢的指标等，市里已要求相应的主责部门作为专项工作推进。二是体检结果与 2018～2019 年总规实施计划进行了挂钩，例如某个区本年度用地减量任务完成得多，下一年度则规划"放量"放得多。三是针对体检反映出的《2020 年实施方案》中一些涉及面广、难度大、需要大力改革创新的任务，北京市已建立市领导协调机制，加快推进实施。

5.1.2 对接政府工作环节，指导前沿实践

城市体检工作应充分对接总规实施和政府施政的关键环节，以使体检报告及时发挥作用，有效支撑总规实施、政府决策、部门工作。以 2017 年度体检为例，体检工作在筹备之初，就作为政府年度重点工作之一写入 2018 年度政府工作报告。体检报告形成时间与编制 2018～2019 年总规实施计划的时间相契合，体检结果作为重要的编制依据。2018 年 11 月市委常委会会议专题审议《2017 年度北京城市体检报告》，报告发现的问题作为下阶段工作重点，纳入了北京市委十二届七次全会报告和 2019 年度市政府工作报告中。此外，体检结果也及时反馈给正在开展的分区规划编制、控制性详细规划编制等工作，从而发挥了对规划编制工作的指导作用。

5.2 建立体检工作推进和成果应用保障机制

5.2.1 建立主体责任清晰的体检工作保障机制

为推动体检工作有效实施、保障体检成果作为重要政府文件发挥应有作用，北京市在政府工作体系中加强了相关措施保障。

（1）机构保障。成立城市体检评估专项工作组，由主管城乡规划建设的副市长负责，加强统筹协调。由市统计局牵头负责数据汇总，统一数据标准，提高数据采集效率。

（2）责任落实。建立部门专项责任制、区级责任制、央地联动制，明确责任主体。要求各部门和各区一方面专人负责，配合体检综合工作，另一方面组织开展详细自查自评，支撑体检专项。中央和部队在京单位与体检工作团队定期对接，相关问题及时纳入体检成果。

（3）成果审议。年度体检报告由市委、市政府审定，报市人大常委会及主管部委备案，同时应向首都规划建设委员会全会进行报告，相关成果上报中共中央、国务院。五年期评估作为实施总体规划的阶段性评估，评估报告由市委、市政府、市人大常委会审定，报主管部委备案，并履行报首都规划建设委员会全会审议及上报中共中央、国务院的程序。

（4）监督检查。将体检评估结果纳入各部门、各区及领导干部绩效考核，并与北京市审计监督工作相衔接。

5.2.2 立足国土空间规划体系，加强制度保障

由于城市体检评估涉及部门繁多，强有力的市级支持是有效开展工作的前提，也是体检成果能发挥实际作用、推动变革创新的前提。北京之所以将"城市体检"与总体规划实施年度评估挂钩，与北

京新总规作为城市法定蓝图的地位分不开，各方对体检评估工作的响应建立在全社会对新总规的共识之上。从北京的探索经验来看，体检评估需要仰仗总体规划的权威性，而总体规划的权威性也需要通过体检评估来保障落实。在国土空间规划体系改革背景下，"建立国土空间规划定期评估制度"的要求已经明确，未来应出台相关细则，从制度层面进一步保障体检评估工作合理有效开展。

6 结语

在既有的总体规划实施动态评估理论和实践基础上，北京市建立了城市体检评估机制，形成"监测—诊断—预警—维护"的闭环工作体系：通过实时运行的体检数据收集和监测平台及时反映总规实施情况；对偏离城市功能定位、突破发展底线、违背指标目标方向等问题及时诊断和上报；对年度总规实施情况进行综合总结、趋势判断和问题预警；形成对策建议并反馈指导下一年实施工作，促进滚动实施。

通过北京的实践探索发现，要使城市体检评估真正发挥作用，必须建立常态化的工作制度保障、合理的监测指标体系、完善的基础信息平台、科学的分析评估方法、多元的评估视角和主体、畅通的应用和反馈渠道以及广泛的社会影响和社会监督。未来北京市将继续推动构建完善的国土空间规划实施监督体系，结合国家要求对体检评估工作进行补充和改进，例如纳入山水林田湖草自然资源管控、加强线上监测预警和线下监管执法的同步性等，并吸收其他城市优秀经验，使体检评估机制在规划编制和运行体系中发挥更大的作用，也为其他城市提供更多经验参考。

注释

① 2019年修订版《北京市城乡规划条例》第四十八条明确提出，本市应当建立常态化的城乡规划体检评估机制，参照体检评估结果对城市总体规划实施工作进行修正，提高规划实施的科学性。城市总体规划的组织编制机关，应当委托有关部门和专家每年对城市总体规划的实施情况进行体检，每五年对城市总体规划的实施情况进行全面评估，采取论证会、听证会或者其他方式征求公众意见，形成体检、评估报告，并将体检、评估报告及征求意见情况报送本级人民代表大会常务委员会和原审批机关。

致谢

本文受国家自然科学基金项目（51878052）、北京市自然科学基金项目（9182007）资助。

参考文献

[1] 丁国胜, 宋彦, 陈燕萍. 规划评估促进动态规划的作用机制、概念框架与路径[J]. 规划师, 2013, 29(6): 5-9.
[2] 杜立群. 北京城市总体规划实施评估[J]. 城市管理与科技, 2012, 14(5): 34-35.
[3] 何灵聪. 基于动态维护的城市总体规划实施评估方法和机制研究[J]. 规划师, 2013, 29(6): 18-23.

[4] 廖茂羽, 罗震东. 城市总体规划实施评估的方法体系与研究进展[J]. 上海城市规划, 2015(1): 82-88.
[5] 刘奇志, 姜涛, 周艳妮. 城市总体规划实施的年度性评估框架研究[C]//城市时代, 协同规划——2013 中国城市规划年会论文集（06-规划实施）, 2013: 139-147.
[6] 刘永红, 刘秋玲. 深圳规划制度改革——从近期建设规划到近期建设规划年度实施计划[J]. 城市发展研究, 2011, 18(11): 65-69.
[7] 龙瀛, 罗子昕, 茅明睿. 新数据在城市规划与研究中的应用进展[J]. 城市与区域规划研究, 2018, 10(3): 85-103.
[8] 吕萌丽, 吴志勇. 城市总体规划实施年度评价探析——以广州市为例[J]. 规划师, 2010, 26(11): 61-65.
[9] 马璇, 郑德高, 孙娟, 等. 真评估与假评估: 总规改革背景下的总规评估探索和思考[J]. 城市规划学刊, 2017(S2): 149-154.
[10] 施卫良. 对北京城市总体规划实施的几点思考[J]. 北京规划建设, 2012(1): 6-8.
[11] 施卫良, 石晓冬, 杨明, 等. 新版北京城市总体规划的转型与探索[J]. 城乡规划, 2019(1): 86-93+105.
[12] 苏建忠, 杨成韫. 英国和加拿大规划监测评估的最新进展及启示[J]. 国际城市规划, 2015, 30(5): 52-56.
[13] 孙施文, 周宇. 城市规划实施评价的理论与方法[J]. 城市规划汇刊, 2003(2): 15-20+27-95.
[14] 田莉, 吕传廷, 沈体雁. 城市总体规划实施评价的理论与实证研究——以广州市总体规划(2001～2010 年)为例[J]. 城市规划学刊, 2008(5): 90-96.
[15] 王飞, 石晓冬, 郑皓, 等. 回答一个核心问题, 把握十个关系——《北京城市总体规划(2016 年～2035 年)》的转型探索[J]. 城市规划, 2017, 41(11): 9-16+32.
[16] 王富海, 钱征寒, 陈叶龙, 等. 实施效用导向的城市总体规划制度改革研究思路[J]. 城市与区域规划研究, 2015, 7(3): 87-99.
[17] 魏开, 蔡瀛, 李少云. 纽约 2030 年规划的整体特点及实施跟进述评[J]. 规划师, 2013, 29(1): 89-92.
[18] 席广亮, 甄峰. 基于大数据的城市规划评估思路与方法探讨[J]. 城市规划学刊, 2017(1): 56-62.
[19] 杨保军, 张菁, 董珂. 空间规划体系下城市总体规划作用的再认识[J]. 城市规划, 2016, 40(3): 9-14.
[20] 张尚武, 汪劲柏, 程大鸣. 新时期城市总体规划实施评估的框架与方法——以武汉市城市总体规划(2010～2020 年)实施评估为例[J]. 城市规划学刊, 2018(3): 33-39.
[21] 张永姣, 方创琳. 空间规划协调与多规合一研究: 述评与展望[J]. 城市规划学刊, 2016(2): 78-87.
[22] 赵庆海, 惠志龙, 乔鑫, 等. 城市总体规划实施的定量评估方法初探——以乌兰浩特 2008 版评估为例[J]. 城市与区域规划研究, 2015, 7(1): 169-184.
[23] 周凌, 方澜, 孙忆敏. 城市总体规划实施年度评估方法初探——以上海为例[J]. 上海城市规划, 2013(3): 39-45.
[24] 周艳妮, 姜涛, 宋晓杰, 等. 英国年度规划实施评估的国际经验与启示[J]. 国际城市规划, 2016, 31(3): 98-104.

[欢迎引用]

伍毅敏, 杨明, 彭珂, 等. 北京城市体检评估机制的若干创新探索与总结思考[J]. 城市与区域规划研究, 2020, 12(1): 193-205.

WU Y M, YANG M, PENG K, et al. Innovative exploration and suggestions on the examination & evaluation mechanism for Beijing urban development [J]. Journal of Urban and Regional Planning, 2020, 12(1): 193-205.

奥曼丁格《规划理论》第三版（中文版）序言

顾朝林

Preface to the Third Edition of *Planning Theory* by Allmendinger (Chinese Edition)

GU Chaolin

(School of Architecture, Tsinghua University, Beijing 100084, China)

菲利普·奥曼丁格（Philip Allmendinger），剑桥大学社会科学学院院长、土地经济教授，研究兴趣在规划理论与实践、治理以及区域规划、开发及规划法规等诸多领域，已在房地产与规划、规划理论、政策与实践、土地与财产监管、住房与地方政府等领域发表了许多著作，尤其在规划、物权和住房方面成果卓越。帕尔格雷夫（Palgrave）出版社出版了他的第三版《规划理论》（*Planning Theory*），毋庸置疑，这本书是好书中的好书（Allmendinger, 2017）。刘合林教授及时翻译成中文，中国建筑工业出版社出版，值得一读。

在西方，规划理论的流变与社会变迁息息相关（戴伯芬，2006）。首先，现代城市规划体系也是在战后特定历史时代创建的，当时许多不同利益集团之间需要共识才能共同努力重建国家，这就要求将规划学科的建构、规划立法和规划目标含糊一点，这样比边界清晰更好，而且规划方案更改也相对容易，相关的社会成本会相对较低。其次，在20世纪60年代，人文社会科学的计量革命以及城市与区域问题的复杂性，艾萨德《区位和空间经济：关于工业区位、市场区、土地利用、贸易和城市结构的一般理论》（Isard, 1956）、"区域间线性规划模型1"（Isard, 1958）的工作推动了系统的规划和理性规划的发展（Cullingworth, 1999；戴伯芬，2006）；1958年芝加哥和1962年伦敦都开展了大都市交通模型研究（Ridley and Tressider, 1970），哈格特（Peter Haggett）和乔利（Ronald Chorley）关于区位分析（Haggett, 1965）、网络分析（Haggett and Chorley, 1969）还形成了剑桥学派（The Cambridge

---

作者简介
顾朝林，清华大学建筑学院。

school），1969~1971年英国关于次区域（sub-region）的研究也做得有声有色（Wilson，1969；Peaker，1976）。20世纪60年代，对英美为代表的西方规划来说，打破学科界线引入空间经济理论与语汇，采用计量和系统分析方法以及交通运输模型等工具，建构区域科学等弥补传统规划的不足，可以说进入到推崇专家技术规划的黄金时代，一大批规划师倾向于选择大胆而令人兴奋的思想来实现他们宏大规模的规划实践，费城规划院长埃德蒙·N. 培根（Edmund N. Bacon）以"城市更新，重建美国城市"（Urban Renewal, Remaking the American City）登上了《时代》（TIME）杂志的封面。然而，非常不幸的是，这些新思想与新方法对规划和规划师的过度冲击，即使在公认的规划最灿烂辉煌的时刻，也不得不正视它们的失败。进入20世纪70年代，亚非拉民族解放运动和西方发达国家的民主社会运动，推动了新马克思主义城市理论和激进主义规划的崛起。到20世纪80年代，信息技术大发展，推进了新媒体与大众文化流行，后现代主义思潮应运而生，规划在经历70年代的理性和科学规划论战、80年代新左派（新马克思主义）与新右派（自由主义）的交锋后，后现代主义规划横空出世，强调自由浮动的表达和多样性话语，最终宣告了规划的科学和理性时代终结（Harrison，2008）。这本《规划理论》着眼的是规划的理论（theories of planning），而不是规划中的理论（theories in planning），是基于战后规划思想碎片化和多元化的实际，进行规划思想和大场景叙事集中展现的应景之作，也能说是规划领域的"新《左传》"。

《规划理论》的前三章，针对最近规划理论特征，试图从理论、规划理论和规划的理性过程理论三个层面解构规划理论的内涵、价值、个性及结构。第4~12章重点介绍20世纪60年代以来的规划理论。与第二版（Allmendinger，2009）对照，在系统论和理性规划、马克思主义与批判规划、新右派规划、实用主义规划、倡导规划、后现代主义规划以及协作规划等重要规划理论学派的基础上进行了增减，包括激进主义规划（批判理论与马克思主义）、新自由主义规划、实用主义规划、倡导性规划、后现代主义规划、后政治规划、后结构主义与新规划空间、协作规划的方法以及后殖民主义规划理念（这里需要提示，第二版和第三版对女性主义规划均没有介绍），特别对新规划空间的驱动因素、规划的尺度、规划的柔性空间、反叛型规划进行了理论和理性的概括，可以让规划专业的学生、规划师和对规划感兴趣的读者，通过不太长的时间阅读，基本全面和系统地了解20世纪60年代以来规划领域的规划思想创新及规划实践价值观渐变的脉络。

中国城市建设历史悠久，6 000年的城市文明具有特有的东方城市规划和建设的理论及方法。19世纪西方工业革命的成功和城市化问题催生了现代城市规划学科的建设与发展，中国三次工业化过程的失败和低水平的城市化状态，关于城市规划和建设的中国城市规划的话语渐渐丧失，中国的现代城市规划就是在各种西方规划思潮的冲击下慢慢形成的。中华人民共和国成立不久，苏联援助156项工程，从能源、汽车、重化工、机械加工到医疗和高等教育体系，开启了第三次现代化和第四次工业化浪潮，而且取得巨大的成功，从而也在苏联专家的指导和帮助下重新建立起中国自己的城市规划体系。城市规划，被看作是国民经济计划的空间落实，全盘接受了苏联社会主义城市规划的理论和方法，强调规划是对国民经济计划所确定的具体建设任务进行空间布局和建设安排（孙施文，2019），对规划理论的探索进展不多。1958~1961年"过度城镇化"迫使采取"调整、巩固、加强和改善"政策,陆续撤销了52个城市,动员了近3 000万城镇人口返回农村,建立了中国的城乡分离的户籍制度以阻断农村人口向城市的迁移和流动,结果导致中国的城市化和工业化进程戛然而止,中国的现代城市规划陷入第一次危机,"三年不做规划",规划机构被解散和规划管理部门被合并。改革开放以后,尤其1990年以后,中国融入全球化,面对西方商品、资本、技术、文化的汹涌来临,中国的城市规划一开始只能是"慌不择路",后来是向国外学习,在建设规划范式的基础上分别吸收了发展规划、规制规划的内容,形成了独具特色的中国城市规划体系(孙施文,2019)。但是,高速的经济增长,越来越严重的资源—环境—生态胁迫,缺乏清晰的政府部门之间的事权划分,城镇化进入高速发展时期自身产生的问题,城镇数量翻了两番,全国县及县以上的新城新区数量达到3 500多个,侵占农田达到亿亩,建设了一些"空城"和"鬼城",大城市的交通、住房、环境、公平等问题大量出现,对中国城市规划的质疑导致中国现代城市规划陷入第二次危机。

为什么中国现代城市规划的发展历程不如国外路途平坦?为什么中国现代城市规划制度始终处在变革途中而且没有尽头?适合中国国情的规划理论缺失是最主要的原因。要建构中国现代城市规划的理论体系,不了解西方规划思想史不行,不熟悉当代西方规划理论也不行。奥曼丁格的这本《规划理论》,正好展现了西方当代主流城市规划的渐进、互动、倡导和激进思想(Davidoff,2007),协调、整合与缝合的理念,增长与发展,效率与公平,可持续与全球化的平衡手段,揭示了城市规划过程中规划理论运用的互补、包容甚至自相矛盾的方方面面(Hudson et al.,1979)。

2019年国土空间规划的城市规划变革,是对规划思想、理论和方法的彻底的中国化变革。如何满足城市规划学科发展的需要,如何满足学生知识学习的需要,如何满足国家规划行业发展的需要,正是我们面临的挑战和问题。《规划理论》英文第三版于2017年出版,对2009年第二版做了大量补充和实时更新,基本涵盖了20世纪60年代以来世界城市规划理论的最前沿内容,对中国读者和规划行业来说,真是恰逢其时,在中国国土空间规划体系探索的初创时期,可以为中国规划学者、规划师提供一本西方规划理论"真经"对照。

奥曼丁格教授,受到英国城镇与乡村规划实务的培训,具有英国特许规划师和测量师执业资格;曾在苏格兰规划援助委员会从事社区规划等实务工作,之后进入牛津大学,受到欧陆,特别是法国福柯(Foucault)、德里达(Derrida)、鲍德里亚(Baudrillard)和利奥塔(Lyotard)等后现代主义思想家的影响;他也是英国经济及社会研究理事会研究资助委员会的成员,社区和地方政府住房市场与规划专家小组的成员。2010年以来,奥曼丁格还在《英国地理学家学院学报》发表"英国的后政治空间规划:共识危机?"(Allmendinger and Haughton,2012),在《环境与规划》发表"空间规划:放权和新规划空间""对空间规划的批判性思考"(Allmendinger and Haughton,2009a)、"软空间、模糊边界和元治理:泰晤士河口的新空间规划"(Allmendinger and Haughton,2009b),在罗德里奇(Routledge)出版社出版《后现代时代的规划》(Allmendinger,2001)、《新劳动分工与规划:从新右派到新左派》(Allmendinger,2011)、《英国的协调空间规划:放权与治理》(Haughton et al.,

2009）等。假如全面阅读奥曼丁格的这些著作，就会进一步深入理解他的《规划理论》所要传递的声音和三次修编出版这本理论著作的真正动机。

规划是一门实用的社会科学。由于城市规划的社会经济背景、政策工具和理性工具兼容，当代的城市规划理论是破碎和多元的，甚至也是杂乱无章的，很难用严格的编年史的办法来组织内容介绍，与另外的规划理论著作比较（Campbell and Fainstein，1996；Fainstein and Campbell，2011；Faludi，1973；Stein，1995；Harrison，2008），奥曼丁格这本《规划理论》以各种理论的逻辑关系及其时代背景为依据进行内容组织，不仅内容覆盖面广且没有挂一漏万，还采用穿插整合的方法让内容兼具系统性和可读性，真是难能可贵。此外，译者深厚的剑桥英文传统，对老师著作的崇敬态度，既维持了原著原汁原味的内容，又注重了中文语言的阅读习惯和表达，值得赞赏。借此机会，也希望这本译著能够引起更多中国学者对规划理论的兴趣，能够激发更多学者来关心中国规划理论的发展，早日在国际规划领域建立更具影响的中国规划理论话语体系。

注释

① 本文专门为《规划理论》（第三版）所写。该书由奥曼丁格著、刘合林译，中国建筑工业出版社将于 2021 年出版。

参考文献

[1] ALLMENDINGER P. Planning in postmodern time[M]. London: Routledge, 2001.
[2] ALLMENDINGER P. Planning theory[M] . 1st ed. Basingstoke: Palgrave, 2002.
[3] ALLMENDINGER P. Planning theory[M] . 2nd ed. Basingstoke: Palgrave, 2009.
[4] ALLMENDINGER P. New labour and planning. From new right to new left [M]. London: Routledge, 2011.
[5] ALLMENDINGER P. Planning theory[M] . 3rd ed. Basingstoke: Palgrave, 2017.
[6] ALLMENDINGER P, HAUGHTON G. Critical reflection on spatial planning[J]. Environment & Planning A, 2019a, 41(11): 2544-2549.
[7] ALLMENDINGER P, HAUGHTON G. Soft spaces, fuzzy boundaries, and metagovernance: the new spatial planning in the thames gateway[J]. Environment & Planning A, 2009b, 41(3): 617-633.
[8] ALLMENDINGER P, HAUGHTON G. Post-political spatial planning in England: a crisis of consensus?[J] Transactions of the Institute of British Geographers, 2012, 37(1): 89-103.
[9] CAMPBELL S, FAINSTEIN S. Readings in planning theory[M]. Oxford: Blackwell, 1996.
[10] CULLINGWORTH B. British planning[M]. The Athlone Press, 1999.
[11] DAVIDOFF P. Advocacy and pluralism in planning[J]. Journal of the American Institute of Planners, 2007, 31(4): 331-338.
[12] FAINSTEIN S, CAMPBELL S. Readings in planning theory[M]. 3rd ed. Wiley-Blackwell, 2011.
[13] FALUDI A. A reader in planning theory[M]. Oxford, New York, Toronto, Sydney: Pergamon Press, 1973.
[14] HAGGETT P. Locational analysis in human geography[M]. London: Edward Arnold Ltd. , 1965.

[15] HAGGETT P, CHORLEY R J. Network analysis in geography[M]. London: Edward Arnold Ltd. , 1969.
[16] HARRISON P. Planning and transformation[M]. London: Routledge, 2008.
[17] HAUGHTON G, ALLMENDINGER P. Spatial planning, devolution and new planning spaces[J]. Environment and Planning C, Government and Policy, 2010, 28(5): 803-818.
[18] HAUGHTON G, ALLMENDINGER P, COUNSELL D, et al. Integrated spatial planning, devolution and governance in the British Isles[M]. London: Routledge, 2009.
[19] HUDSON B M, GALLOWAY T D, KAUFMAN J L. Comparison of current planning theories: counterparts and contradictions[J]. Journal of the American Planning Association, 1979, 45(4): 387-398.
[20] ISARD W. Location and space-economy: a general theory relating to industrial location, market areas, land use, trade, and urban structure[M]. The Technology Press of Massachusetts Institute of Technology, Wiley, Chapman & Hall, 1956.
[21] ISARD W. Interregional linear programming: an elementary presentation and a general model 1[J]. Journal of Regional Science, 1958, 1(1): 1-59.
[22] PEAKER A. New primary roads and sub-regional economic growth: further results—a comment on J. S. Dodgson's paper[J]. Regional Studies, 1976, 10(1): 11-13.
[23] RIDLEY T M, TRESSIDER J O. The London transportation study and beyond[J]. Regional Studies, 1970, 4(1): 63-71.
[24] STEIN J M. Classic readings in urban planning[M]. New York: McGraw-Hill Inc, 1995.
[25] WILSON A G. Research for regional planning[J]. Regional Studies, 1969, 3(1): 3-14.
[26] 戴伯芬. 评价欧门汀葛尔的规划理论[J]. 台湾大学建筑与城乡研究学报, 2006（Mar.）: 107-116.
[27] 孙施文. 解析中国城市规划：规划范式与中国城市规划发展[J]. 国际城市规划, 2019, 34(4): 1-7.

[欢迎引用]

顾朝林. 奥曼丁格《规划理论》第三版（中文版）序言[J]. 城市与区域规划研究, 2020, 12(1): 206-210.

GU C L. Preface to the third edition of *Planning Theory* by Allmendinger (Chinese edition) [J]. Journal of Urban and Regional Planning, 2020, 12(1): 206-210.

《城市与区域规划研究》征稿简则

本刊栏目设置

本刊设有 7 个固定栏目，分别是：
1. **主编导读**。介绍本期主题、编辑思路、文章要点、下期主题安排。
2. **特约专稿**。发表由知名学者撰写的城市与区域规划理论论文，每期 1～2 篇，字数不限。
3. **学术文章**。城市与区域规划理论、方法、案例分析等研究成果。每期 6 篇左右，字数不限。
4. **国际快线（前沿）**。国外城市与区域规划最新成果、研究前沿综述。每期 1～2 篇，字数约 20 000 字。
5. **经典集萃**。介绍有长期影响、实用价值的古今中外经典城市与区域规划论著。每期 1～2 篇，字数不限，可连载。
6. **研究生论坛**。国内重点院校研究生研究成果、前沿综述。每期 3 篇左右，每篇字数 6 000～8 000 字。
7. **书评专栏**。国内外城市与区域规划著作书评。每期 3～6 篇，字数不限。

根据主题设置灵活栏目，如：**人物专访、学术随笔、规划争鸣、规划研究方法**等。

用稿制度

本刊收到稿件后，将对每份稿件登记、编号及组织专家匿名评审，刊登与否由编委会最后审定。如无特殊情况，本刊将会在 3 个月内告知录用结果。在此之前，请勿一稿多投。来稿文责自负，凡向本刊投稿者，即视为同意本刊将稿件以纸质图书版本以及包括但不限于光盘版、网络版等数字出版形式出版。稿件发表后，本刊会向作者支付一次性稿酬并赠样书 2 册。

投稿要求

本刊投稿以中文为主（海外学者可用英文投稿），但必须是未发表的稿件。英文稿件如果录用，本刊可以负责翻译，由作者审查定稿。除海外学者外，稿件一般使用中文。作者投稿用电子文件，通过采编系统在线投稿，采编系统网址：**http://cqgh.cbpt.cnki.net/**，或电子文件 E-mail 至 **urp@tsinghua.edu.cn**。

1. 文章应符合科学论文式格式。主体包括：① 科学问题；② 国内外研究综述；③ 研究理论框架；④ 数据与资料采集；⑤ 分析与研究；⑥ 科学发现或发明；⑦ 结论与讨论。

2. 稿件的第一页应提供以下信息：① 文章标题、作者姓名、单位及通讯地址和电子邮件；② 英文标题、作者姓名的英文和作者单位的英文名称。稿件的第二页应提供以下信息：① 200 字以内的中文摘要；② 3～5 个中文关键词；③ 100 个单词以内的英文摘要；④ 3～5 个英文关键词。

3. 文章正文中的标题、插图、表格、符号、脚注等，必须分别连续编号。一级标题用"1""2""3"……编号；二级标题用"1.1""1.2""1.3"……编号；三级标题用"1.1.1""1.1.2""1.1.3"……编号，标题后不用标点符号。

4. 插图要求：500dpi，14cm×18cm，黑白位图或 EPS 矢量图，由于刊物为黑白印制，最好提供黑白线条图。图表一律通栏排，表格需为三线表（图：标题在下；表：标题在上）。

5. 参考文献格式要求如下：

（1）参考文献首先按文种集中，可分为英文、中文、西文等。然后按著者人名首字母排序，中文文献可按著者汉语拼音顺序排列。参考文献在文中需用括号表示著者和出版年信息，例如（王玲，1983），著录根据《信息与文献 参考文献著录规则》（GB/T 7714—2015）国家标准的规定执行。

（2）请标注文后参考文献类型标识码和文献载体代码。

- 文献类型/类型标识
  专著/M；论文集/C；报纸文章/N；期刊文章/J；学位论文/D；报告/R
- 电子参考文献类型标识
  数据库/DB；计算机程序/CP；电子公告/EP
- 文献载体/载体代码标识
  磁带/MT；磁盘/DK；光盘/CD；联机网/OL

（3）参考文献写法列举如下：

［1］刘国钧，陈绍业，王凤翥. 图书馆目录[M]. 北京：高等教育出版社，1957: 15-18.
［2］辛希孟. 信息技术与信息服务国际研讨会论文集：A 集[C]. 北京：中国社会科学出版社，1994.

［3］张筑生. 微分半动力系统的不变集[D]. 北京: 北京大学数学系数学研究所, 1983.
［4］冯西桥. 核反应堆压力管道与压力容器的LBB分析[R]. 北京: 清华大学核能技术设计研究院, 1997.
［5］金显贺, 王昌长, 王忠东, 等. 一种用于在线检测局部放电的数字滤波技术[J]. 清华大学学报(自然科学版), 1993, 33(4): 62-67.
［6］钟文发. 非线性规划在可燃毒物配置中的应用[C]//赵玮. 运筹学的理论与应用——中国运筹学会第五届大会论文集. 西安: 西安电子科技大学出版社, 1996: 468-471.
［7］谢希德. 创造学习的新思路[N]. 人民日报, 1998-12-25(10).
［8］王明亮. 关于中国学术期刊标准化数据库系统工程的进展[EB/OL]. http://www.cajcd.edu.cn/pub/wml.txt/ 980810-2.html, 1998-08-16/1998-10-04.
［9］PEEBLES P Z, Jr. Probability, random variable, and random signal principles[M]. 4th ed. New York: McGraw Hill, 2001.
［10］KANAMORI H. Shaking without quaking[J]. Science, 1998, 279(5359): 2063-2064.
6. 所有英文人名、地名应有规范译名, 并在第一次出现时用括号标注原名。

编辑部联系方式

地址: 北京市海淀区清河嘉园东区甲1号楼东塔7层《城市与区域规划研究》编辑部
邮编: 100085
电话: 010-82819552

著作权使用声明

本书已许可中国知网以数字化方式复制、汇编、发行、信息网络传播本书全文。本书支付的稿酬已包含中国知网著作权使用费, 所有署名作者向本书提交文章发表之行为视为同意上述声明。如有异议, 请在投稿时说明, 本书将按作者说明处理。

《城市与区域规划研究》征订

《城市与区域规划研究》为小 16 开，每期 300 页左右。欢迎订阅。

订阅方式

1. 请填写"征订单"并电邮或邮寄至以下地址：
   - 联系人：单苓君
   - 电　话：(010) 82819552
   - 电　邮：urp@tsinghua.edu.cn
   - 地　址：北京市海淀区清河中街清河嘉园甲 1 号楼 A 座 7 层
   　　　　　《城市与区域规划研究》编辑部
   - 邮　编：100085

2. 汇款
   - ① 邮局汇款：地址同上
   　　　　　　　收款人姓名：北京清大卓筑文化传播有限公司
   - ② 银行转账：户　名：北京清大卓筑文化传播有限公司
   　　　　　　　开户行：北京银行北京清华园支行
   　　　　　　　账　号：01090334600120105468638

《城市与区域规划研究》征订单

每期定价	人民币 42 元（含邮费）				
订户名称				联系人	
详细地址				邮编	
电子邮箱		电话		手机	
订阅	年　　期至　　年　　期			份数	
是否需要发票	□是　发票抬头				□否
汇款方式	□银行		□邮局	汇款日期	
合计金额	人民币（大写）				
注：订刊款汇出后请详细填写以上内容，并把征订单和汇款底单发邮件到 urp@tsinghua.edu.cn。					